U0160875

工业和信息化部“十四五”规划教材

科学出版社“十四五”普通高等教育研究生规划教材

机器人学的现代数学理论基础

丁希仑　编著

科学出版社

北　京

内 容 简 介

本书全面深入地阐述了旋量理论与李群、李代数理论及其关联关系，反映了李群、李代数与机器人机构学相结合的最新理论研究成果。全书共9章：第1章为绪论；第2～4章主要讲述了旋量、李群、李代数等数学理论，揭示了刚体位移的固有特性以及与速度旋量和李代数的内在统一性；第5章介绍了旋量理论在机器人运动学中的应用实例；为了更充分地展示现代数学在机器人学研究中的重要意义，根据作者在机器人学理论上的研究进展，第6～8章分别阐述了机器人的质心运动学、多足机器人运动规划及动力学；第9章介绍了李群、李代数和旋量理论在柔性机器人机构学方面的拓展应用。本书内容涵盖了深厚的数学基础、宽广的背景知识、严谨的分析推导以及紧密的实际应用。

本书可作为本科高年级或研究生教材，也可作为机构学与机器人相关研究领域科研人员的参考用书。

图书在版编目(CIP)数据

机器人学的现代数学理论基础 / 丁希仑编著. —北京：科学出版社，2021.6

(科学出版社“十四五”普通高等教育研究生规划教材)

ISBN 978-7-03-069184-2

Ⅰ. ①机… Ⅱ. ①丁… Ⅲ. ①机器人技术－数学基础 Ⅳ. ①TP24

中国版本图书馆 CIP 数据核字(2021)第 111486 号

责任编辑：朱晓颖 / 责任校对：王 瑞
责任印制：张 伟 / 封面设计：迷底书装

科学出版社出版
北京东黄城根北街 16 号
邮政编码：100717
http://www.sciencep.com
北京中科印刷有限公司印刷
科学出版社发行 各地新华书店经销
*
2021 年 6 月第 一 版 开本：787×1092 1/16
2023 年 1 月第三次印刷 印张：11 1/2
字数：294 000

定价：78.00 元

(如有印装质量问题，我社负责调换)

前　言

机器人学是一门多学科交叉的综合性学科，机器人的研究涉及材料、机械、电子、传感、控制、能源与动力等诸多技术领域。作为机器人知识的宝贵文库，机器人学教材为培养从事机器人技术研究与开发的人才发挥了不可替代的作用。

传统的机器人学教材的内容主要以机构学为基础，重点阐述运动学、动力学、控制等知识，所运用的数学工具主要为一般的向量矩阵。相比于几何学，这种代数的方法比较抽象，由于缺少直观的认识而为分析解决机器人学的复杂问题带来了很大的困难。

目前，以李群、李代数、旋量理论为代表的现代数学在机器人中的应用已趋于成熟，它的成就是显而易见的。由于这些数学方法对机器人机构运动的表达具有直观性，为许多疑难问题的解答提供了简便而清晰的思路。本书对李群、李代数和旋量理论在机器人机构学中的应用进行了融会贯通，通过对机器人机构运动学、动力学、步态稳定性等典型问题进行分析，初步形成了以上述现代数学为基础的机器人机构学理论方法，而且给出了一些新的重要结果和公式，如机器人的质心运动学公式、基于惯性中心的多足机器人的动力学建模与步态稳定性分析方法以及基于变形旋量的弹性机构刚度分析方法等。

本书是作者十八年从事机器人学现代数学基础教学和部分机器人机构学相关研究工作成果的总结，内容主要包括李群与李子群、李群与李代数、旋量、机器人运动学、机器人质心运动学理论、多足机器人运动规划、基于惯性中心的足式机器人动力学、柔性机器人机构学等。

本书编写的目的是向相关专业的高年级本科生和研究生系统阐述如何运用李群、李代数和旋量理论等现代数学工具分析解决机器人机构学中的若干问题，介绍作者及其团队在机器人机构学理论方面的最新成果，从而促进机器人学和其他相关学科领域的发展与进步。

作　者

2020 年 8 月

符 号 表

运动链与运动副

C	圆柱副
PL	平面副
H	螺旋副
P	移动副
R	转动副
S	球面副
U	胡克铰
R	转动
P	移动

李群与李代数

G	群
g	群的元素、刚体位移
$\boldsymbol{g}$	刚体位移的齐次变换矩阵
e	群的单位元素
$\mathrm{GL}(n,\mathbb{R})$ 或 $\mathrm{GL}(n)$	一般线性群
$O(n)$	正交群
$\mathrm{SO}(n)$	特殊正交群
$\mathrm{SE}(n)$	特殊欧氏群
$U(n)$	幺模群
$\mathrm{SU}(n)$	特殊幺模群
$\mathcal{R}(N,\boldsymbol{u})$ 或 $\mathrm{SO}(2)$	一维旋转子群或二维特殊正交群
$\mathcal{T}(\boldsymbol{u})$ 或 $T(1)$	一维移动子群
$\mathcal{H}_p(N,\boldsymbol{u})$ 或 $\mathrm{SO}_p(2)$	螺旋副生成的位移子群
$\mathcal{C}(N,\boldsymbol{u})$	圆柱副生成的位移子群
$\mathcal{G}(\boldsymbol{uv})$、$\mathcal{G}(\boldsymbol{w})$ 或 $\mathrm{SE}(2)$	平面副生成的位移子群
$\mathcal{S}(N)$ 或 $\mathrm{SO}(3)$	旋转子群
$\mathcal{E}$ 或 $\boldsymbol{I}$	单位子群
$\mathcal{T}_2(\boldsymbol{uv})$、$\mathcal{T}_2(\boldsymbol{w})$ 或 $T(2)$	平面移动子群

$\mathcal{T}$ 或 $T(3)$	空间移动子群
$\mathcal{Y}(\boldsymbol{w},h)$	移动螺旋子群
$\mathcal{X}(\boldsymbol{w})$	Schönflies 子群
$\mathcal{D}$ 或 SE(3)	三维特殊欧氏群
$\mathcal{S}$	李代数元素的 4×4 矩阵形式
so(3)	三维正交旋转群的李代数
se(3)	特殊欧氏群的李代数

旋量与旋量系

$\boldsymbol{S}_l$	旋量
$\boldsymbol{S}$	单位旋量
$\boldsymbol{s}_0$	单位线矢量的线距
$\boldsymbol{s}$	单位旋量的原部矢量
$\boldsymbol{s}^0$	单位旋量的对偶部矢量
ρ	旋量（或线矢量）的幅值
h	旋量的螺距或节距
$\boldsymbol{S}_i$	旋量系中第 i 个单位旋量/运动副旋量
$\boldsymbol{r}$	旋转轴方向的单位矢量/单位旋量中旋量的方向
$\boldsymbol{l}$	线矢量的轴线
$\boldsymbol{l}_0$	线矢量的矢距
$(L,M,N;P,Q,R)$	单位线矢量的 Plücker 坐标
$(\mathcal{L},\mathcal{M},\mathcal{N};\mathcal{P},\mathcal{Q},\mathcal{R})$	线矢量的 Plücker 坐标
$(L,M,N;P^*,Q^*,R^*)$	单位旋量的 Plücker 坐标
$(\mathcal{L},\mathcal{M},\mathcal{N};\mathcal{P}^*,\mathcal{Q}^*,\mathcal{R}^*)$	旋量的 Plücker 坐标
$\boldsymbol{W}$	力旋量
d	平移距离
θ	旋转角度
$\breve{\theta}$	对偶角
$\boldsymbol{\omega}$	角速度矢量
$\hat{\boldsymbol{\omega}}$	角速度矢量的反对称矩阵
$\boldsymbol{v}$	线速度矢量
$\hat{\boldsymbol{v}}$	线速度矢量的反对称矩阵
$\boldsymbol{S}_{bi}$	分支运动旋量系
$\boldsymbol{S}_{bi}^r$	分支约束旋量系
$\boldsymbol{S}^r$	平台约束旋量系

$\boldsymbol{S}_f$	平台运动旋量系
$\boldsymbol{S}_m$	机构运动旋量系
$\boldsymbol{S}^c$	机构约束旋量系
$\boldsymbol{S}_{ci}^r$	分支补约束运动旋量系
$\boldsymbol{S}_c^r$	平台补约束运动旋量系

物理量

DoF	自由度
W	功
E	弹性模量

矩阵、集合与空间

$\mathbb{R}^n$	n 维向量空间
$\boldsymbol{I}$	单位矩阵

运算符号

$\times$	直积
$\otimes$	半直积
$\cup$	并集
$\cap$	交集
$\in$	属于
$\notin$	不属于
$\subseteq$	包含于
$\dim(\boldsymbol{S})$	旋量系 $\boldsymbol{S}$ 的维数
$\varDelta$	旋量矩阵形式的互易积运算
$\circ$	旋量（或旋量系）之间的互易积运算
$[\boldsymbol{X},\boldsymbol{Y}]$	李括号

目　录

第 1 章　绪　　论

1.1　几何代数的发展

David Hestenes 将应用几何方法描绘和分析代数问题的数学计算工具命名为几何代数。为了纪念 William K. Clifford 为几何代数发展所做出的奠基性贡献，几何代数又称克利福德代数(Clifford algebra)。发展到 19 世纪上半叶，数学上出现了两项革命性的发现——非欧几何与不可交换代数。

欧氏几何是人类创立的第一个相对完整严密的数学体系，对科学和哲学的影响极其深远。约在 1826 年，俄国数学家 Nikolas lvanovich Lobachevsky 和匈牙利数学家 János Bolyai 首先提出了与通常的欧几里得几何不同的、但也是正确的几何——非欧几何。非欧几何的创立打破了两千多年来欧氏几何一统天下的局面，它开辟了几何学的新领域，将研究提升到了一个崭新的高度，是自古希腊辉煌成就以来数学的一次伟大变革，是 20 世纪相对论产生的前奏和准备。非欧几何所导致的思想解放对现代数学和现代科学有着极为重要的意义，使得人类终于开始突破感官的局限而探究自然的更深层次本质。

德国数学家 Georg Friedrich Bernhard Riemann 1854 年推广了空间的概念，建立了一种更广泛的几何领域——黎曼几何。黎曼几何的创立既承认了 Lobachevsky 建立的罗氏几何，又显示了其他非欧几何创造的可能性。19 世纪后期，数学家 Eugenio Beltrami、Felix Christian Klein、Jules Henri Poincaré 在欧氏空间建立了非欧几何的模型，非欧几何得到了认可。而非欧几何的发现还促进了对公理方法的深入探讨，1899 年德国数学家 David Hilbert 发表论文 *Foundations of Geometry*，以此分析了公理的完备性、相容性和独立性等问题，做出了突出的贡献。

另外，关于代数的发展方面，1798 年意大利人 Paolo Ruffini 首次发表了一元五次方程不能用根式求解的证明。但是当时并没有人理解，直到 19 世纪 20 年代中期，挪威数学家 Niels Henrik Abel 给出了对这个方法的不可能性的完整证明。1828 年阿贝尔在一元四次以上方程的根式求解条件的探究中，引进了置换群的概念，现在通常把置换群叫作阿贝尔群。1829 年法国天才数学家 Évariste Galois 进一步发展了这一思想，把全部根式求解问题转化或者归结为置换群及其子群结构的分析，创立了群论。古典代数的内容是以讨论方程的解法为中心的，而群论出现之后，多种代数系统(环、域、格、布尔代数、线性空间等)被建立起来，Abel 和 Galois 开创了近代代数学的研究。这时代数学的研究对象扩大为向量、矩阵等，并转向代数系统结构本身的研究。

1843 年，爱尔兰数学家和物理学家 William Rowan Hamilton 发现了一种乘法交换律不成立的代数——四元数代数，其标志着向量术语在物理学理论中普遍应用的开始，它的革命思想打开了近代代数的大门。

随着几何和代数的发展，二者的研究进一步融合。在 19 世纪 60 年代，英国数学家 Arthur Cayley 基于 1806 年法国数学家 Louis Poinsot 提出的刚体力分析的力中心轴理论以及 1830 年法国数学家 Michel Floreal Chasles 提出的刚体位移理论，建立了空间直线的六维坐标；德国数学家 Julius Plücker 确定了表示直线空间和位置的六个坐标，即 Plücker 坐标。在直线几何和线性代数的研究基础之上，1876 年爱尔兰数学家、天文学家 Robert Stawell Ball 出版了旋量理论的初始论著。英国数学家 Clifford 在 1873 年提出对偶四元数之后，又于 1882 年系统地研究了旋量同向量、四元数及对偶四元数的关系。进而，Robert Stawell Ball 结合其之前关于旋量理论的系列研究成果，于 1900 年出版了划时代经典著作 *A Treatise on the Theory of Screw*，为旋量理论的发展奠定了基础。

随着几何代数的发展，群的概念早已被人们认为是现代数学中最基本的概念之一。群不仅在几何学、代数拓扑学、函数论、泛函分析及其他许多数学分支中起着重要的作用，还形成了一些新的学科，如拓扑群、李群等。李群、李代数产生于 19 世纪末，并应用在物理、化学、工程学等多个领域中。

19 世纪 70 年代，为了把伽罗瓦理论应用到微分方程的对称性理论中，挪威数学家 Marius Sophus Lie 开始进行李群理论的相关研究。(Lie 最初所研究的是局部李变换群及李代数。)1880 年，Lie 发表文章 *Theorie der Transformations Gruppen Ⅰ*，正式给出了“变换群”的定义，将群的封闭性确切地予以表示，这篇文章也是李群的分类工作的开端。1884 年，Lie 发表了李群理论研究的一些结果，定义了无限连续群。在 19 世纪后期，李代数是 Lie 研究连续变换群时引进的一个数学概念。1888～1893 年，在德国数学家 Friedrich Engel 的协助下，Lie 的主要著作 *Theorie der Transformations Gruppen Ⅲ* 陆续出版，这些工作解决了李群与李代数之间的关系，即李的基本定理。

德国数学家基灵(Wilhelm Killing)对李群的结构理论的进步有着重大贡献，他的工作对数学的发展也有着深刻的影响。1884 年，基灵开始研究变换群，发表了文章 *Erweiterung des Raumbegriffes*；1886 年，他发表了文章 *Zur Theorie der Lie'schen Transformations Gruppen*。1884 年，Lie 发现研究与无穷小运动相关的空间形式就相当于用无穷小自同构群来对这些空间形式的几何进行分类，这直接将基灵的研究导向了李代数的分类问题。1888 年，Killing 发表了两篇 *Die Zusammensetzung der Stetigen Endlichen Transformations Gruppen* 系列文章，接着在随后的两年又发表了两篇，几乎完成了单李代数的分类。其结果简洁而又能揭示更多性质，开创了新的方法和方向。基于 Killing 的工作，Elie Cartan 进一步进行了研究。1913 年，Cartan 开始研究群的表示理论。1914 年，发表文章 *Les groupes reels simples finis et continus*，完成了实数域上有限维单李代数的分类。从 1925 年起，Cartan 再次对单李群和半单李群的线性表示理论进行了深入研究，并且开展了“对称黎曼空间”的相关研究，从此开创了微分几何研究的新时代。

1925年，德国数学家Hermann Weyl发表了三篇系列文章，发展了真正融合几何、代数和分析方法的李群表示论的核心理论，李群理论开始成熟。在其出版的著作*The Theory of Groups and Quantum Mechanics*中，首次将李群表示论应用于量子力学中，应用了转动群的线性表示。Weyl的研究工作使李群理论从真正意义上走进了现代李群发展阶段。Chevally最早把李群理论用现代数学的语言系统地予以重新整理。

李群、李代数是现代数学的基本研究对象，也是现代数学的一个重要领域，对数学、物理等许多领域的影响与日俱增。随着在物理学、几何学等多学科上应用的巨大成功，李群、李代数理论也在不断成长。在近年的发展中，李群和李代数及其推广，如Kac Moody群和代数、李超代数、量子群等的研究更是全面地展开，这些充分展示了李群和李代数理论的重要性。

1.2 现代机构学的发展

机构学在广义上又称机构与机器科学(mechanism and machine science)，作为机械工程学科的重要研究分支，旨在研究机构的构型原理与新机构的发明创造、运动学与动力学及其性能分析评价。机构的组成要素是构件和运动副。

机构学的发展可以追溯到古代的水车、门锁等简单机械，从东汉时期的浑天仪、文艺复兴时期的计时装置和天文观测器发展到现在的巨型射电望远镜平台，从达·芬奇的军事机械、工业革命时期的蒸汽机到现代的机器人，从百年前莱特兄弟的飞机、奔驰的汽车到现如今的高铁、飞机，从20世纪60年代的登月飞船到现代的航天飞机和星球探测器。机构是机械装备创新的基石和源泉，对现代工业技术的发展贡献巨大。

随着机构学的深入研究与发展，标志性成果不断涌现。瑞士数学家Leonhard Euler首先把平面运动看成一点的平动和绕该点的转动，这一叠加理论奠定了机构运动学分析的基础。法国的Coriolis推导了相对速度和加速度的关系，即科氏定理，形成了机构的运动分析原理。英国的James Watt发明了保证蒸汽机气缸推杆与气泵近似直线运动的连杆机构，即瓦特连杆。英国剑桥大学教授Robert Willis的著作*Principles of Mechanisms*建立了机构运动学的基础。德国的Franz Reuleaux在其专著*Kinematics of Machinery*中建立了构件、运动副、运动链及运动简图等概念，被誉为机构学的奠基人。德国学者Ludwig Burmester提出了机构综合的图解法，为机构综合几何图解法体系奠定了基础。俄国科学院院士Chebyschev首次建立了平面机构的自由度计算数学公式，向机构的数综合(number synthesis)迈出了重要一步。

机构是机器人构造和基本运动功能实现的基础，机器人机构学是机器人研究的核心理论，也是现代机构学发展的一个重要标志和重要组成部分。随着机器人应用领域的拓展和任务需求的变化，其技术研发越来越复杂、多元、深入，机器人机构由传统的关节串联型(工业机器人的典型机型)发展成多分支的并联型以及混联型，由刚性机器人发展成柔性机器人再到软体机器人，由全自由度机器人发展到少自由度机器人、欠驱动机器人、冗余度机器人，由宏观机器人发展到微纳机器人等。机器人机构学的发展为机器人技术的繁荣发展注入了蓬勃的生机和活力，同时推动了对现代机构学的深入研究和广泛应用，形成了一些新的研究方向。

1.3 机器人机构学与几何代数

随着数学在物理学中的广泛应用，越来越多的数学家开始探索几何代数在机构学领域的应用，推动了运动几何学和机构学的发展。机构学的诞生及其早期发展与数学的发展息息相关。20 世纪 50～60 年代以后，随着控制理论、计算机技术的发展，几何代数逐渐成为研究机构学的重要方法。欧氏几何、线性代数与矩阵理论、用于拓扑分析与综合的**图论**(graph theory)以及**四元数方法**、**线几何**(line geometry)、**旋量理论**(screw theory)、**李群和李代数**(Lie group and Lie algebra)等先后被应用到了机构学领域，促进了机构学的发展。机构学的发展中，刚体位移及其相关理论的研究奠定了机器人机构学研究的基础。不同的数学方法在机构学中的作用各有侧重。旋量代数和李群、李代数以其对空间直线运动及相关代数运算描述的几何直观性与代数抽象性而成为 21 世纪机构学与机器人学研究中最受欢迎的数学工具。

美国哥伦比亚大学的 Freudenstein 教授利用图论实现了机构拓扑结构的描述，针对平面机构和空间机构的构型综合进行了深入的研究。并且基于解析方法进行了机构运动学和动力学分析与综合，开辟了用计算机进行机构运动学综合的道路。随着不断地研究，线几何、四元数、旋量理论、位移群、微分流形等现代数学工具也被应用到机构的分析与综合中。

由于四元数方法具有存储空间小、计算准确率、效率高、表达简洁等优点，近年来在机构运动学、控制、机器人动画等领域广泛应用。

旋量理论起源于 19 世纪，其物理意义更加明确。根据爱尔兰数学家 Robert Stawell Ball 的定义，旋量是一个具有旋距的直线。随后，许多学者在旋量理论及其应用方面开展了大量的研究工作，推动了旋量理论的发展。利用旋量理论可以简洁、统一地实现描述并解决问题，因此在机构学研究中，旋量理论是一种很重要的数学工具。进入 21 世纪，旋量理论在机构学、机器人学、多体动力学、机械设计、计算几何等多个领域的应用越来越广泛。

机构学研究中，往往需要借助变换的概念来描述各种各样的运动，因此利用李群、李代数方法可以解决此类问题。1983 年，Brocket 最先将李群与李代数中的指数映射引入机器人学中，建立了机器人的指数建模方法，即通常所说的指数积公式(POE formula)。事实上，所有可能的刚体运动变换空间都是李群的一个范例。

李群和李代数与其他许多数学分支都有深刻的联系，对它们的研究也可以从不同的方向和角度来展开。例如，既可以以微分流形的方法来研究李群，也可以以纯代数的观点来研究李代数。在本书中，将会看到无论是刚体运动群(李群的一种)还是运动旋量(一种李代数)都会有不同的表达方式，如刚体运动群的矩阵表达及集合表达、运动旋量的解析表达和线图表达等，进而产生出不同的机构分析与综合方法。

机器人运动学是机器人末端在笛卡儿空间的运动与在关节空间的运动映射。其对机器人的操作控制有很大帮助，而对于多足移动机器人而言，首先要解决运动稳定性问题。陈浩、丁希仑等首先提出了质心运动学的概念，推导了质心运动学公式，并用其分析了四足机器人的运动稳定性问题，进而建立了基于惯性中心的四足机器人动力学模型。

徐坤、丁希仑等运用李群、李代数和变拓扑机构的理论，提出了基于变胞机构原理的多足机器人步态分析方法，将多足机器人的步态分析问题等价于一个步态周期的序列等价机构，从而便于对多足机器人的结构参数和步态运动参数进行综合优化。

机器人学中大量的研究内容与在空间运动的刚体有关，通常考虑机器人的构件是刚体，负载和工具通常也是刚体。在一些特殊的环境和应用场合，如人机交互，要求机器人的机构具有柔性/弹性，丁希仑和 Selig 首次提出了变形旋量的概念，并建立了空间弹性机构分析的李群、李代数理论，首次推导并给出了螺旋弹簧的空间弹性参数化解析表达。

第 2 章　李群与李子群

2.1　群的相关定义

群的概念最初是由 19 世纪的数学家伽罗瓦提出来的，逐渐演变成一种理论——群论。现在，群论已成为现代数学的一个重要分支，其应用也深入到包括数学、物理学、机器人学在内的自然科学的各个领域。群的提出是与研究对称性紧密相关的，如代数方程的对称性以及几何图形的对称性(但同样的群可以表达几个不同种类物体的对称性)等。通常情况下，群可认为是所有对称运算的集合。而群论从本质上讲就是一种用于描述各种各样的对称性的数学工具。利用这一强有力的工具，已经取得了很多重要的研究成果。例如，1890 年 Federov 等利用群论的方法系统解决了晶体结构分类的问题。此外，在光谱学、角动量理论、原子核谱等物理学领域，群论也得到了广泛的应用。

下面将对群进行详细的讨论。

定义 2.1　**群**是指可对其元素 g 进行二元运算(用算子 $\circ$ 表示，一般为乘法或加法运算)的集合 G。它具有以下 4 个基本特征。

(1) 具有封闭性：G 中任意两个元素二元运算的结果仍为 G 的元素，即对 $\forall g_1, g_2 \in G$，$\exists g\left[g = \text{mult}(g_1, g_2) = g_1 \circ g_2\right] \in G$。

(2) 满足结合律：对于元素 $g_1, g_2, g_3 \in G$，则有 $(g_1 \circ g_2) \circ g_3 = g_1 \circ (g_2 \circ g_3)$。

(3) 满足幺元律：存在唯一的单位元素 e，满足 $g \circ e = e \circ g = g$。

(4) 具有可逆性：对于 $g \in G$，存在唯一的元素 $g^{-1} = \text{inv}(g)$，满足 $g \circ g^{-1} = g^{-1} \circ g = e$。

从以上群的基本特征可以看出：群一定不会是个空集，因为它里面至少包含单位元素 e 。

定义 2.2　如果对 $\forall g_1, g_2 \in G$，都有 $g_1 \circ g_2 = g_2 \circ g_1$，即 $\text{mult}(g_1, g_2)$ 具有可交换性，则称群 G 为**交换群**(commutative group)，也称**阿贝尔群**(Abelian group)，即其二元运算还须满足交换律。

值得注意的是，一般情况下，群并不具有可交换性。

19 世纪末，Lie 为了把群的一些思想应用到微分方程的对称性中，引进了**连续群**的概念，即**李群**。Lie 的同事 Felix Klein 用它来描绘几何，研究特定空间对称运算下的不变量问题，研究仿射空间变换的群的特征(仿射空间几何)。所有这些变换的群都是李群的一些范例。

定义 2.3　**李群**除满足以上所述群的四个基本特征之外，还要满足以下三个特殊条件。

(1)群中元素 g 的集合 G 必定构成一个可微分的流形(简称微分流形)。一个可微分的流形也是一个可积的空间。

(2)群的积 $G\times G\to G$，一定是一个可微分的映射。

(3)群的元素 $g\in G$ 到其逆 $g^{-1}\in G$ 的映射 $g\to g^{-1}$，也一定是一个可微分的映射。

欧几里得空间(简称欧氏空间)具有线性结构，其曲率为零，两点之间的距离直线最短，是一种特殊的微分流形。除欧氏空间之外，李群、齐次空间、Grassmann 流形、Riemann 流形等都是具有特殊性质的微分流形。

以李群为例，李群是一类具有代数群结构的微分流形，其定义的群运算是无限可微的。李群的维数就是其所对应流形的维数。这样，通过李群就将群与微分流形有机地联系起来了。因此，李群可以看作同时具有群和微分流形特征的元素所组成的集合，如图 2.1 所示。

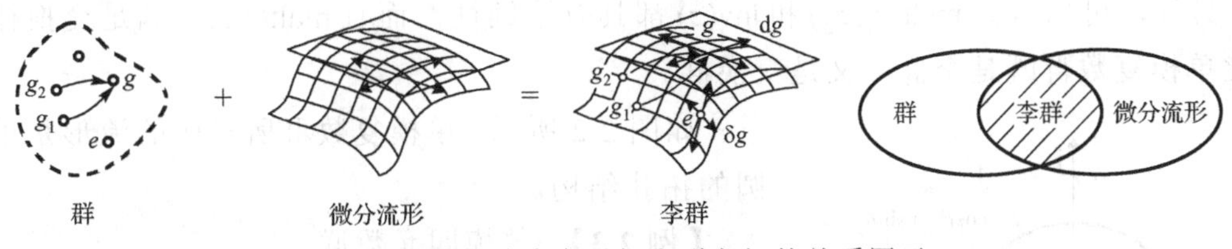

图 2.1　群、微分流形与李群之间的关系图示

2.2　群的典型例子

根据群及李群的定义及其应该满足的基本特征来判断下面的例子是否为群或李群。

【例 2.1】 n 维向量空间 $\mathbb{R}^n$。

定义其二元运算为加法运算。这时，设定其中的 3 个元素为

$$\boldsymbol{a}=(a_1,a_2,\cdots,a_n)^{\mathrm{T}},\quad \boldsymbol{b}=(b_1,b_2,\cdots,b_n)^{\mathrm{T}},\quad \boldsymbol{c}=(c_1,c_2,\cdots,c_n)^{\mathrm{T}}$$

(1)具有封闭性：$\mathrm{mult}(\boldsymbol{a},\boldsymbol{b})=\boldsymbol{a}+\boldsymbol{b}=(a_1+b_1,a_2+b_2,\cdots,a_n+b_n)^{\mathrm{T}}\in\mathbb{R}^n$。

(2)满足结合律：$(\boldsymbol{a}+\boldsymbol{b})+\boldsymbol{c}=\boldsymbol{a}+(\boldsymbol{b}+\boldsymbol{c})=(a_1+b_1+c_1,a_2+b_2+c_2,\cdots,a_n+b_n+c_n)^{\mathrm{T}}$。

(3)满足幺元律：存在唯一的单位元素 $\boldsymbol{e}=(0,0,\cdots,0)^{\mathrm{T}}$，满足 $\boldsymbol{a}+\boldsymbol{e}=\boldsymbol{e}+\boldsymbol{a}=\boldsymbol{a}=(a_1,a_2,\cdots,a_n)^{\mathrm{T}}$。

(4)具有可逆性：存在唯一元素 $\mathrm{inv}(\boldsymbol{a})=-\boldsymbol{a}=(-a_1,-a_2,\cdots,-a_n)^{\mathrm{T}}$，满足 $\boldsymbol{a}+(-\boldsymbol{a})=\boldsymbol{e}$。

另外，可以看到 $\mathrm{mult}(\boldsymbol{a},\boldsymbol{b})$ 和 $\mathrm{inv}(\boldsymbol{a})$ 都具有连续性，因此 $\mathbb{R}^n$ 是 n 维李群，而且易得其二元运算满足交换律，因此 $\mathbb{R}^n$ 也是交换群。

有一类与刚体运动密切相关的特殊群 $T(3)$，称为三维移动群。其中元素 $\boldsymbol{\mathcal{P}}$ 的一般表达形式有两种：一种是向量表达 $\boldsymbol{\mathcal{P}}=(\mathcal{P}_1,\mathcal{P}_2,\mathcal{P}_3)^{\mathrm{T}}$；另一种是反对称矩阵表达。二者具有同构(isomorphism)关系，即

$$\mathcal{P} \mapsto \hat{\mathcal{P}} \tag{2.1}$$

式中，$\hat{\mathcal{P}} = \begin{bmatrix} 0 & -\mathcal{P}_3 & \mathcal{P}_2 \\ \mathcal{P}_3 & 0 & -\mathcal{P}_1 \\ -\mathcal{P}_2 & \mathcal{P}_1 & 0 \end{bmatrix}$。

$T(3)$是本书中重点讨论的一类群，同时也是交换群。

【例 2.2】 单模复数群。

设其元素为 $z=\cos\theta+\mathrm{i}\sin\theta(0\leqslant\theta<2\pi)$，定义其二元运算为乘法运算。

(1)具有封闭性：$\mathrm{mult}(z_1,z_2)=z_1z_2=\cos(\theta_1+\theta_2)+\mathrm{i}\sin(\theta_1+\theta_2)$。

(2)满足结合律：$(z_1z_2)z_3=z_1(z_2z_3)=\cos(\theta_1+\theta_2+\theta_3)+\mathrm{i}\sin(\theta_1+\theta_2+\theta_3)$。

(3)满足幺元律：存在唯一的单位元素 $e=1$，满足 $ez=ze=z=\cos\theta+\mathrm{i}\sin\theta$。

(4)具有可逆性：存在唯一元素 $\mathrm{inv}(z)=z^*=\cos\theta-\mathrm{i}\sin\theta$，满足 $zz^*=z^*z=e=1$。

另外，可以看到 $\mathrm{mult}(z_1,z_2)$ 和 $\mathrm{inv}(z)$ 都具有连续性，而且 $\mathrm{mult}(z_1,z_2)$ 满足交换律，因此单模复数群既是李群，又是交换群。

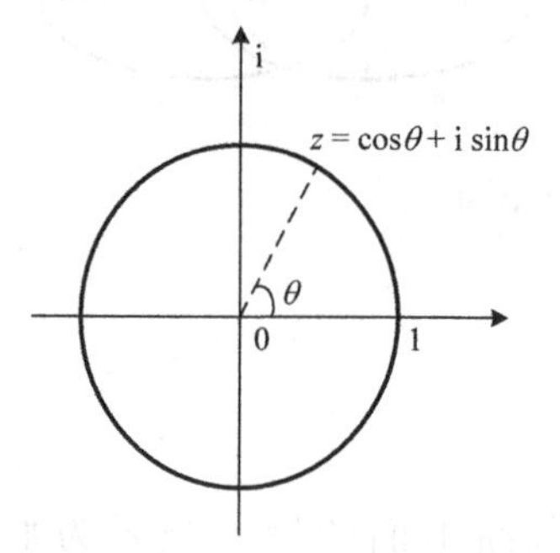

图 2.2 单模复数群所对应的流形

如图 2.2 所示，单模复数群所对应的流形是单位圆的拓扑结构。

【例 2.3】 单模四元数群。

设其元素为 $q=a+\mathrm{i}b+\mathrm{j}c+\mathrm{k}d(\mathrm{i}^2=\mathrm{j}^2=\mathrm{k}^2=-1, a^2+b^2+c^2+d^2=1)$，定义其二元运算为乘法。

(1)具有封闭性。

(2)满足结合律。

(3)满足幺元律：存在唯一的单位元素 $e=1$，满足 $eq=qe=q$。

(4)具有可逆性：存在唯一元素 $\mathrm{inv}(q)=q^*=a-\mathrm{i}b-\mathrm{j}c-\mathrm{k}d$，满足 $qq^*=q^*q=e=1$。

另外，可以看到 $\mathrm{mult}(q_1,q_2)$ 和 $\mathrm{inv}(q)$ 虽都具有连续性，但 $\mathrm{mult}(q_1,q_2)$ 不满足交换律，因此单模四元数群是李群，但不是交换群。

如图 2.3 所示，单模四元数群所对应的流形是**单位球**的拓扑结构。

【例 2.4】 一般线性群(general linear group) $\mathrm{GL}(n,\mathbb{R})$。

所有 $n\times n$ 非奇异实矩阵组成的群称为一般线性群，记为 $\mathrm{GL}(n,\mathbb{R})$，有时简写为 $\mathrm{GL}(n)$。

对于元素 $\boldsymbol{A},\boldsymbol{B}\in\mathrm{GL}(n)$，群的运算就是矩阵乘法，即 $\mathrm{mult}(\boldsymbol{A},\boldsymbol{B})=\boldsymbol{AB}$。

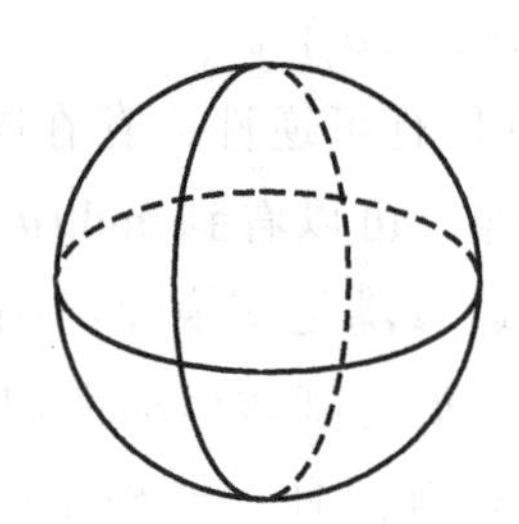

图 2.3 单模四元数群所对应的流形

根据线性代数的有关知识很容易得出判断：封闭性与结合律成立，对应的单位元素就是 $n\times n$ 单位矩阵 $\boldsymbol{I}$，其逆可由矩阵的逆给出。另外，由于矩阵的乘积和逆都是光滑即连续的，所以群的这两种运算也是连续的。所以，$\mathrm{GL}(n)$ 为李群，但由于其不满足交换律，所以不是交换群。

另外，因为行列式值为零的矩阵不能包括在其中，所以 $\mathrm{GL}(n,\mathbb{R})$ 所对应的流形是在 $\mathbb{R}^{n^2}$ 上的开集。一般线性群包含多种子群，将行列式为 1 的一般线性群称为特殊线性群，记为 $\mathrm{SL}(n,\mathbb{R})$ 或 $\mathrm{SL}(n)$。

【例 2.5】 正交群 $O(n)$ 与特殊正交群 $\mathrm{SO}(n)$。

$n\times n$ 正交实数矩阵所组成的群称为正交群，记作 $O(n)$，而 $n\times n$ 单位正交实数矩阵所组成的群称为特殊正交群，记作 $\mathrm{SO}(n)$。其中 $\mathrm{SO}(2)$ 和 $\mathrm{SO}(3)$ 是两种最为重要的子群，前者表示绕固定轴线的平面转动，而后者表示绕某一固定轴线的空间转动。二维特殊正交群 $\mathrm{SO}(2)$ 的矩阵形式表达为

$$\begin{bmatrix}\cos\theta & -\sin\theta\\ \sin\theta & \cos\theta\end{bmatrix}\in\mathrm{SO}(2) \tag{2.2}$$

此群所对应的流形也是圆。

三维特殊正交群 $\mathrm{SO}(3)$ 中的元素通常用矩阵 $\boldsymbol{R}$ 表示，但具体表达比较复杂，这里只给出其一般表达，本书后续章节将对其专门进行讨论。

$$\boldsymbol{R}=\begin{bmatrix}r_{11} & r_{12} & r_{13}\\ r_{21} & r_{22} & r_{23}\\ r_{31} & r_{32} & r_{33}\end{bmatrix} \tag{2.3}$$

【例 2.6】 特殊欧氏群 $\mathrm{SE}(3)$。

定义三维特殊正交群 $\mathrm{SO}(3)$ 与向量空间 $\mathbb{R}^3$ 的半直积为特殊欧氏群 $\mathrm{SE}(3)$（special Euclidian group）：

$$\mathrm{SE}(3)=\mathrm{SO}(3)\otimes\mathbb{R}^3 \tag{2.4}$$

简单记为 $(\boldsymbol{R},\mathcal{P})$，可将其写成 4×4 矩阵表达形式：

$$(\boldsymbol{R},\mathcal{P})\mapsto\begin{bmatrix}\boldsymbol{R} & \mathcal{P}\\ \boldsymbol{0} & 1\end{bmatrix} \tag{2.5}$$

其二元运算满足

$$(\boldsymbol{R}_2,\mathcal{P}_2)(\boldsymbol{R}_1,\mathcal{P}_1)=(\boldsymbol{R}_2\mathcal{P}_1,\boldsymbol{R}_2\mathcal{P}_1+\mathcal{P}_2) \tag{2.6}$$

写成 4×4 矩阵的形式，有

$$\begin{bmatrix}\boldsymbol{R}_2 & \mathcal{P}_2\\ \boldsymbol{0} & 1\end{bmatrix}\begin{bmatrix}\boldsymbol{R}_1 & \mathcal{P}_1\\ \boldsymbol{0} & 1\end{bmatrix}=\begin{bmatrix}\boldsymbol{R}_2\boldsymbol{R}_1 & \boldsymbol{R}_2\mathcal{P}_1+\mathcal{P}_2\\ \boldsymbol{0} & 1\end{bmatrix} \tag{2.7}$$

【例 2.7】 幺模群 $U(n)$ 与特殊幺模群 $\mathrm{SU}(n)$。

将 $n\times n$ 正交实数矩阵扩展到复数范畴，即构成幺模群，记作 $U(n)$，而 $n\times n$ 单位正交复数矩阵所组成的群称为特殊幺模群，记作 $\mathrm{SU}(n)$。其中的子群 $\mathrm{SU}(2)$ 的矩阵形式表示如下：

$$\begin{bmatrix} a+\mathrm{i}b & c+\mathrm{i}d \\ -c+\mathrm{i}d & a-\mathrm{i}b \end{bmatrix} \in \mathrm{SU}(2) \tag{2.8}$$

式中，$a^2+b^2+c^2+d^2=1$。

2.3　刚体运动与刚体变换

所有可能的刚体(rigid body)运动变换空间是李群的一个范例。众所周知，任何刚体变换都是由旋转、平移和反射(reflections)构成的。但实际的机械不能进行反射，所以，对实际的机械来说，其应是固有(proper)刚体变换，排除反射。在机器人机构学中，大量的内容是关于在空间中运动的刚体，通常考虑机器人的构件是刚体，负载和工具通常也是刚体。

在欧氏空间 $\mathbb{R}^3$ 中，质点 P 的位置可用相对于惯性坐标系(也称固定坐标系或者参考坐标系)的位置矢量 $\boldsymbol{p}(\boldsymbol{p}\in\mathbb{R}^3)$ 来描述。质点的运动轨迹可表示成参数形式：$\boldsymbol{p}(t)=(x(t),y(t),z(t))^{\mathrm{T}}\in\mathbb{R}^3$，如图 2.4 所示。

然而在机器人机构学中，通常关心的不是某个质点的独立运动，而是由一系列质点组成的**刚体**的运动。

定义 2.4　刚体是一个完全不变形体，是相对弹性体或柔性体而言的。从数学角度可以给出一个严格的定义：**刚体**是任意两点之间距离保持不变的点的集合。如图 2.5 所示，若 P 和 Q 是刚体上任意两点，则当刚体运动时，必须满足

$$\|\boldsymbol{p}(t)-\boldsymbol{q}(t)\|=\|\boldsymbol{p}(0)-\boldsymbol{q}(0)\|=\text{const} \tag{2.9}$$

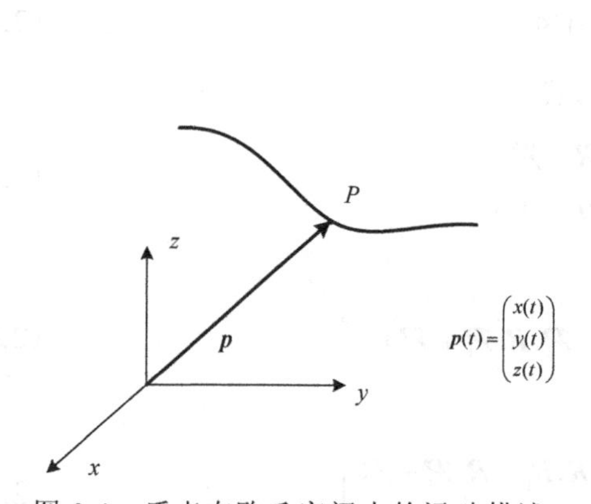

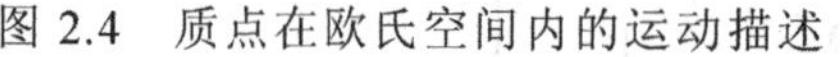

图 2.4　质点在欧氏空间内的运动描述

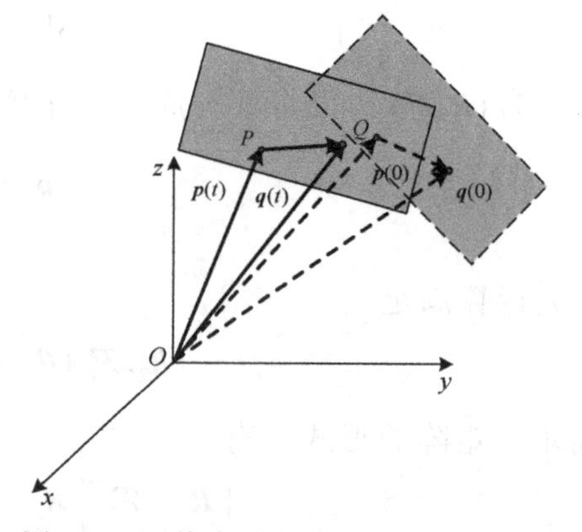

图 2.5　刚体在欧氏空间内的运动描述

定义 2.5　**刚体运动**(rigid body motion)是指物体上任意两点之间距离始终保持不变的连续运动。对于刚体而言，从一个位形到达另一个位形的刚体运动称为**刚体位移**(rigid body displacement)。典型的刚体位移包括**平移运动**(translation，简称移动)和**旋转运动**(rotation，简称转动)。

对于刚体变换，可以根据描述方式的不同，给出如下两种定义。

定义 2.6　刚体变换的定义 1　对于由$\mathbb{R}^3$的子集O描述的刚体，其刚体运动可以用一系列的连续变换$g(t):O\to\mathbb{R}^3$来描述，即将刚体上各点相对于某个固定坐标系的运动描述为时间的函数。这时，刚体位移就可以用反映刚体上各点从初始位形到终止位形的单一映射$g:O\to\mathbb{R}^3$来表示，并称为**刚体变换**(rigid body transformation)，记作$g(\boldsymbol{p})$。

假定刚体上有两点$\boldsymbol{p},\boldsymbol{q}\in O$，连接两点的矢量$\boldsymbol{v}=\boldsymbol{q}-\boldsymbol{p}(\boldsymbol{v}\in\mathbb{R}^3)$。前面已经讲到，在欧氏几何中，矢量的表示与点的表示在形式上完全相同，例如，在笛卡儿坐标系中都用(x, y, z)来表示，但在射影几何中两者的表示就呈现出了差异。矢量不与刚体相固联，例如，在同一刚体上还可存在其他两点$\boldsymbol{r},\boldsymbol{s}\in O$，也满足$\boldsymbol{v}=\boldsymbol{s}-\boldsymbol{r}$(图 2.6)。基于这种原因，有时将矢量称为**自由矢量**(free vector)。

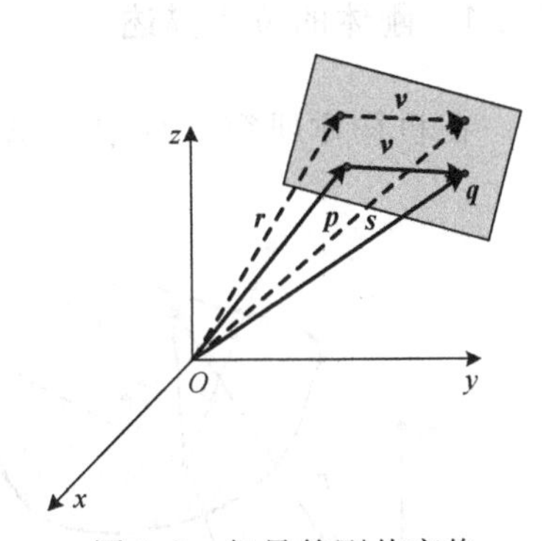

图 2.6　矢量的刚体变换

若用$g:O\to\mathbb{R}^3$表示矢量$\boldsymbol{v}$的刚体位移，则该刚体变换可以写成

$$g_*(\boldsymbol{v})=g(\boldsymbol{q})-g(\boldsymbol{p})=g(\boldsymbol{s})-g(\boldsymbol{r}) \tag{2.10}$$

由于刚体上任意两点间的距离不随刚体运动而改变，因此刚体变换$g:O\to\mathbb{R}^3$也必须保证任意两点间的距离始终不变。但反过来并不成立，保证刚体上任意两点距离始终不变的并不一定是刚体变换，如反射运动就是如此。因此还需要附加其他条件(如保证刚体上任意两矢量的夹角不变)。

定义 2.7　刚体变换的定义 2　同时满足以下两个条件的变换$g:\mathbb{R}^3\to\mathbb{R}^3$，称为**刚体变换**。

(1) 保持刚体上任意两点间的距离(向量的范数)不变：对于任意的点$\boldsymbol{p},\boldsymbol{q}\in\mathbb{R}^3$，均有

$$\|g(\boldsymbol{q})-g(\boldsymbol{p})\|=\|\boldsymbol{q}-\boldsymbol{p}\| \tag{2.11}$$

(2) 保持刚体上任意两矢量间的夹角不变：对于任意的矢量$\boldsymbol{v},\boldsymbol{w}\in\mathbb{R}^3$，均有

$$g_*(\boldsymbol{v}\times\boldsymbol{w})=g_*(\boldsymbol{v})\times g_*(\boldsymbol{w}) \tag{2.12}$$

对于刚体变换的矩阵表示，可表示成如下的 4×4 矩阵：

$$\boldsymbol{A}=\begin{bmatrix}\boldsymbol{R} & \boldsymbol{\mathcal{P}}\\ \boldsymbol{0} & 1\end{bmatrix} \tag{2.13}$$

式中，$\boldsymbol{R}$是 3×3 的旋转矩阵；$\boldsymbol{\mathcal{P}}$是一个平移向量。

刚体变换矩阵作用于空间的一个点可以表示为

$$\begin{pmatrix}\boldsymbol{q}'\\ 1\end{pmatrix}=\begin{bmatrix}\boldsymbol{R} & \boldsymbol{\mathcal{P}}\\ \boldsymbol{0} & 1\end{bmatrix}\begin{pmatrix}\boldsymbol{q}\\ 1\end{pmatrix}=\begin{pmatrix}\boldsymbol{R}\boldsymbol{q}+\boldsymbol{\mathcal{P}}\\ 1\end{pmatrix} \tag{2.14}$$

式中，$\boldsymbol{q}$是初始点的位置向量；$\boldsymbol{q}'$是该点变换后的位置向量。

一般刚体变换的逆为

$$A^{-1}=\begin{bmatrix} R & \mathcal{P} \\ 0 & 1 \end{bmatrix}^{-1}=\begin{bmatrix} R^{\mathrm{T}} & -R^{\mathrm{T}}\mathcal{P} \\ 0 & 1 \end{bmatrix} \tag{2.15}$$

2.3.1 刚体的位姿描述

在机构学研究过程中，总是离不开坐标系。因为通过坐标系可以更好地描述机构及其中各个构件的运动，也使描述过程变得更加简单。机构和机器人分析中，经常采用两类坐标系：一类是与地(或机架)固联的定坐标系，即常说的**参考坐标系**(reference coordinate frame)，一般用$\{A\}$表示。其中，用$\boldsymbol{x}_A, \boldsymbol{y}_A, \boldsymbol{z}_A$表示参考坐标系 3 个坐标轴方向的单位矢量；另一类是与活动构件固联且随之一起运动的动坐标系，这里称为**物体坐标系**(body coordinate frame)，一般用$\{B\}$表示。其中，用$\boldsymbol{x}_B, \boldsymbol{y}_B, \boldsymbol{z}_B$表示物体坐标系 3 个坐标轴方向的单位矢量，如图 2.7 所示。

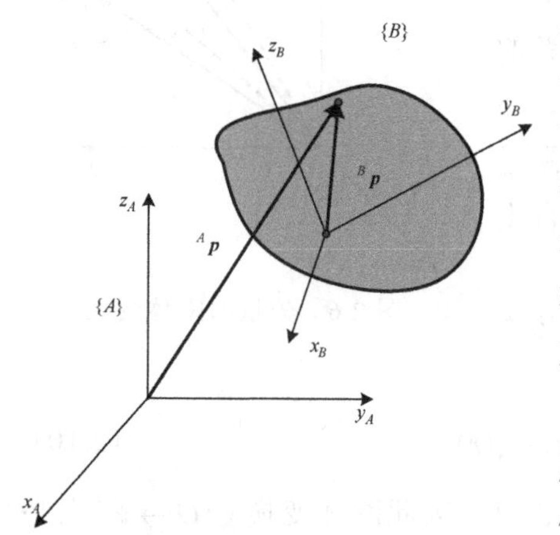

图 2.7 描述刚体运动的两种坐标系

建立了坐标系，很容易给出刚体上某一点的位置坐标描述。因此，刚体上任一点 P 在参考坐标系$\{A\}$和物体坐标系$\{B\}$中的位置可以分别描述成

$${}^{A}\boldsymbol{p}=\begin{pmatrix} x \\ y \\ z \end{pmatrix}, \quad {}^{B}\boldsymbol{p}=\begin{pmatrix} u \\ v \\ w \end{pmatrix} \tag{2.16}$$

如何来描述刚体的姿态呢？相对位置描述而言，姿态的描述复杂多样。由于刚体转动只改变刚体的姿态，因此，为了更好地描述刚体的姿态，不妨先讨论一下刚体转动。

2.3.2 刚体转动与三维旋转群

在坐标系$\{B\}$与坐标系$\{A\}$共点的情况下，具体如图 2.8 所示，坐标系$\{B\}$中表示 3 个坐标轴方向的单位矢量相对坐标系$\{A\}$的坐标表达可分别用${}^{A}\boldsymbol{x}_B$，${}^{A}\boldsymbol{y}_B$，${}^{A}\boldsymbol{z}_B$表示，写成矩阵的形式为

$${}_{B}^{A}\boldsymbol{R}=\begin{bmatrix} {}^{A}\boldsymbol{x}_B & {}^{A}\boldsymbol{y}_B & {}^{A}\boldsymbol{z}_B \end{bmatrix}_{3\times3} \tag{2.17}$$

这里称${}_{B}^{A}\boldsymbol{R}$为坐标系$\{B\}$相对坐标系$\{A\}$的**旋转矩阵**(rotation matrix)，满足

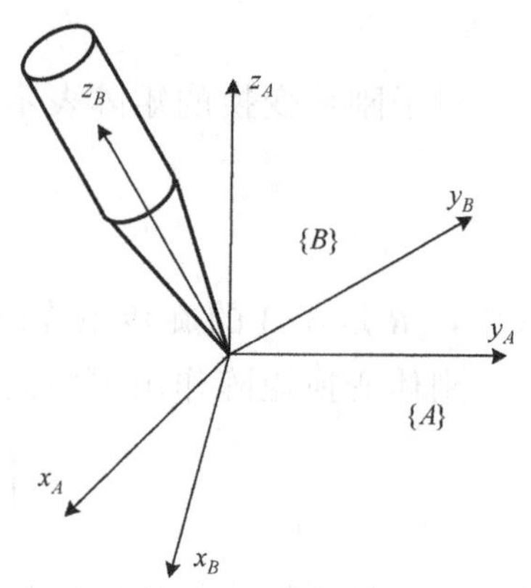

图 2.8 刚体旋转变换

$$
{}_B^A\boldsymbol{R}=\begin{bmatrix}\boldsymbol{x}_A\cdot\boldsymbol{x}_B & \boldsymbol{x}_A\cdot\boldsymbol{y}_B & \boldsymbol{x}_A\cdot\boldsymbol{z}_B\\ \boldsymbol{y}_A\cdot\boldsymbol{x}_B & \boldsymbol{y}_A\cdot\boldsymbol{y}_B & \boldsymbol{y}_A\cdot\boldsymbol{z}_B\\ \boldsymbol{z}_A\cdot\boldsymbol{x}_B & \boldsymbol{z}_A\cdot\boldsymbol{y}_B & \boldsymbol{z}_A\cdot\boldsymbol{z}_B\end{bmatrix}=\begin{bmatrix}\cos(\boldsymbol{x}_A,\boldsymbol{x}_B) & \cos(\boldsymbol{x}_A,\boldsymbol{y}_B) & \cos(\boldsymbol{x}_A,\boldsymbol{z}_B)\\ \cos(\boldsymbol{y}_A,\boldsymbol{x}_B) & \cos(\boldsymbol{y}_A,\boldsymbol{y}_B) & \cos(\boldsymbol{y}_A,\boldsymbol{z}_B)\\ \cos(\boldsymbol{z}_A,\boldsymbol{x}_B) & \cos(\boldsymbol{z}_A,\boldsymbol{y}_B) & \cos(\boldsymbol{z}_A,\boldsymbol{z}_B)\end{bmatrix} \tag{2.18}
$$

由于 ${}_B^A\boldsymbol{R}$ 中的每个元素均是方向余弦，因此该矩阵又称为**方向余弦矩阵**。

可以看到：旋转矩阵 ${}_B^A\boldsymbol{R}$ 由 9 个元素组成，但实际上只有 3 个独立参数。这是因为旋转矩阵实质上是一个单位正交的正定矩阵。因此，它满足如下的关系式：

$$
\begin{cases}\left\|{}^A\boldsymbol{x}_B\right\|=\left\|{}^A\boldsymbol{y}_B\right\|=\left\|{}^A\boldsymbol{z}_B\right\|=1,\ {}^A\boldsymbol{x}_B\cdot{}^A\boldsymbol{y}_B={}^A\boldsymbol{y}_B\cdot{}^A\boldsymbol{z}_B={}^A\boldsymbol{z}_B\cdot{}^A\boldsymbol{x}_B=0\\ {}_B^A\boldsymbol{R}^{-1}={}_B^A\boldsymbol{R}^{\mathrm{T}},\ \det({}_B^A\boldsymbol{R})=1\end{cases} \tag{2.19}
$$

鉴于旋转矩阵 ${}_B^A\boldsymbol{R}$ 的共性特征，可以将旋转矩阵同前面所讲的三维特殊正交群 SO(3) 有机联系起来，即将所有满足上述性质的 3×3 旋转矩阵的集合 $\boldsymbol{R}$ 称为**三维旋转群**(rotation group)。

$$
\mathrm{SO}(3)=\{\boldsymbol{R}\in\mathbb{R}^{3\times3}|\boldsymbol{R}^{\mathrm{T}}\boldsymbol{R}=\boldsymbol{I},\det\boldsymbol{R}=1\} \tag{2.20}
$$

推广到 n 维，即

$$
\mathrm{SO}(n)=\{\boldsymbol{R}\in\mathbb{R}^{n\times n}|\boldsymbol{R}^{\mathrm{T}}\boldsymbol{R}=\boldsymbol{I},\det\boldsymbol{R}=1\} \tag{2.21}
$$

可以证明 $\mathrm{SO}(3)\subseteq\mathbb{R}^{3\times3}$ 是满足矩阵乘法运算的李群。

根据群的定义，凡在其上定义了二元运算并满足运算的封闭性、幺元律、可逆性和结合律的集合 G 都称为群。对于 SO(3) 中的任意两个元素做矩阵乘法运算，并满足以下性质。

(1) 具有封闭性：如果 $\boldsymbol{R}_1,\boldsymbol{R}_2\in\mathrm{SO}(3)$，则 $\boldsymbol{R}_1\boldsymbol{R}_2\in\mathrm{SO}(3)$，因为

$$
\begin{aligned}
&(\boldsymbol{R}_1\boldsymbol{R}_2)^{\mathrm{T}}(\boldsymbol{R}_1\boldsymbol{R}_2)=\boldsymbol{R}_2^{\mathrm{T}}(\boldsymbol{R}_1^{\mathrm{T}}\boldsymbol{R}_1)\boldsymbol{R}_2=\boldsymbol{R}_2^{\mathrm{T}}\boldsymbol{R}_2=\boldsymbol{I}\\
&\det(\boldsymbol{R}_1\boldsymbol{R}_2)=\det(\boldsymbol{R}_1)\det(\boldsymbol{R}_2)=1
\end{aligned}
$$

(2) 满足结合律：$(\boldsymbol{R}_1\boldsymbol{R}_2)\boldsymbol{R}_3=\boldsymbol{R}_1(\boldsymbol{R}_2\boldsymbol{R}_3)$。

(3) 满足幺元律：单位矩阵 $\boldsymbol{I}_3$ 为其单位元素。

(4) 具有可逆性：$\boldsymbol{R}^{\mathrm{T}}\boldsymbol{R}=\boldsymbol{I}\Rightarrow\boldsymbol{R}^{-1}=\boldsymbol{R}^{\mathrm{T}}\in\mathrm{SO}(3)$。

同时，矩阵相乘与逆运算也满足可微的条件。因此，SO(3) 是以矩阵乘法作为二元运算，以单位矩阵 $\boldsymbol{I}_3$ 作为单位元素，以 $\boldsymbol{R}^{\mathrm{T}}$ 作为 $\boldsymbol{R}$ 的逆的李群。

旋转矩阵 $\boldsymbol{R}\in\mathrm{SO}(3)$ 不仅可以表示刚体上某一点在不同坐标系中的坐标变换，还可以表示刚体相对于固定坐标系旋转后的位形。用参数化的 $\boldsymbol{p}(t)\in\mathrm{SO}(3)$ 表示相应的运动轨迹(图 2.9(a))，可以写成

$$
\boldsymbol{p}(t)=\boldsymbol{R}\boldsymbol{p}(0),\quad t\in[0,T] \tag{2.22}
$$

另外，$\boldsymbol{R}\in\mathrm{SO}(3)$ 不仅可以表示点的旋转变换，还可以表示矢量的旋转变换(图 2.9(b))。定义物体坐标系 $\{B\}$ 上的两点 ${}^B\boldsymbol{p},{}^B\boldsymbol{q}$，连接两点的矢量为 ${}^B\boldsymbol{\iota}={}^B\boldsymbol{q}-{}^B\boldsymbol{p}$。则满足

$$ {}_B^A\boldsymbol{R}^B\boldsymbol{\imath} = {}_B^A\boldsymbol{R}({}^B\boldsymbol{q} - {}^B\boldsymbol{p}) = {}^A\boldsymbol{q} - {}^A\boldsymbol{p} = {}^A\boldsymbol{\imath} \tag{2.23} $$

3 个以上坐标系间的旋转变换也可以通过矩阵相乘得到，即满足旋转矩阵的合成法则：

$$ {}_C^A\boldsymbol{R} = {}_B^A\boldsymbol{R}\,{}_C^B\boldsymbol{R} \tag{2.24} $$

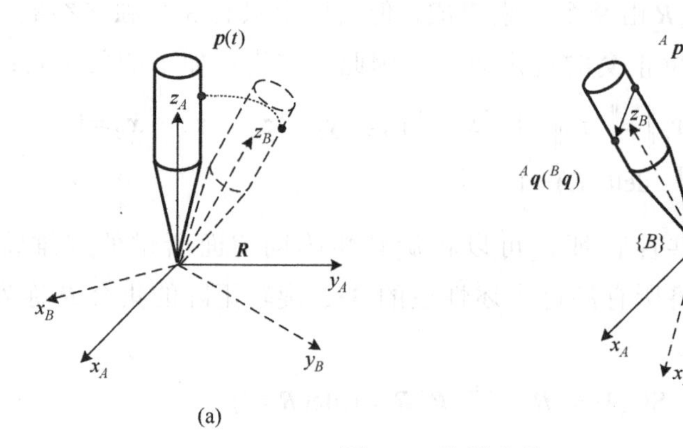

图 2.9　旋转变换

定理 2.1　旋转变换 $\boldsymbol{R}\in\mathrm{SO}(3)$ 是一个刚体变换，即满足以下性质。

(1) $\boldsymbol{R}$ 保持距离不变：对于任意的 $\boldsymbol{p}, \boldsymbol{q}\in\mathbb{R}^3$，都有

$$ \|\boldsymbol{Rq} - \boldsymbol{Rp}\| = \|\boldsymbol{q} - \boldsymbol{p}\| \tag{2.25} $$

(2) $\boldsymbol{R}$ 保持两矢量夹角不变：对于任意的 $\boldsymbol{u}, \boldsymbol{v}\in\mathbb{R}^3$ ，都有

$$ \boldsymbol{R}(\boldsymbol{u}\times\boldsymbol{v}) = \boldsymbol{Ru}\times\boldsymbol{Rv} \tag{2.26} $$

证明：可直接进行验证。

(1)　$$ \|\boldsymbol{Rq} - \boldsymbol{Rp}\|^2 = (\boldsymbol{R}(\boldsymbol{q}-\boldsymbol{p}))^{\mathrm{T}}(\boldsymbol{R}(\boldsymbol{q}-\boldsymbol{p})) = (\boldsymbol{q}-\boldsymbol{p})^{\mathrm{T}}\boldsymbol{R}^{\mathrm{T}}\boldsymbol{R}(\boldsymbol{q}-\boldsymbol{p}) = \|\boldsymbol{q}-\boldsymbol{p}\|^2 $$

(2)注意到两矢量的叉积所具有的特性：

$$ \boldsymbol{u}\times\boldsymbol{v} = \hat{\boldsymbol{u}}\boldsymbol{v} \tag{2.27} $$

式中，$\boldsymbol{u} = [u_1 \quad u_2 \quad u_3]^{\mathrm{T}}$；而 $\hat{\boldsymbol{u}}$ 是与 $\boldsymbol{u}$ 相对应的反对称矩阵，即

$$ \hat{\boldsymbol{u}} = \begin{bmatrix} 0 & -u_3 & u_2 \\ u_3 & 0 & -u_1 \\ -u_2 & u_1 & 0 \end{bmatrix} \tag{2.28} $$

则

$$ \boldsymbol{Ru}\times\boldsymbol{Rv} = (\boldsymbol{Ru})^{\wedge}\boldsymbol{Rv} = \boldsymbol{R}\hat{\boldsymbol{u}}\boldsymbol{R}^{\mathrm{T}}\boldsymbol{Rv} = \boldsymbol{R}\hat{\boldsymbol{u}}\boldsymbol{v} = \boldsymbol{R}(\boldsymbol{u}\times\boldsymbol{v}) $$

注意上式的证明过程用到了 $(\boldsymbol{Ru})^{\wedge} = \boldsymbol{R}\hat{\boldsymbol{u}}\boldsymbol{R}^{\mathrm{T}}$，证明如下。

已知 $\boldsymbol{R} = [\boldsymbol{r}_1 \quad \boldsymbol{r}_2 \quad \boldsymbol{r}_3]^{\mathrm{T}}$，则

$$ \boldsymbol{R}\hat{\boldsymbol{u}}\boldsymbol{R}^{\mathrm{T}} = \boldsymbol{R}(\boldsymbol{u}\times\boldsymbol{r}_1, \boldsymbol{u}\times\boldsymbol{r}_2, \boldsymbol{u}\times\boldsymbol{r}_3) = \begin{bmatrix} 0 & \boldsymbol{r}_1\cdot(\boldsymbol{u}\times\boldsymbol{r}_2) & \boldsymbol{r}_1\cdot(\boldsymbol{u}\times\boldsymbol{r}_3) \\ \boldsymbol{r}_2\cdot(\boldsymbol{u}\times\boldsymbol{r}_1) & 0 & \boldsymbol{r}_2\cdot(\boldsymbol{u}\times\boldsymbol{r}_3) \\ \boldsymbol{r}_3\cdot(\boldsymbol{u}\times\boldsymbol{r}_1) & \boldsymbol{r}_3\cdot(\boldsymbol{u}\times\boldsymbol{r}_2) & 0 \end{bmatrix} $$

$$=\begin{bmatrix} 0 & -\boldsymbol{u}\cdot(\boldsymbol{r}_1\times\boldsymbol{r}_2) & \boldsymbol{u}\cdot(\boldsymbol{r}_3\times\boldsymbol{r}_1) \\ \boldsymbol{u}\cdot(\boldsymbol{r}_1\times\boldsymbol{r}_2) & 0 & -\boldsymbol{u}\cdot(\boldsymbol{r}_2\times\boldsymbol{r}_3) \\ -\boldsymbol{u}\cdot(\boldsymbol{r}_3\times\boldsymbol{r}_1) & \boldsymbol{u}\cdot(\boldsymbol{r}_2\times\boldsymbol{r}_3) & 0 \end{bmatrix}=\begin{bmatrix} 0 & -\boldsymbol{u}\cdot\boldsymbol{r}_3 & \boldsymbol{u}\cdot\boldsymbol{r}_2 \\ \boldsymbol{u}\cdot\boldsymbol{r}_3 & 0 & -\boldsymbol{u}\cdot\boldsymbol{r}_1 \\ -\boldsymbol{u}\cdot\boldsymbol{r}_2 & \boldsymbol{u}\cdot\boldsymbol{r}_1 & 0 \end{bmatrix}=\begin{pmatrix} \boldsymbol{u}\cdot\boldsymbol{r}_1 \\ \boldsymbol{u}\cdot\boldsymbol{r}_2 \\ \boldsymbol{u}\cdot\boldsymbol{r}_3 \end{pmatrix}^{\wedge}=(\boldsymbol{Ru})^{\wedge}$$

2.4　一般刚体运动与刚体变换群

2.4.1　一般刚体运动与齐次变换矩阵

相对刚体转动的表达而言，描述一般的刚体运动要复杂得多。为了充分表达刚体运动，必须同时描述刚体上任意一点的移动及刚体绕该点的转动。为此，通常在刚体上的某点处建立**物体坐标系**$\{B\}$，通过描述该坐标系相对于参考坐标系$\{A\}$的运动来表示刚体的位形。这样，刚体上各点的运动情况都可从物体坐标系的运动以及该点相对于物体坐标系的运动来得到(图 2.10)。因此有

$$^{A}\boldsymbol{p}={}_{B}^{A}\boldsymbol{R}{}^{B}\boldsymbol{p}+{}^{A}\boldsymbol{p}_B \tag{2.29}$$

式中，$^{A}\boldsymbol{p}_B$为从参考坐标系$\{A\}$原点到物体坐标系$\{B\}$原点的位置矢量。

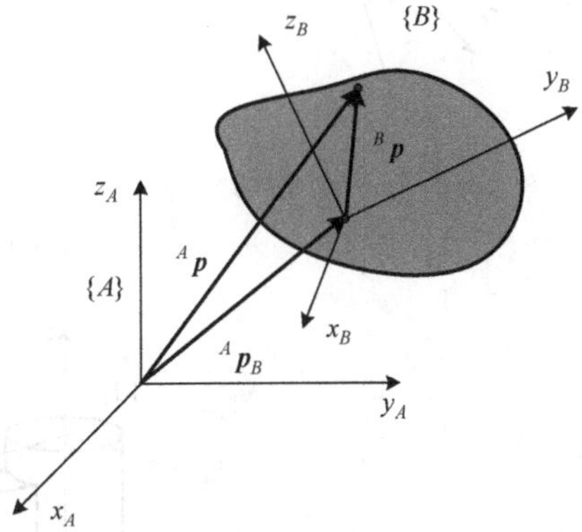

图 2.10　一般刚体变换

将式(2.29)写成齐次变换的表达形式：

$$\begin{pmatrix} ^{A}\boldsymbol{p} \\ 1 \end{pmatrix}=\begin{bmatrix} _{B}^{A}\boldsymbol{R} & ^{A}\boldsymbol{p}_B \\ \boldsymbol{0} & 1 \end{bmatrix}\begin{pmatrix} ^{B}\boldsymbol{p} \\ 1 \end{pmatrix} \tag{2.30}$$

即

$$^{A}\overline{\boldsymbol{p}}={}_{B}^{A}\boldsymbol{T}{}^{B}\overline{\boldsymbol{p}} \tag{2.31}$$

$$^{A}\overline{\boldsymbol{p}}=\begin{pmatrix} ^{A}\boldsymbol{p} \\ 1 \end{pmatrix},\quad {}^{B}\overline{\boldsymbol{p}}=\begin{pmatrix} ^{B}\boldsymbol{p} \\ 1 \end{pmatrix},\quad {}_{B}^{A}\boldsymbol{T}=\begin{bmatrix} _{B}^{A}\boldsymbol{R} & ^{A}\boldsymbol{p}_B \\ \boldsymbol{0} & 1 \end{bmatrix}_{4\times4} \tag{2.32}$$

式中，$^{A}\overline{\boldsymbol{p}}$为点 P 在参考坐标系$\{A\}$中的齐次坐标表示；$^{B}\overline{\boldsymbol{p}}$为点 P 在物体坐标系$\{B\}$中的齐次坐标表示；$_{B}^{A}\boldsymbol{T}$为一般刚体运动的齐次变换矩阵。

注意在刚体运动中存在的两种特例(图 2.11)：①当$^{A}\boldsymbol{p}_B=\boldsymbol{0}$时，就是纯转动的情况，前面对此已进行了详细讨论；②当$_{B}^{A}\boldsymbol{R}=\boldsymbol{I}$时，表示纯移动的情况。空间刚体的单纯平移运动描述起来比较简单：首先选择刚体上任意一点(通常为物体坐标系的原点)，描述该点相对于参考坐标系的位置坐标，从而获得整个刚体的运动轨迹$\boldsymbol{p}(t)\in\mathbb{R}^3$，$t\in[0, T]$。

【例 2.8】 如图 2.12 所示，已知刚体绕 z 轴方向的轴线转动角度θ，且轴线经过点$(0, l, 0)$，求物体坐标系$\{B\}$相对参考坐标系$\{A\}$的齐次变换矩阵。

解： 由式(2.32)直接得到物体坐标系$\{B\}$相对参考坐标系$\{A\}$的齐次变换矩阵：

$$
{}_B^A\boldsymbol{T}=\begin{bmatrix} {}_B^A\boldsymbol{R} & {}^A\boldsymbol{p}_B \\ \boldsymbol{0} & 1 \end{bmatrix}=\begin{bmatrix} \cos\theta & -\sin\theta & 0 & 0 \\ \sin\theta & \cos\theta & 0 & l \\ 0 & 0 & 1 & 0 \\ 0 & 0 & 0 & 1 \end{bmatrix}
$$

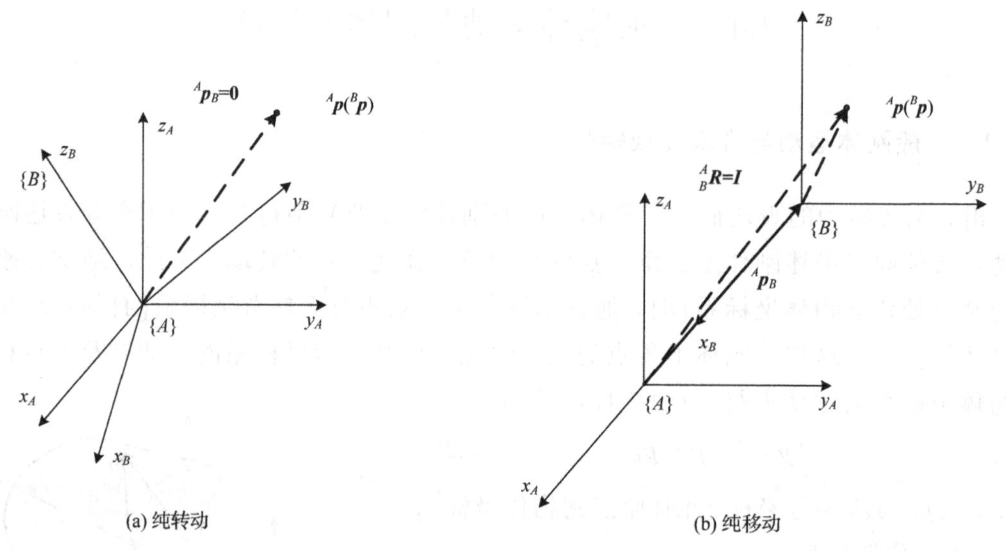

图 2.11　刚体变换的两种特殊情况

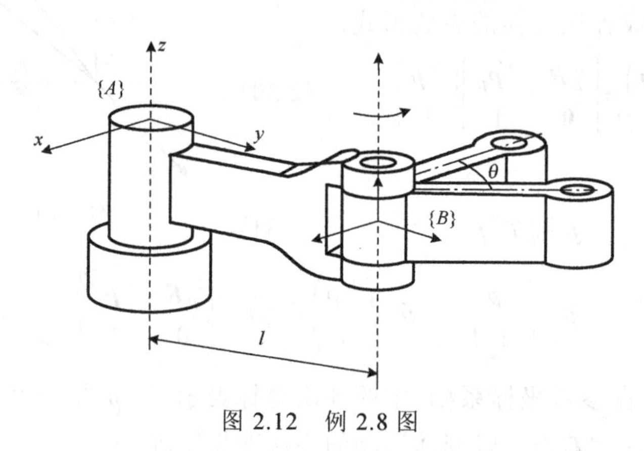

图 2.12　例 2.8 图

2.4.2　三维特殊欧氏群 SE(3)与一般刚体运动

从前面已经看到，齐次变换矩阵可以用来描述一般刚体运动(移动与转动的合成运动)。但缺点在于该方法过于依赖坐标系，表达也比较复杂，在描述多刚体运动时尤为麻烦。这个问题在后面章节中还会提及。为简化运算，这里引入了李群的表达。

定义 2.8　刚体的任一位形可由物体坐标系相对参考坐标系的位置($\mathcal{P}\in\mathbb{R}^3$)和姿态($\boldsymbol{R}\in SO(3)$)共同确定。其所有位形组成的空间称为刚体的**位形空间**。因此，刚体的位形空间可以表示为SO(3)与$\mathbb{R}^3$的乘积空间(半直积)，记作SE(3)：

$$
SE(3)=\{(\boldsymbol{R},\ \mathcal{P}):\boldsymbol{R}\in SO(3),\ \mathcal{P}\in\mathbb{R}^3\}=SO(3)\otimes\mathbb{R}^3 \tag{2.33}
$$

这里的 SE(3) 就是前面章节中介绍的三维特殊欧氏群，本书简称欧氏群。注意：这里的 SE(3) 是绕原点旋转变换 SO(3) 和平移变换 $T(3)$ 的半直积，半直积中各因子之间的作用不具有互换性。因此上面的半直积就意味着将旋转作用于平移，而不是将平移作用于旋转。

为简单起见，本书用 ${}_B^A\boldsymbol{g}=({}_B^A\boldsymbol{R},\ {}^A\boldsymbol{p}_B)\in\mathrm{SE}(3)$ 表示坐标系 $\{B\}$ 相对于坐标系 $\{A\}$ 的位形，若在表达式中忽略坐标系，可以简写为 $\boldsymbol{g}=(\boldsymbol{R},\ \boldsymbol{\mathcal{P}})\in\mathrm{SE}(3)$。

如前所述，元素 ${}_B^A\boldsymbol{g}=({}_B^A\boldsymbol{R},\ {}^A\boldsymbol{p}_B)\in\mathrm{SE}(3)$ 可实现同一点在不同坐标系之间的刚体变换。同样写成齐次变换的形式，即

$$
{}^A\bar{\boldsymbol{p}}={}_B^A\bar{\boldsymbol{g}}\,{}^B\bar{\boldsymbol{p}}=\begin{bmatrix}{}_B^A\boldsymbol{R} & {}^A\boldsymbol{p}_B\\ \boldsymbol{0} & 1\end{bmatrix}{}^B\bar{\boldsymbol{p}} \tag{2.34}
$$

式中，4×4 矩阵 ${}_B^A\bar{\boldsymbol{g}}$ 称为 ${}_B^A\boldsymbol{g}\in\mathrm{SE}(3)$ 的齐次坐标表示。通常情况下，若 $\boldsymbol{g}=(\boldsymbol{R},\ \boldsymbol{\mathcal{P}})\in\mathrm{SE}(3)$，则

$$
\bar{\boldsymbol{g}}=\begin{bmatrix}\boldsymbol{R} & \boldsymbol{\mathcal{P}}\\ \boldsymbol{0} & 1\end{bmatrix} \tag{2.35}
$$

可以看到，这里的 $\bar{\boldsymbol{g}}$ 与前面所讲的齐次变换矩阵 $\boldsymbol{T}$ 的表达方式完全一样。

注意：为了后面章节的表达方便，将不再区分点及刚体变换的齐次表达与普通形式表达的区别，将 $\bar{\boldsymbol{p}}$ 写成 $\boldsymbol{p}$、$\bar{\boldsymbol{g}}$ 写成 $\boldsymbol{g}$。因此，式(2.34)简写成

$$
{}^A\boldsymbol{p}={}_B^A\boldsymbol{g}\,{}^B\boldsymbol{p} \tag{2.36}
$$

利用齐次坐标与齐次变换可以证明 SE(3) 对于矩阵乘法构成李群。

证明：

(1) 具有封闭性：如果 $\boldsymbol{g}_1,\boldsymbol{g}_2\in\mathrm{SE}(3)$，则 $\boldsymbol{g}_1\boldsymbol{g}_2\in\mathrm{SE}(3)$，因为

$$
\boldsymbol{g}_1\boldsymbol{g}_2=\begin{bmatrix}\boldsymbol{R}_1 & \boldsymbol{\mathcal{P}}_1\\ \boldsymbol{0} & 1\end{bmatrix}\begin{bmatrix}\boldsymbol{R}_2 & \boldsymbol{\mathcal{P}}_2\\ \boldsymbol{0} & 1\end{bmatrix}=\begin{bmatrix}\boldsymbol{R}_1\boldsymbol{R}_2 & \boldsymbol{R}_1\boldsymbol{\mathcal{P}}_2+\boldsymbol{\mathcal{P}}_1\\ \boldsymbol{0} & 1\end{bmatrix}=\begin{bmatrix}\boldsymbol{R}' & \boldsymbol{\mathcal{P}}'\\ \boldsymbol{0} & 1\end{bmatrix}=\boldsymbol{g}'\in\mathrm{SE}(3)
$$

(2) 满足结合律：刚体变换的复合满足结合律，即

$$
(\boldsymbol{g}_1\boldsymbol{g}_2)\boldsymbol{g}_3=\boldsymbol{g}_1(\boldsymbol{g}_2\boldsymbol{g}_3)
$$

(3) 满足幺元律：存在唯一的单位矩阵 $\boldsymbol{I}_4\in\mathrm{SE}(3)$ 为其单位元素。

(4) 具有可逆性：$\boldsymbol{g}^{-1}=(\boldsymbol{R}^{\mathrm{T}},-\boldsymbol{R}^{\mathrm{T}}\boldsymbol{\mathcal{P}})\in\mathrm{SE}(3)$，因为

$$
\boldsymbol{g}^{-1}=\begin{bmatrix}\boldsymbol{R} & \boldsymbol{\mathcal{P}}\\ \boldsymbol{0} & 1\end{bmatrix}^{-1}=\begin{bmatrix}\boldsymbol{R}^{\mathrm{T}} & -\boldsymbol{R}^{\mathrm{T}}\boldsymbol{\mathcal{P}}\\ \boldsymbol{0} & 1\end{bmatrix}=\begin{bmatrix}\boldsymbol{R}'' & \boldsymbol{\mathcal{P}}''\\ \boldsymbol{0} & 1\end{bmatrix}=\boldsymbol{g}''\in\mathrm{SE}(3)
$$

SE(3) 中包含多种特殊的子群：SO(3)、$T(3)$、SE(2)、SO(2) 等。其中，SO(3) 的元素代表三维旋转运动，齐次变换表示为 $\begin{bmatrix}\boldsymbol{R} & \boldsymbol{0}\\ \boldsymbol{0} & 1\end{bmatrix}$；$T(3)$ 的元素代表平移运动，齐次变换表示为 $\begin{bmatrix}\boldsymbol{I} & \boldsymbol{\mathcal{P}}\\ \boldsymbol{0} & 1\end{bmatrix}$。

任一刚体变换 $\boldsymbol{g}(\boldsymbol{g}\in\mathrm{SE}(3))$ 都可以表示为旋转变换与平移变换的复合，即任何刚体运动都可以表示成转动与移动的复合运动：

$$\boldsymbol{g}=\begin{bmatrix}\boldsymbol{I} & \boldsymbol{\mathcal{P}}\\ \boldsymbol{0} & 1\end{bmatrix}\begin{bmatrix}\boldsymbol{R} & \boldsymbol{0}\\ \boldsymbol{0} & 1\end{bmatrix}=\begin{bmatrix}\boldsymbol{R} & \boldsymbol{\mathcal{P}}\\ \boldsymbol{0} & 1\end{bmatrix} \tag{2.37}$$

因此，SE(3) 是以矩阵乘法作为二元运算，以单位矩阵 $\boldsymbol{I}$ 为单位元素的李群，因此又称为刚体变换群。

定理 2.2　齐次变换 $\boldsymbol{g}(\boldsymbol{g}\in\mathrm{SE}(3))$ 代表一个刚体运动(是一个刚体变换)，即满足以下性质。

(1) $\boldsymbol{g}$ 能保持两点间的距离不变：对于任意的 $\boldsymbol{p},\boldsymbol{q}\in\mathbb{R}^3$，都有

$$\|\boldsymbol{gq}-\boldsymbol{gp}\|=\|\boldsymbol{q}-\boldsymbol{p}\| \tag{2.38}$$

(2) $\boldsymbol{g}$ 能保持刚体内的两个矢量间夹角不变：对于任意的 $\boldsymbol{u},\boldsymbol{v}\in\mathbb{R}^3$，都有

$$\boldsymbol{g}_*(\boldsymbol{u}\times\boldsymbol{v})=\boldsymbol{g}_*\boldsymbol{u}\times\boldsymbol{g}_*\boldsymbol{v} \tag{2.39}$$

留给读者自己来证明。注：同 2.3 节定义 2.7、式(2.11)与式(2.12)。

与旋转矩阵类似，刚体变换矩阵还可以表示刚体相对于固定坐标系做一般刚体运动后的位形。用参数化的 $\boldsymbol{p}(t)\in\mathrm{SE}(3)$ 表示相应的运动轨迹，可以写成

$$\boldsymbol{p}(t)=\boldsymbol{gp}(0),\quad t\in[0,T]$$

另外，$\boldsymbol{g}\in\mathrm{SE}(3)$ 不仅可以表示点的刚体变换，还可以表示矢量的刚体变换。定义物体坐标系 $\{B\}$ 上的两点 ${}^B\boldsymbol{p},{}^B\boldsymbol{q}$，连接两点的矢量为 ${}^B\boldsymbol{\tau}={}^B\boldsymbol{q}-{}^B\boldsymbol{p}$，则满足

$${}_B^A\boldsymbol{g}{}^B\boldsymbol{\tau}={}_B^A\boldsymbol{g}({}^B\boldsymbol{q}-{}^B\boldsymbol{p})={}^A\boldsymbol{q}-{}^A\boldsymbol{p}={}^A\boldsymbol{\tau}$$

刚体变换 $\boldsymbol{g}\in\mathrm{SE}(3)$ 也可以通过矩阵相乘加以组合形成新的刚体变换，即满足刚体变换的合成法则。设 ${}_B^A\boldsymbol{g}\in\mathrm{SE}(3)$ 表示坐标系 $\{B\}$ 相对于坐标系 $\{A\}$ 的位形，${}_C^B\boldsymbol{g}\in\mathrm{SE}(3)$ 表示坐标系 $\{C\}$ 相对于坐标系 $\{B\}$ 的位形，则 ${}_C^A\boldsymbol{g}\in\mathrm{SE}(3)$ 表示坐标系 $\{C\}$ 相对于坐标系 $\{A\}$ 的位形。

$${}_C^A\boldsymbol{g}={}_B^A\boldsymbol{g}{}_C^B\boldsymbol{g}=\begin{bmatrix}{}_B^A\boldsymbol{R}{}_C^B\boldsymbol{R} & {}_B^A\boldsymbol{R}{}^B\boldsymbol{p}_C+{}^A\boldsymbol{p}_B\\ \boldsymbol{0} & 1\end{bmatrix} \tag{2.40}$$

最后再讨论一下另外一种特殊的刚体运动——平面刚体运动及平面刚体变换(图 2.13)。平面刚体变换对应的李群是 SE(2)，其定义与 SE(3) 有些类似。

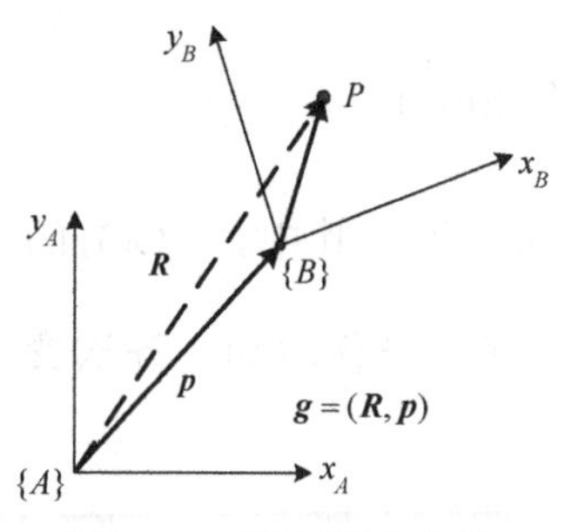

图 2.13　平面刚体变换

平面刚体变换 $\boldsymbol{g}=(\boldsymbol{R},\boldsymbol{\mathcal{P}})\in\mathrm{SE}(2)$ 由平面二维移动群 $\boldsymbol{\mathcal{P}}\in\mathbb{R}^2$ 和绕该平面法线的转动群 $\boldsymbol{R}_{2\times2}$ 组成，即

$$\mathrm{SE}(2)=\{(\boldsymbol{R},\boldsymbol{\mathcal{P}}):\boldsymbol{R}\in\mathrm{SO}(2),\boldsymbol{\mathcal{P}}\in\mathbb{R}^2\}=\mathrm{SO}(2)\otimes\mathbb{R}^2 \tag{2.41}$$

SE(2) 称为平面欧氏群。用齐次坐标表示，$\boldsymbol{g}$ 对应的是一个 3×3 矩阵：

$$\boldsymbol{g}=\begin{bmatrix}\boldsymbol{R}_{2\times2} & \boldsymbol{\mathcal{P}}\\ \boldsymbol{0} & 1\end{bmatrix} \tag{2.42}$$

同样利用齐次坐标和齐次变换可以证明SE(2)对于矩阵乘法构成李群。同时，$\boldsymbol{g}=(\boldsymbol{R},\mathcal{P})\in \mathrm{SE}(2)$表示一个刚体变换，证明过程从略。

2.5　李子群及其运算

定义 2.9　对于给定群G的一个**子群**H，它应具有如下特性。

(1)对于H中的任一元素h，应满足$h\in G$，但G中的元素g不一定属于H。

(2)H应具有群的代数结构：对于H中的任一元素h，都有$h^{-1}\in H$；对于$h_1, h_2\in H$，都有$h_1\circ h_2\in H$。

(3)G与H具有相同的单位元素e。

而李子群不仅包含子群的上述全部特征，还应该是对应李群流形上的**子流形**(submanifold)。

李子群的运算通常表现为以下三种模式。

1. 组合运算(composition)

李子群的组合运算通常表现为**乘积**运算。根据群的定义可以验证，两个子群的组合不一定是群，而是一个流形，只有具有封闭性才可能是群。

由两个子群组合得到的流形通常通过两种运算模式来实现：**直积**(direct product，记作$G_1\times G_2$)运算与**半直积**(semi-direct product，记作$G_1\otimes G_2$)运算。

定义 2.10　给定群G和它的两个子群U与V，其中$u\in U, v\in V$，由U与V的组合构成G的子流形，其中元素用(u, v)表示，定义该流形的**直积运算**$U\times V$可以简单表示成

$$U\times V=(u_1,v_1)(u_2,v_2)=(u_1u_2,v_1v_2) \tag{2.43}$$

在直积运算模式下，两个子群组合后的流形满足群的条件当且仅当两个子群的直积具有**可交换性**时。另外，**两个(或多个)相同子群的直积仍然等于该子群**。

【例 2.9】　两个一维移动子群的直积可构成二维移动子群。

$$\mathbb{R}^2=\mathbb{R}^1\times\mathbb{R}^1$$

或者

$$\mathcal{T}_2(\boldsymbol{w})=\mathcal{T}(\boldsymbol{u})\cdot\mathcal{T}(\boldsymbol{v})=\mathcal{T}(\boldsymbol{v})\cdot\mathcal{T}(\boldsymbol{u})$$

【例 2.10】　一维移动子群与同轴一维转动子群的直积可构成二维圆柱子群。

$$\mathrm{SO}(2)\times\mathbb{R}^1$$

或者

$$\mathcal{C}(N,\boldsymbol{u})=\mathcal{R}(N,\boldsymbol{u})\cdot\mathcal{T}(\boldsymbol{u})=\mathcal{T}(\boldsymbol{u})\cdot\mathcal{R}(N,\boldsymbol{u})$$

【例 2.11】　一维移动子群与同轴三维平面子群的直积可构成四维 Schönflies 子群。

$$\mathrm{SE}(2)\times\mathbb{R}^1$$

或者

$$\mathcal{X}(N,\boldsymbol{u})=\mathcal{G}(\boldsymbol{u})\cdot\mathcal{T}(\boldsymbol{u})=\mathcal{T}(\boldsymbol{u})\cdot\mathcal{G}(\boldsymbol{u})$$

定义 2.11　给定群G，它的两个子群分别为子群U和交换子群V，其中$u\in U, v\in V$。

*U*在*V*上的运算满足线性关系。由*U*和*V*的组合构成*G*的子流形，其中元素仍然用(u, v)表示，这里定义该流形的**半直积运算**$U \otimes V$为

$$U \otimes V = (u_1, v_1)(u_2, v_2) = (u_1 u_2, v_1 + u_1(v_2)) \tag{2.44}$$

可以证明该子流形在半直积运算模式下是群。

(1) 由式(2.44)可知满足封闭性的条件。

(2) 满足结合律，因为

$$((u_1, v_1)(u_2, v_2))(u_3, v_3) = (u_1 u_2, v_1 + u_1(v_2))(u_3, v_3) = (u_1 u_2 u_3, v_1 + u_1(v_2) + u_1 u_2(v_3))$$
$$(u_1, v_1)((u_2, v_2)(u_3, v_3)) = (u_1, v_1)(u_2 u_3, v_2 + u_2(v_3)) = (u_1 u_2 u_3, v_1 + u_1(v_2) + u_1 u_2(v_3))$$

因此，$((u_1, v_1)(u_2, v_2))(u_3, v_3) = (u_1, v_1)((u_2, v_2)(u_3, v_3))$。

(3) 存在单位元素$(e, 0)$（也是群），满足$(u, v)(e, 0) = (e, 0)(u, v) = (u, v)$。

(4) 存在可逆元素$(u, v)^{-1} = (u^{-1}, -u^{-1}(v))$，满足$(u, v)(u, v)^{-1} = (u, v)^{-1}(u, v) = (e, 0)$。

可以看到，在半直积运算模式下，两个子群组合后的流形仍然满足群的条件，这可以为群的构建提供一种新的方法。本书中使用专门的符号$\otimes$来描述满足这样条件的组合群，即$U \otimes V$。一个典型的例子是前面介绍的由三维特殊正交群SO(3)与向量空间$\mathbb{R}^3$的半直积运算组合而成的三维特殊欧氏群$\mathrm{SE}(3) = \mathrm{SO}(3) \otimes \mathbb{R}^3$，并举出第二个例子如下。

【例 2.12】 由一维特殊正交群SO(2)与向量空间$\mathbb{R}^2$经半直积运算而成的子群SE(2)：

$$\mathrm{SE}(2) = \mathrm{SO}(2) \otimes \mathbb{R}^2$$

2. 交运算(intersection)

定理 2.3 给定群*G*和它的两个子群，则这两个子群的交$G_1 \cap G_2$仍然是*G*的一个子群。

证明：由于$G_1 \cap G_2$中的元素*g*同时满足$g \in G_1, g \in G_2$，故$G_1 \cap G_2 = G_2 \cap G_1$。由此可知，$G_1 \cap G_2$仍是群。

因此，**李子群的交集还是李子群**。

3. 商运算(quotient)

如果*H*是群*G*的子群，则可通过*H*给出*G*中元素的等效关系，即如果满足下述关系式，则*G*中的两个元素是等效的：

$$g_1 \equiv g_2 \Leftrightarrow g_1 = h g_2, \quad g_1, g_2 \in G, h \in H \tag{2.45}$$

这种等效被数学家赋予了一个专有名词：**陪集**(coset)，而对应的陪集空间称为*G*对*H*的**商空间**(quotient space)，记为G/H或者$[g]$。因此，如果$h \in H$，则$[g] = [hg]$。不过，商空间肯定是个流形，但不一定是李群。这个流形称为**陪集空间**(coset space)或**齐次空间**(homogeneous space)。

若使商空间成为李群或李子群，则子群*H*必须是正则李子群，通常记作*N*。

定义 2.12　正则李子群是指在任何共轭变换条件下保持不变的李子群，即

$$gng^{-1}\in N,\quad g\in G, n\in N \text{ 或者简写成 } gng^{-1}\sim N$$

这样，如果将式(2.45)中的 h 换成 n，则变成

$$g_1\equiv g_2 \Leftrightarrow g_1 = ng_2,\quad g_1, g_2\in G, n\in N \tag{2.46}$$

商空间内两个元素的积可以写作

$$[g_1][g_2]=[g_1g_2] \tag{2.47}$$

即

$$(n_1g_1)(n_2g_2)=n_1(g_1n_2g_1^{-1})g_1g_2 = n_1n_3g_1g_2 \tag{2.48}$$

式中，$n_3 = g_1n_2g_1^{-1}\in N$。

【例 2.13】　正则李子群与商空间的实例：与 $\mathbb{R}^3$ 对应的 4 维矩阵表示为

$$\boldsymbol{n}=\begin{bmatrix}\boldsymbol{I}_3 & \boldsymbol{\mathcal{P}}\\ \boldsymbol{0} & 1\end{bmatrix}\in N$$

可以验证该子群是 SE(3)的一个正则子群，因为根据正则子群的定义：

$$\boldsymbol{gng}^{-1}=\begin{bmatrix}\boldsymbol{R} & \boldsymbol{\mathcal{P}}\\ \boldsymbol{0} & 1\end{bmatrix}\begin{bmatrix}\boldsymbol{I}_3 & \boldsymbol{\mathcal{P}}\\ \boldsymbol{0} & 1\end{bmatrix}\begin{bmatrix}\boldsymbol{R}^{\mathrm{T}} & -\boldsymbol{R}^{\mathrm{T}}\boldsymbol{\mathcal{P}}\\ \boldsymbol{0} & 1\end{bmatrix}=\begin{bmatrix}\boldsymbol{I}_3 & \boldsymbol{R\mathcal{P}}\\ \boldsymbol{0} & 1\end{bmatrix}\in N$$

其满足正则子群的条件 $\boldsymbol{gng}^{-1}\in N, (\boldsymbol{g}\in \mathrm{SE}(3), \boldsymbol{n}\in\mathbb{R}^3)$。同时也正好验证了与该正则子群对应的商空间 $\mathrm{SE}(3)/\mathbb{R}^3\sim\mathrm{SO}(3)$ 也是一个子群。

2.6 机械关节

在 19 世纪末期，Franz Reuleaux 描述了他所称为的低级运动副(lower pairs)。这些表面副能够在保持表面接触的同时相对运动，他把这些当作机械关节最基本的理想运动副。他发现了六种可能低级运动副(不含胡克铰)，如图 2.14 所示。

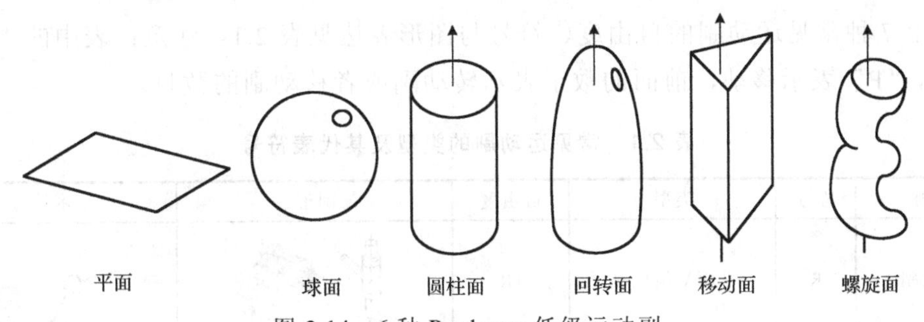

图 2.14　6 种 Reuleaux 低级运动副

在机械工程中，对应于低级的 Reuleaux 运动副的关节具有特殊的名字。简单的铰支对应的旋转运动副叫作旋转关节，滑动关节对应的移动副叫作棱柱关节，对应于螺旋副的关节叫作螺旋关节，一个球窝关节正式地叫作球关节，其余的两个运动副构成

圆柱关节和平面关节。实际中的机器人可能具有任何的这些关节，但最常见的是旋转关节和棱柱关节。

(1) 转动副 (revolute pair) 是一种使两构件间发生相对转动的连接结构，它具有 1 个转动自由度，约束了刚体的其他 5 个运动，并使得两个构件在同一平面内运动，因此转动副是一种平面 V 级低副。

(2) 移动副 (translational joints) 是一种使两构件间发生相对移动的连接结构，它具有 1 个移动自由度，约束了刚体的其他 5 个运动，并使得两个构件在同一平面内运动，因此移动副是一种平面 V 级低副。

(3) 螺旋副 (helical pair/screw pair) 是一种使两构件间发生螺旋运动的连接结构，它同样只具有 1 个自由度，约束了刚体的其他 5 个运动，并使得两个构件在同一平面内运动，因此螺旋副也是一种平面 V 级低副。

(4) 圆柱副 (cylindrical pair) 是一种使两构件间发生同轴转动和移动的连接结构，通常由共轴的转动副和移动副组合而成。它具有 2 个独立的自由度，约束了刚体的其他 4 个运动，并使得两个构件在空间内运动，因此转动副是一种空间Ⅳ级低副。

(5) 胡克铰 (Hook joint) 是一种使两构件间发生绕同一点二维转动的连接结构，通常采用轴线正交的连接形式。它具有 2 个相对转动的自由度，相当于轴线相交的两个转动副。它约束了刚体的其他 4 个运动，并使得两个构件在空间内运动，因此胡克铰是一种空间Ⅳ级低副。

(6) 平面副 (planar joint) 是一种允许两构件在平面内任意移动和转动的连接结构，可以看作由 2 个独立的移动副和 1 个转动副组成。它约束了刚体的其他 3 个运动，只允许两个构件在平面内运动，因此平面副是一种平面Ⅲ级低副。由于没有物理结构与之相对应，工程中并不常用，但从机构学研究的角度，其价值还是很大的。

(7) 球面副 (spherical pair) 是一种能使两个构件在三维空间内绕同一点做任意相对转动的运动副，可以看作由轴线汇交一点的 3 个转动副组成。它约束了刚体的三维移动，因此球面副是一种空间Ⅲ级低副。

以上 7 种常见运动副的自由度、符号与图形表达见表 2.1。注意：表中的“R”表示转动，“P”表示移动，前面的数字表示转动副或者移动副的数目。

表 2.1 常见运动副的类型及其代表符号

名称	符号	类型	自由度	图形	基本符号
转动副	R	平面 V 级低副	1R		
移动副	P	平面 V 级低副	1P		

续表

名称	符号	类型	自由度	图形	基本符号
螺旋副	H	平面Ⅴ级低副	1R 或 1P		
球销副（胡克铰）	U	空间Ⅳ级低副	2R		
圆柱副	C	空间Ⅳ级低副	1R1P		
平面副	PL	平面Ⅲ级低副	1R2P		
球面副	S	空间Ⅲ级低副	3R		

实际应用的机器人可能用到上述所提到的任何一类关节，但最常见的是**转动副**和**移动副**。虽然连杆可以用任何类型的运动副进行连接，包括齿轮副、凸轮副等高副，但机器人的关节通常只选用低副，即转动副 R、移动副 P、螺旋副 H、圆柱副 C、胡克铰 U、平面副 PL 以及球面副 S 等。

如果排除胡克铰，能够给出一个简单的群的理论证明：这些是仅有的可能的低级运动副。

重要的发现是：**这些表面在经过 SE(3) 的一些子群的作用下是恒不变的**。子群表示这些表面的对称性。对于一个关节，子群将给出关节面间可能的相对运动。

为了找出这些表面，考虑这些表面在单参数子群的作用下是恒不变的。

(1) 螺距为零的子群对应于围绕一条直线的旋转。一个表面在这样一个子群的作用下保持不变就是一个旋转的表面。

(2) 无限节距的子群对应于沿一个固定方向的平移，所以任何平移的表面在这样一个子群的作用下是恒不变的。

(3) 具有有限非零节距的子群对螺旋表面 (helicoidal surfaces) 是恒不变的。这给出了前三对低级的 Reuleaux 运动副。

要找出更多的 Reuleaux 运动副，考虑如何将这些子群结合构成更大的子群。这些更大的子群不变的表面一定具有一个以上的上述性质。

(4) 圆柱是一个旋转表面和平移的表面，是具有任意节距的螺旋表面。

(5) 一个球相对于 SO(3) 空间的旋转子群是不变的。也就是，球是关于任何它的直径的一个旋转表面。

(6) 一个平面对应于平面的刚体变换群 SE(2)。

2.7 SE(3)全部子群与位移子群

众所周知，任何刚体变换是由旋转、平移组成的，刚体变换可以表示成 4×4 矩阵：$A=\begin{bmatrix} R & \mathcal{P} \\ 0 & 1 \end{bmatrix}$，其中 R 是 3×3 的旋转矩阵，而 $\mathcal{P}$ 是一个平移向量。其中，满足关系式 $R^{\mathrm{T}}R=I$，且 $\det(R)=1$ 的旋转矩阵 $R_{3\times3}$ 被定义为旋转群 SO(3)；在机器人中，一般刚体变换群被定义为特殊的欧几里得群。

$g=(R,\mathcal{P})$ 具体将三维空间 $\mathbb{R}^3$ 上的刚体运动(rigid body motion)定义为具有形式映射的集合，其中 $R\in \mathrm{SO}(3), \mathcal{P}\in\mathbb{R}^3$。这些映射的全体构成一个 6 维的李群，即特殊欧氏群，见例 2.6。

一般情况下，要找到一个李群的所有子群是很难实现的，但对 SE(3) 就可以实现。下面来推导一下 SE(3) 中都含有哪些子群。

由于一般空间的刚体运动需要 6 个连续的参数(3 个转动参数和 3 个移动参数)来确定，因此对应的 SE(3) 实质上是一个 6 维的流形，流形上的每一点对应一个刚体位移。显然，$\mathbb{R}^3$(更为常见的写法是 $T(3)$)和 SO(3) 是 SE(3) 的两个子群。

再来寻找分别包含在 $\mathbb{R}^3$ 和 SO(3) 中的子群。

如果设 G 为 SE(3) 中的子群，则根据群交集的运算法则(两个子群的交集仍为子群)，可以得到交集 $N=\mathbb{R}^3\cap G\subset\mathbb{R}^3$。这样很容易找到包含在 $\mathbb{R}^3$ 中的正则子群。

$N=\mathbb{R}^3, \mathbb{R}^2, \mathbb{R}, p\mathbb{Z}, p\mathbb{Z}\times\mathbb{R}, p\mathbb{Z}\times\mathbb{R}^2, p\mathbb{Z}\times q\mathbb{Z}, p\mathbb{Z}\times q\mathbb{Z}\times\mathbb{R}, p\mathbb{Z}\times q\mathbb{Z}\times r\mathbb{Z}, 0$，式中，$p$、$q$ 和 r 是实数，而 $p\mathbb{Z}$ 是一个加法群，满足 $\{\cdots -2p, -p, 0, p, 2p, \cdots\}$。

同理可以找到包含在 SO(3) 中的子群 H：

$$H=\mathrm{SO}(3), \mathrm{SO}(2),\ 0$$

下面再根据子群的组合运算来构建 SE(3) 中新的子群。仍然假设 G 为 SE(3) 中的子群，N 为包含在 $\mathbb{R}^3$ 中的正则子群，H 为包含在 SO(3) 中的子群，因此有 $G=NH$ 或者 $H\sim G/N$。一种方法是通过两种群的半直积运算找到可能的群，这种方法比较烦琐；还有一种方法是仍然基于正则子群的特性，即只需验证 N 在基于 H 的共轭变换下保持不变。

例如，如果 $H=\mathrm{SO}(3)$，有

$$HNH^{-1}=\begin{bmatrix} R & 0 \\ 0 & 1 \end{bmatrix}\begin{bmatrix} I_3 & \mathcal{P} \\ 0 & 1 \end{bmatrix}\begin{bmatrix} R^{\mathrm{T}} & 0 \\ 0 & 1 \end{bmatrix}=\begin{bmatrix} I_3 & R\mathcal{P} \\ 0 & 1 \end{bmatrix} \tag{2.49}$$

这时仅有 $N=\mathbb{R}^3$ 和 $N=0$ 是可能的。组合后的结果对应的就是 SE(3) 和 SO(3)。反之 $N=\mathbb{R}^2$ 就不可以。原因在于当 $\mathcal{P}\in\mathbb{R}^2$ 时，$R\mathcal{P}$ 不一定属于 $\mathbb{R}^2$，也可能属于 $\mathbb{R}^3$。换一种说法，$H=\mathrm{SO}(3)$ 中可能包含在平面 $\mathbb{R}^2$ 之外的转动。

如果 $H=\mathrm{SO}(2)$，这时 $N=\mathbb{R}^3, \mathbb{R}^2, \mathbb{R}, p\mathbb{Z}, p\mathbb{Z}\times\mathbb{R}^2, 0$ 等都是可以的。当 $N=\mathbb{R}^3$ 时，可

以组合成 Schönflies 子群 $SO(2)\otimes\mathbb{R}^3$；但是，当 $N=\mathbb{R}^2$ 时，要求 $N=\mathbb{R}^2$ 所在的平面必须同由 H 确定的旋转平面相一致，这样可以组合成平面子群 $SE(2)=SO(2)\otimes\mathbb{R}^2$；当 $N=\mathbb{R}$ 时，要求矢量 $\boldsymbol{N}$ 必须沿由 H 确定的旋转平面的法线，这样可以组合成圆柱运动子群 $SO(2)\times\mathbb{R}$；当 $N=p\mathbb{Z}$ 时，要求矢量 $\boldsymbol{N}$ 必须沿由 H 确定的旋转平面的法线，这样可以组合成一维螺旋运动子群 $SO(2)\otimes p\mathbb{Z}$ 或 $SO_p(2)$；当 $N=p\mathbb{Z}\times\mathbb{R}^2$ 时，要求矢量 $\boldsymbol{N}$ 所在的平面必须同由 H 确定的旋转平面相一致，这样可以组合成移动螺旋子群 $SO_p(2)\otimes\mathbb{R}^2$。

这样就找到了存在于 SE(3) 中的全部子群。由于 SE(3) 及其子群是与刚体位移密不可分的，因此更习惯称它们为位移子群(displacement subgroup)。

1978 年，法国学者 Hervé 基于刚体位移群的代数结构对刚体运动中存在的全部 12 种位移子群进行了枚举(与上面讨论的结果是一致的)，如表 2.2 所示。其中有 6 种位移子群可用来表示 6 种低副(lower kinematic pair)，即转动副、移动副、螺旋副、圆柱副、平面副和球面副，我们习惯称这 6 种低副为“位移子群的生成算子(generator)”。

(1) 由转动副 R 生成的位移子群 $\mathcal{R}(N,\boldsymbol{u})$，表示转动副的轴线为单位矢量 $\boldsymbol{u}$ 且过 N 点。它是一个以转角 θ 或角速度 $\boldsymbol{\omega}$ 为参数的一维子群。该子群的矩阵表达用 SO(2) 表示。

(2) 由移动副 P 生成的位移子群为 $\mathcal{T}(\boldsymbol{u})$，表示移动方向沿单位矢量 $\boldsymbol{u}$。它是一个以移动距离 d 或线速度 $\boldsymbol{u}$ 为参数的一维子群。该子群的矩阵表达用 $T(1)$ 表示。

(3) 由螺旋副 H 生成的位移子群为 $\mathcal{H}_p(N,\boldsymbol{u})$，表示轴线为过 N 点的单位矢量 $\boldsymbol{u}$(简写为沿轴线 $(N,\boldsymbol{u})$)且螺距为 h 的螺旋运动。它是一个以转角 θ 或移动距离 $d(d=h\theta)$ 为参数的一维子群。该子群的矩阵表达用 $SO_p(2)$ 表示。

(4) 由圆柱副 C 生成的位移子群 $\mathcal{C}(N,\boldsymbol{u})$，表示沿轴线 $(N,\boldsymbol{u})$ 的圆柱运动。它是一个以转角 θ 和移动距离 d 为参数的二维子群。该子群的矩阵表达为 $SO(2)\times T(1)$。

(5) 由平面副 PL 生成的位移子群 $\mathcal{G}(\boldsymbol{uv})$ 或 $\mathcal{G}(\boldsymbol{w})$，表示在与由单位矢量 $\boldsymbol{u},\boldsymbol{v}$ 决定的平面(或以 $\boldsymbol{w}$ 为法线的平面)平行的平面内运动。它是一个以转角 θ 和移动距离 d_u、d_v 为参数的三维子群。该子群的矩阵表达用 SE(2) 表示。

(6) 球面副 S 生成的位移子群为 $\mathcal{S}(N)$，表示绕转动中心点 N 的球面运动。它是一个以 3 个独立转角(如欧拉角)为参数的三维子群。该子群的矩阵表达用 SO(3) 表示。

除以上 6 种位移子群生成算子外，刚体运动群中还存在另外 6 种位移子群。下面简单介绍一下。

(1) 单位子群 $\mathcal{E}$：表示刚体无位姿变化，也可表示刚性连接，无相对运动。它是一个 0 维子群，其矩阵群表达形式为 $\boldsymbol{I}$。

(2) 平面移动子群 $\mathcal{T}_2(\boldsymbol{uv})$ 或 $\mathcal{T}_2(\boldsymbol{w})$：表示在与由单位矢量 $\boldsymbol{u},\boldsymbol{v}$ 决定的平面(或以 $\boldsymbol{w}$ 为法线的平面)平行的平面内移动。它是一个以移动距离 d_u、d_v 为参数的二维子群。其矩阵群表达形式为 $T(2)$。

(3) 空间移动子群 $\mathcal{T}$：表示在欧氏空间的三维移动。它是以三个独立移动距离 d_u、d_v、d_w 为参数的三维子群，其矩阵群表达形式为 $T(3)$。

(4)移动螺旋子群 $\mathcal{Y}(\boldsymbol{w},h)$：表示法线为 $\boldsymbol{w}$ 的平面二维移动和沿任何平行于 $\boldsymbol{w}$ 的轴线、螺距为 h 的螺旋运动。它是一个以移动距离 d_u、d_v 和沿轴线 $\boldsymbol{w}$ 的移动距离 d_w 或 $\boldsymbol{w}$ 的转角 θ 为参数的三维子群，其矩阵群表达形式为 $\mathrm{SO}_p(2)\otimes T(2)$。

(5)Schönflies 子群 $\mathcal{X}(\boldsymbol{w})$：表示欧氏空间的三维移动和绕任意平行 $\boldsymbol{w}$ 的轴线的转动，可以表示成平面副子群和移动副子群的乘积。它是一个以三维空间移动距离 d_u、d_v、d_w 和轴线 $\boldsymbol{w}$ 的转角 θ 为参数的四维子群。其矩阵群表达形式为 $\mathrm{SE}(2)\times T(1)$。

(6)三维特殊欧氏群 $\mathcal{D}$：表示空间的一般刚体运动。它是一个具有三维独立转动与三维独立移动的 6 维刚体位移群，其矩阵群表达形式为 SE(3)。

表 2.2 位移子群枚举

位移子群		维数	说明
矩阵表达	几何表达		
单位矩阵 $\boldsymbol{I}$	$\mathcal{E}$	0	刚性连接，无相对运动
SO(2)	$\mathcal{R}(N, \boldsymbol{u})$	1	表示转动副 R，轴线沿单位矢量 $\boldsymbol{u}$ 且过 N 点
$T(1)$ 或 $\mathbb{R}$	$\mathcal{T}(\boldsymbol{u})$	1	表示移动副 P，沿单位矢量 $\boldsymbol{u}$ 方向移动
$\mathrm{SO}_p(2)$ 或 $H(1)$	$\mathcal{H}_p(N, \boldsymbol{u})$	1	表示螺旋副 H，沿轴线 $(N, \boldsymbol{u})$ 且螺距为 h 的螺旋运动
$T(2)$ 或 $\mathbb{R}^2$	$\mathcal{T}_2(\boldsymbol{w})$	2	在与平面 PL 或由法向单位矢量 $\boldsymbol{w}$ 决定的平面平行的平面内移动
$\mathrm{SO}(2)\times T(1)$	$\mathcal{C}(N, \boldsymbol{u})$	2	表示圆柱副 C，沿轴线 $(N, \boldsymbol{u})$ 的圆柱运动
SE(2) 或 $\mathrm{SO}(2)\otimes\mathbb{R}^2$	$\mathcal{G}(\boldsymbol{w})$	3	表示平面副 PL，在与由法向单位矢量 $\boldsymbol{w}$ 决定的平面平行的平面内运动
$T(3)$ 或 $\mathbb{R}^3$	$\mathcal{T}$	3	表示空间三维移动
SO(3)	$\mathcal{S}(N)$	3	表示球面副 S，绕转动中心点 N 的球面运动
$\mathrm{SO}_p(2)\otimes T(2)$	$\mathcal{Y}(\boldsymbol{w}, h)$	3	表示法线为 $\boldsymbol{w}$ 的平面二维移动和沿任何平行于 $\boldsymbol{w}$ 的轴线、螺距为 h 的螺旋运动
$\mathrm{SE}(2)\times T(1)$ 或 $\mathrm{SO}(2)\otimes T(3)$	$\mathcal{X}(\boldsymbol{w})$	4	表示空间的三维移动和绕任意平行 $\boldsymbol{w}$ 的轴线的转动
SE(3) 或 $\mathrm{SO}(3)\otimes T(3)$	$\mathcal{D}$	6	表示空间的一般刚体运动，包括三维转动与三维移动

从表 2.2 可以看出，每一种位移子群都有两种符号表达形式。通常情况下，两者可以交换使用。但它们之间又有一定的区别：由于矩阵群表达无法描述坐标原点等方面的信息，而建立这种群表达的前提是必须要建立坐标系及坐标原点，这样会导致一些必要信息的缺失，造成其应用受限。例如，如果利用矩阵群表达式，很容易得到

$$\mathrm{SO}(3)\cap\mathrm{SO}(3)=\mathrm{SO}(3)$$

很显然，这个结论是荒谬的。实际上，如果采用位移子群的几何表达，可以得到

$$\mathcal{S}(M)\cap\mathcal{S}(N)=\mathcal{R}(N,\boldsymbol{u}),\quad \boldsymbol{u}=(\boldsymbol{MN})/\|\boldsymbol{MN}\|$$

位移子群是一类存在于刚体运动中的特殊李子群，因此其具有李群的完全代数特征和运算模式。

2.8　Chasles 理论的延伸

前面对刚体运动进行了初步讨论，这里详细讨论一类称为螺旋运动的特殊刚体运动。一个有限的螺旋运动是关于一条空间直线的一个旋转运动伴随着沿此直线的一个平移。它是一种刚体绕空间轴 $\boldsymbol{s}$ 旋转 θ 角再沿该轴平移距离 d 的复合运动，类似于螺母沿螺纹做进给运动的情形。

当 $\theta \neq 0$ 时，将移动量与转动量的比值 $h = d/\theta$ 定义为螺旋的节距(或螺距)，因此，旋转 θ 角后的纯移动量为 $h\theta$。当 $h=0$ 时为纯转动；当 $h=\infty(\theta=0)$ 时为纯移动。

定义 2.13　*螺旋运动的三要素是轴线 $\boldsymbol{s}$、螺距 h 和转角 ρ。螺旋运动表示绕轴 $\boldsymbol{s}$ 旋转 $\rho=\theta$，再沿该轴平移距离 $h\theta$ 的合成运动。如果 $h=\infty$，那么相应的螺旋运动即为沿轴 $\boldsymbol{s}$ 移动距离 ρ 的移动，记作 $S(\boldsymbol{s}, h, \rho)$。*

为计算与螺旋运动相对应的刚体变换，先分析点 $P \in \mathbb{R}^3$ 由起始坐标变换到最终坐标的运动，如图 2.15 所示。点 P 的最终坐标为

$$\boldsymbol{p}(\theta, h) = \boldsymbol{r} + \boldsymbol{R}(\theta, \boldsymbol{s})(\boldsymbol{p} - \boldsymbol{r}) + h\theta\boldsymbol{s}, \quad \boldsymbol{s} \neq \boldsymbol{0} \tag{2.50}$$

式中，$R(\theta, \boldsymbol{s}) \in \mathrm{SO}(3)$ 是关于空间某一条直线 $\boldsymbol{s}$ 的刚体旋转运动。

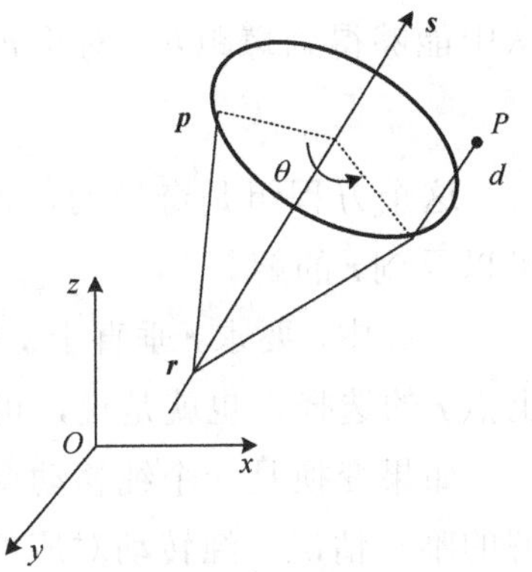

图 2.15　一般螺旋运动

表示成齐次坐标的形式为

$$\boldsymbol{g}\begin{pmatrix} \boldsymbol{p} \\ 1 \end{pmatrix} = \begin{bmatrix} \boldsymbol{R} & (\boldsymbol{I} - \boldsymbol{R})\boldsymbol{r} + h\theta\boldsymbol{s} \\ \boldsymbol{0} & 1 \end{bmatrix}\begin{pmatrix} \boldsymbol{p} \\ 1 \end{pmatrix} \tag{2.51}$$

因式(2.51)对任意的 $P \in \mathbb{R}^3$ 都成立，所以

$$\boldsymbol{g} = \begin{bmatrix} \boldsymbol{R} & (\boldsymbol{I} - \boldsymbol{R})\boldsymbol{r} + h\theta\boldsymbol{s} \\ \boldsymbol{0} & 1 \end{bmatrix}, \quad \boldsymbol{s} \neq \boldsymbol{0} \tag{2.52}$$

刚体螺旋运动的描述为

$$\begin{bmatrix} \boldsymbol{R}(\theta, \boldsymbol{s}) & \theta h\boldsymbol{s} + (\boldsymbol{I}_3 - \boldsymbol{R})\boldsymbol{r} \\ \boldsymbol{0} & 1 \end{bmatrix} \tag{2.53}$$

式中，$\boldsymbol{r}$ 是直线 $\boldsymbol{s}$ 通过的空间的一个点。平移 $\boldsymbol{s}$ 使 $\boldsymbol{r}$ 与原点重合，则螺旋运动可表达成

$$\begin{bmatrix} \boldsymbol{R} & h\theta\boldsymbol{s} \\ \boldsymbol{0} & 1 \end{bmatrix} \tag{2.54}$$

需注意到，如果 $h=0$，就是一个纯旋转运动。

一个关于一条经过原点的直线的有限螺旋运动具有如下形式：

$$\boldsymbol{A}(\theta) = \begin{bmatrix} \boldsymbol{R}(\theta, \boldsymbol{s}) & h\theta\boldsymbol{s} \\ \boldsymbol{0} & 1 \end{bmatrix} \tag{2.55}$$

一般情况下，如果这条直线不经过原点，由上面的式子通过共轭运算(conjugation)

可以得到该变换。假定 $\boldsymbol{r}$ 是直线上的一点，那么能将 $\boldsymbol{r}$ 平移到原点，做如上的螺旋运动，然后将原点平移回 $\boldsymbol{r}$ 点。其给出的运算如下：

$$\begin{bmatrix} \boldsymbol{I} & \boldsymbol{r} \\ \boldsymbol{0} & 1 \end{bmatrix}\begin{bmatrix} \boldsymbol{R}(\theta, \boldsymbol{s}) & h\theta\boldsymbol{s} \\ \boldsymbol{0} & 1 \end{bmatrix}\begin{bmatrix} \boldsymbol{I} & -\boldsymbol{r} \\ \boldsymbol{0} & 1 \end{bmatrix}=\begin{bmatrix} \boldsymbol{R}(\theta, \boldsymbol{s}) & h\theta\boldsymbol{s}+(\boldsymbol{I}_3-\boldsymbol{R})\boldsymbol{r} \\ \boldsymbol{0} & 1 \end{bmatrix} \tag{2.56}$$

Chasles 理论：任意刚体运动都可以通过螺旋运动即通过绕某轴的转动与沿该轴移动的复合运动实现。也就是说，刚体运动与螺旋运动是等价的，即螺旋运动是刚体运动，刚体运动也是螺旋运动。螺旋运动的无限小量为运动旋量。

Chasles 理论的延伸：由 Chasles 理论可以得到这样的关系，对于任意的刚体运动，总能够将其表达为螺旋运动，即满足如下的关系式：

$$\begin{bmatrix} \boldsymbol{R} & \boldsymbol{\mathcal{P}} \\ \boldsymbol{0} & 1 \end{bmatrix}=\begin{bmatrix} \boldsymbol{R}(\theta,\boldsymbol{s}) & h\theta\boldsymbol{s}+(\boldsymbol{I}_3-\boldsymbol{R})\boldsymbol{r} \\ \boldsymbol{0} & 1 \end{bmatrix} \tag{2.57}$$

给定 $\boldsymbol{R}$ 和 $\boldsymbol{\mathcal{P}}$，求 h 和 $\boldsymbol{r}$。假设能够从 $\boldsymbol{R}$ 中找出 θ 和 $\boldsymbol{s}$，那么不难发现：

$$h\theta=\boldsymbol{\mathcal{P}}\cdot\boldsymbol{s} \tag{2.58}$$

从中能够得到螺距 h。对于 $\boldsymbol{r}$，有这样的线性方程系统：

$$(\boldsymbol{I}-\boldsymbol{R})\boldsymbol{r}=\boldsymbol{\mathcal{P}}-h\theta\boldsymbol{s} \tag{2.59}$$

这个方程组是奇异的，但 $\boldsymbol{I}-\boldsymbol{R}$ 的核(kernel)显然是 $\boldsymbol{s}$，因而方程组是连续的，将可以寻到 $\boldsymbol{r}$ 的解。

实际中，要求 $\boldsymbol{r}$ 垂直于 $\boldsymbol{s}$ 是有特殊意义的，因为螺旋运动的表达不依赖于螺旋轴线上点 $\boldsymbol{r}$ 的选择，也就是说，可以要求 $\boldsymbol{r}$ 垂直于 $\boldsymbol{s}$。

如果变换是一个纯移动变换，那么 $\boldsymbol{R}=\boldsymbol{I}$，上面的求解方程失效，这是 $\boldsymbol{r}$ 不能被求解的唯一情况。纯转动对应的节距为零，即 $h=0$。而纯转动通常被当作无限节距的螺旋运动。

值得注意的是，如果有关于相同的直线和具有相同螺距的两个螺旋运动，那么它们的变换具有互换性(commute)。对此，只需验证直线通过原点时的情况，共轭运算可以很容易地将此拓展到一般情况。例如有

$$\begin{bmatrix} \boldsymbol{R}(\theta_2) & \theta_2 h\boldsymbol{s} \\ \boldsymbol{0} & 1 \end{bmatrix}\begin{bmatrix} \boldsymbol{R}(\theta_1) & \theta_1 h\boldsymbol{s} \\ \boldsymbol{0} & 1 \end{bmatrix}=\begin{bmatrix} \boldsymbol{R}(\theta_1+\theta_2) & (\theta_1+\theta_2)h\boldsymbol{s} \\ \boldsymbol{0} & 1 \end{bmatrix} \tag{2.60}$$

注意，这里的旋转是关于相同的轴线。由此能够发现，关于相同的直线和具有相同螺距的所有螺旋运动的集合构成了一个群，也就是说，该集合关于群的运算是封闭的，其是 SE(3) 的单参数子群。

第3章　李群与李代数

3.1　李　代　数

最初，李代数被当作李群 G 中、单位元 e 邻域内一个无穷小元素。后来，演变成单位元 e 处的切空间。

【例 3.1】 考察群 $\mathrm{SO}(n)$ 中其单位元 e 处的切空间。

如果采用矩阵表达，其上经过单位元 e 的一条路径(可看作一条刚体连续转动的轨迹)可以表示成 $\boldsymbol{R}(t)$，其中 $\boldsymbol{R}(0)=\boldsymbol{I}_n$，且 $\boldsymbol{R}(t)^{\mathrm{T}}\boldsymbol{R}(t)=\boldsymbol{I}_n$。对该式进行微分，并令 $t=0$，可得

$$\dot{\boldsymbol{R}}(0)^{\mathrm{T}}+\dot{\boldsymbol{R}}(0)=\boldsymbol{0} \tag{3.1}$$

由此可以看出，单位元 e 处的切空间是一个 $n\times n$ 的反对称矩阵。

空间上某一质点的瞬时运动速度可以认为是其位置矢量的导数(称为线速度)。该点速度的表示不仅与其轨迹求导的相对坐标系有关，也与观测坐标系有关。$\boldsymbol{R}(t)\in\mathrm{SO}(3)$，对于刚体上的一点 $\boldsymbol{p}$，$\boldsymbol{p}^b$、$\boldsymbol{p}^s$ 分别表示该点在物体坐标系和空间坐标系下的位置矢量，则点 $\boldsymbol{p}$ 在空间坐标系下的运动轨迹可以写为

$$\boldsymbol{p}^s(t)=\boldsymbol{R}(t)\boldsymbol{p}^b \tag{3.2}$$

将式(3.2)对时间求导得，$\dot{\boldsymbol{p}}^s(t)=\dot{\boldsymbol{R}}(t)\boldsymbol{p}^b=\dot{\boldsymbol{R}}(t)\boldsymbol{R}(t)^{-1}\boldsymbol{R}(t)\boldsymbol{p}^b=\dot{\boldsymbol{R}}(t)\boldsymbol{R}(t)^{-1}\boldsymbol{p}^s(t)$

定义 3.1　在惯性坐标系中描述的刚体瞬时角速度称为**空间角速度**，记作 $\boldsymbol{\omega}^s$，且

$$\hat{\boldsymbol{\omega}}^s=\dot{\boldsymbol{R}}(t)\boldsymbol{R}(t)^{-1}\in\mathrm{so}(3) \tag{3.3}$$

类比刚体空间角速度的定义，可以给出物体角速度的定义如下。

在 $t=t_0$ 时刻，给定一个新的空间坐标系 s' 与物体坐标系瞬时重合，则刚体上的 $\boldsymbol{p}$ 点在新空间坐标系下的轨迹可以写为

$$\boldsymbol{p}^{s'}(t)=\boldsymbol{R}(t_0)^{-1}\boldsymbol{R}(t)\boldsymbol{p}^b \tag{3.4}$$

将式(3.4)对时间求导得，$\dot{\boldsymbol{p}}^{s'}(t)=\boldsymbol{R}(t_0)^{-1}\dot{\boldsymbol{R}}(t)\boldsymbol{p}^b$。

定义 3.2　在物体坐标系中描述的刚体瞬时角速度称为**物体角速度**，记作 $\boldsymbol{\omega}^b$，且

$$\hat{\boldsymbol{\omega}}^b=\boldsymbol{R}(t)^{-1}\dot{\boldsymbol{R}}(t)\in\mathrm{so}(3) \tag{3.5}$$

$\hat{\boldsymbol{\omega}}^s$ 和 $\hat{\boldsymbol{\omega}}^b$ 是反对称矩阵。

感兴趣的读者可以自己去验证。

对于 $\boldsymbol{G}(t)\in \mathrm{SE}(3)$，刚体的空间速度和物体速度可以分别表示为

$$\hat{\boldsymbol{\xi}}^s=\dot{\boldsymbol{G}}(t)\boldsymbol{G}(t)^{-1}\in \mathrm{se}(3)，\quad \hat{\boldsymbol{\xi}}^b=\boldsymbol{G}(t)^{-1}\dot{\boldsymbol{G}}(t)\in \mathrm{se}(3) \tag{3.6}$$

表示为矢量形式有

$$\boldsymbol{\xi}^s=\begin{pmatrix}\boldsymbol{\omega}^s\\ \boldsymbol{v}^s\end{pmatrix},\quad \boldsymbol{\xi}^b=\begin{pmatrix}\boldsymbol{\omega}^b\\ \boldsymbol{v}^b\end{pmatrix} \tag{3.7}$$

式中，$\boldsymbol{v}^s$ 的物理意义是刚体上与空间坐标系原点瞬时重合点的速度在空间坐标系下的表示；$\boldsymbol{v}^b$ 的物理意义是刚体上与物体坐标系原点瞬时重合点的速度在物体坐标系下的表示。

对式(2.53)求导并令 $\theta=0$，可得到一个典型的李代数元素：

$$S=\begin{bmatrix}\hat{\boldsymbol{\omega}} & \dfrac{\omega}{2\pi}h\boldsymbol{w}-\hat{\boldsymbol{\omega}}\boldsymbol{r}\\ \boldsymbol{0} & 0\end{bmatrix} \tag{3.8}$$

一个普通的李代数元素 $S\in \mathrm{se}(3)$ 可以表示为下面的分块矩阵形式：

$$S=\begin{bmatrix}\hat{\boldsymbol{\omega}} & \boldsymbol{v}\\ \boldsymbol{0} & 0\end{bmatrix} \tag{3.9}$$

式中，$\hat{\boldsymbol{\omega}}=\begin{bmatrix}0 & -\omega_z & \omega_y\\ \omega_z & 0 & -\omega_x\\ -\omega_y & \omega_x & 0\end{bmatrix}$ 是关于角速度矢量 $\boldsymbol{\omega}=\begin{bmatrix}\omega_x & \omega_y & \omega_z\end{bmatrix}^{\mathrm{T}}$ 的一个反对称矩阵。如果运动是一个螺旋运动，那么 $\boldsymbol{v}=\dfrac{\boldsymbol{\omega}}{2\pi}h\boldsymbol{w}-\hat{\boldsymbol{\omega}}\boldsymbol{r}$ 是原点的速度。

具体而言，一种简单的办法是在李群 G 中单位元 e 处的切空间 $\boldsymbol{X}$ 上定义李括号，并且满足下述条件。从而使 $\boldsymbol{X}$ 成为 G 的李代数，记作 $g=\boldsymbol{X}$。

定义 3.3　李括号及李子代数：设 $\mathbb{V}$ 为域 F 上的向量空间，若在 $\mathbb{V}$ 中引进**李括号**(Lie bracket 或称为交换算子(commutator))的运算，即对于所有的 $\boldsymbol{X},\boldsymbol{Y},\boldsymbol{Z}\in\mathbb{V}$，满足李括号的如下性质。

(1)线性

$$[\alpha\boldsymbol{X},\beta\boldsymbol{Y}]=\alpha\beta[\boldsymbol{X},\boldsymbol{Y}],\quad \alpha,\beta\in\mathbb{R}$$

$$[\boldsymbol{X},\alpha\boldsymbol{Y}+\beta\boldsymbol{Z}]=\alpha[\boldsymbol{X},\boldsymbol{Y}]+\beta[\boldsymbol{X},\boldsymbol{Z}],\quad \alpha,\beta\in\mathbb{R} \tag{3.10}$$

(2)反对称性

$$[\boldsymbol{X},\boldsymbol{Y}]=-[\boldsymbol{Y},\boldsymbol{X}] \tag{3.11}$$

(3)雅可比恒等式

$$[[\boldsymbol{X},\boldsymbol{Y}],\boldsymbol{Z}]+[[\boldsymbol{Z},\boldsymbol{X}],\boldsymbol{Y}]+[[\boldsymbol{Y},\boldsymbol{Z}],\boldsymbol{X}]=0 \tag{3.12}$$

则 $\mathbb{V}$ 称为域 F 上的李代数。如果子空间 $\mathbb{W}\subseteq\mathbb{V}$，且对于所有的 $\boldsymbol{X},\boldsymbol{Y}\in\mathbb{W}$，都有

$[X, Y] \in \mathbb{W}$，则该子空间 $\mathbb{W}$ 称为$\mathbb{V}$的**李子代数**。可以看出由于李括号是对其自身的一种映射，因此李代数具有封闭性。

为进一步强调李代数的线性特性，再定义李括号：

$$[X, Y] = XY - YX \tag{3.13}$$

李代数的其他特性可从以上等式导出：

$$[X, X] = 0 \tag{3.14}$$

【例 3.2】 令 $\mathcal{M}_n(\mathbb{R})$ 为实数域上的 $n \times n$ 矩阵，XY 为其中元素 X 和 Y 的矩阵乘积，则可以验证 $[X, Y] = XY - YX$ 是 $\mathcal{M}_n(\mathbb{R})$ 上的李代数。

再考虑一下有关李群的共轭变换。在该映射下，单位元素保持不变，即 $e = geg^{-1}, g \in G$，对其进行微分，可得到单位元处切空间的映射(就是其自身)，而且这种映射满足线性关系。

$S \in \mathrm{se}(3)$ 的这些矩阵构成了一个六维的向量空间，这个空间的元素通常写成如下的列向量：

$$\boldsymbol{S} = \begin{pmatrix} \boldsymbol{\omega} \\ \boldsymbol{v} \end{pmatrix} \tag{3.15}$$

以上向量表示的 $\boldsymbol{S}$ 称为运动旋量，它们最早的应用是在 19 世纪末，Ball 称为 twist，这在时间上早于大多数李群、李代数理论的研究。

如果把角速度因子提出来，twist 可以写成：$S = \omega \begin{bmatrix} \hat{\boldsymbol{w}} & \dfrac{h}{2\pi}\boldsymbol{w} - \boldsymbol{w} \times \boldsymbol{r} \\ \boldsymbol{0} & 0 \end{bmatrix}$，这里 $\hat{\boldsymbol{w}}$ 是对应于单位向量 $\boldsymbol{w}$ 的反对称矩阵。对于任意向量 $\boldsymbol{x}$，有 $\hat{\boldsymbol{w}}\boldsymbol{x} = \boldsymbol{w} \times \boldsymbol{x}$。Ball 称 ω 为 twist 的幅度，并将矩阵写成向量形式：

$$\boldsymbol{S} = \omega \begin{pmatrix} \boldsymbol{w} \\ \dfrac{h}{2\pi}\boldsymbol{w} - \boldsymbol{r} \times \boldsymbol{w} \end{pmatrix} \tag{3.16}$$

此为瞬时螺旋轴线。以下我们简称其为李代数元素——速度旋量，又称螺旋。

作用在刚体上的广义力包括移动分量(纯力)和作用于一点的转动分量(纯力矩)，其可以用一个六维矢量来表示：

$$\boldsymbol{W} = \begin{pmatrix} \boldsymbol{\tau} \\ \boldsymbol{f} \end{pmatrix} \tag{3.17}$$

这个空间力与力矩的组合表达称为 wrench，即力旋量或者力螺旋。力分量 $\boldsymbol{f} \in \mathbb{R}^3$，力矩分量 $\boldsymbol{\tau} \in \mathbb{R}^3$。

定义 3.4　螺旋与力螺旋的点积表示刚体受力运动所做的瞬时功，如果瞬时功 $\boldsymbol{W} \cdot \boldsymbol{S} = 0$，则称**速度旋量与力旋量对偶**。

3.2　指 数 映 射

给定一个李群，可以通过寻找其单位元e处的切向量，得到与之对应的李代数。反之，能否通过李代数来确定与之对应的李群呢？下面来讨论这个问题。

根据微分流形理论[1-3]，李群 G 上由单位元切向量$\boldsymbol{X}$经左移动产生的光滑向量场是左不变向量场；反过来，李群 G 上任何一个左不变向量场都可以由e处的某个切向量经过左移动产生。也就是说，只要给定李代数的元素，就可以产生左不变向量场，我们所要做的就是将e处的某个切向量左移动到流形(李群)上的任一点。这样，在李代数元素(即单位元e处的切向量)与左不变向量场之间就建立起了一一映射关系。

注意到，左不变向量场的积分曲线是指各点处以切向量场为切线的曲线，它表示流形上的一条路径，即满足如下的微分方程：

$$\frac{\mathrm{d}\gamma}{\mathrm{d}t}=\gamma\boldsymbol{X} \tag{3.18}$$

该方程具有解析解，即通过单位元e处的解为

$$\gamma(t)=\mathrm{e}^{t\boldsymbol{X}} \tag{3.19}$$

这是矩阵指数的形式，通过 Taylor 级数展开：

$$\mathrm{e}^{\boldsymbol{X}}=\boldsymbol{I}+\boldsymbol{X}+\frac{1}{2!}\boldsymbol{X}^2+\cdots+\frac{1}{n!}\boldsymbol{X}^n+\cdots \tag{3.20}$$

式中，$\boldsymbol{X}^2=\boldsymbol{X}\boldsymbol{X}$，$\boldsymbol{X}^3=\boldsymbol{X}\boldsymbol{X}\boldsymbol{X}$，其他依次类推，能够证明这个级数是收敛的。

矩阵指数与普通指数不一样，对于李代数元素$\boldsymbol{X}$与$\boldsymbol{Y}$，只有在$[\boldsymbol{X},\boldsymbol{Y}]=0$条件下才具有以下结果：

$$\mathrm{e}^{\boldsymbol{X}}\mathrm{e}^{\boldsymbol{Y}}=\mathrm{e}^{\boldsymbol{X}+\boldsymbol{Y}} \tag{3.21}$$

也就是说只有当指数具有互换性时，才能够将一个指数积的指数进行相加。

由式(3.20)可知，指数$\mathrm{e}^{\boldsymbol{X}}$也是一个矩阵，它表示与李代数元素$\boldsymbol{X}$所对应的李群的一个元素，而这个指数矩阵通常被看作李代数到其所对应的李群的一个映射。

另外，假设$\boldsymbol{X}$表示一个李代数的元素，t为参数，由于

$$\mathrm{e}^{t_1\boldsymbol{X}}\mathrm{e}^{t_2\boldsymbol{X}}=\mathrm{e}^{(t_1+t_2)\boldsymbol{X}} \tag{3.22}$$

因此，$\mathrm{e}^{t\boldsymbol{X}}$可以表示一个单参数子群(或一维子群)。也就是说，每个李代数元素都可以产生这样的一个单参数子群。而李群的所有单参数子群都具有这种形式。

下面给单参数子群的指数映射一个正式的定义。

如图 3.1 所示，对于任意李代数元素$\boldsymbol{X}$，设γ表示左不变向量场上的积分曲线，它在$t=0$时经过单位元e，即满足

$$\gamma(0)=e,\quad \frac{\mathrm{d}}{\mathrm{d}t}\gamma(t)=\boldsymbol{X},\quad \gamma(s+t)=\gamma(s)\gamma(t) \tag{3.23}$$

式中，$\boldsymbol{X}$ 表示一个李代数元素；t 为参数；$\gamma(t)$ 是单参数子群。将

$$\mathrm{e}^{X}=\gamma(1) \tag{3.24}$$

所定义的指数映射称为从李代数到单参数子群上的**指数映射**(exponential mapping)。

设 $\{\boldsymbol{X}_1, \boldsymbol{X}_2, \cdots, \boldsymbol{X}_n\}$ 为李代数的一组基，定义映射

$$g=\mathrm{e}^{\varsigma_1 X_1+\varsigma_2 X_2+\cdots+\varsigma_n X_n} \tag{3.25}$$

这里将

$$(\varsigma_1, \varsigma_2, \cdots, \varsigma_n) \tag{3.26}$$

称为第一类**正则坐标**(canonical coordinate)。

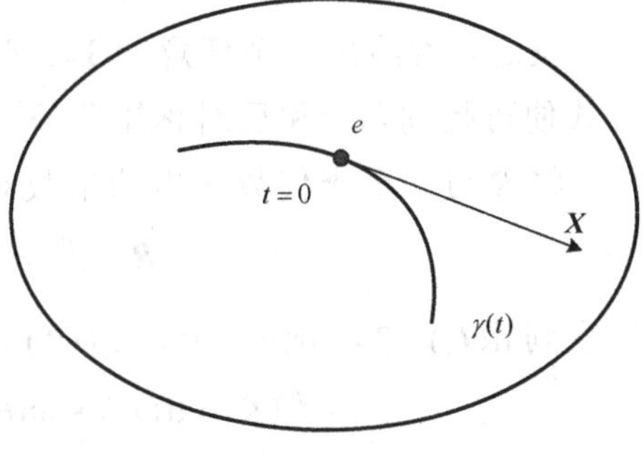

图 3.1　指数映射

如果定义映射

$$g=\mathrm{e}^{\eta_1 X_1+\eta_2 X_2+\cdots+\eta_n X_n} \tag{3.27}$$

这里将

$$(\eta_1, \eta_2, \cdots, \eta_n) \tag{3.28}$$

称为第二类正则坐标。

若要实现两类正则坐标的转换，就要回到式(3.15)中，该公式成立的条件是满足 $[\boldsymbol{X}, \boldsymbol{Y}]=0$，但如果是一般情况，即 $\mathrm{e}^{X}\mathrm{e}^{Y}=\mathrm{e}^{f(X,Y)}$，其计算就要引用 Campbell-Baker-Hausdorff 定理。

定理 3.1　Campbell-Baker-Hausdorff 定理　对于李代数元素 $\boldsymbol{X}$ 和 $\boldsymbol{Y}$，假设 $\mathrm{e}^{X}\mathrm{e}^{Y}=\mathrm{e}^{f(X,Y)}$，则

$$f(\boldsymbol{X},\boldsymbol{Y})=\boldsymbol{X}+\boldsymbol{Y}+\frac{1}{2}[\boldsymbol{X},\boldsymbol{Y}]+\frac{1}{12}([\boldsymbol{X},[\boldsymbol{X},\boldsymbol{Y}]]+[\boldsymbol{Y},[\boldsymbol{X},\boldsymbol{Y}]]+\cdots) \tag{3.29}$$

式(3.29)只是给出了其中的一种表达形式。Campbell-Baker-Hausdorff 定理的重要性在于 $f(\boldsymbol{X},\boldsymbol{Y})$ 的高阶量也可由李代数元素表达。不过，不难看出应用式(3.29)来计算超过 2 个以上元素的指数积是一项非常复杂且困难的任务。

指数映射的一个重要应用是可以导出串联机器人运动学的**指数积**(product of exponentials，POE)**公式**，详细描述可以参考第 5 章。

【例 3.3】 考察 so(3) 到 SO(3) 的指数映射。

表示李代数 so(3) 的 3×3 矩阵是反对称的，直接计算表明：对于一个 3×3 矩阵的反对称矩阵：

$$\hat{\boldsymbol{\omega}}=\begin{bmatrix} 0 & -\omega_z & \omega_y \\ \omega_z & 0 & -\omega_x \\ -\omega_y & \omega_x & 0 \end{bmatrix}$$

能够发现，$\hat{\boldsymbol{\omega}}^3=-(\omega_x^2+\omega_y^2+\omega_z^2)\hat{\boldsymbol{\omega}}$。

如果令 $\hat{\boldsymbol{w}}=\hat{\boldsymbol{\omega}}\big/\sqrt{\omega_x^2+\omega_y^2+\omega_z^2}$，因此就有 $\hat{\boldsymbol{w}}^3=-\hat{\boldsymbol{w}}$，那么一个 3×3 的反对称矩阵的指

数为

$$
\begin{aligned}
e^{\theta\hat{w}} &= \sum_{n=0}^{\infty}\frac{(\theta\hat{w})^n}{n!} = I_3 + \left(\theta - \frac{\theta^3}{3!} + \frac{\theta^5}{5!}\cdots\right)\hat{w} + \left(\frac{\theta^2}{2!} - \frac{\theta^4}{4!} + \frac{\theta^6}{6!}\cdots\right)\hat{w}^2 \\
&= I_3 + \sin\theta\cdot\hat{w} + (1-\cos\theta)\hat{w}^2
\end{aligned}
\tag{3.30}
$$

反之，若给出一个任意的 3×3 的特殊正交阵，即 SO(3) 的一个元素，如 $\boldsymbol{R}$，按如下方式便可找到角 θ 和反对称矩阵 $\hat{w}$。

将 $\boldsymbol{R}$ 与一个李代数元素的指数对比，有

$$
\boldsymbol{R} = e^{\theta\hat{w}} = I_3 + \sin\theta\cdot\hat{w} + (1-\cos\theta)\hat{w}^2
$$

注意到 $\mathrm{tr}(I_3)=3$，$\mathrm{tr}(\hat{w})=0$，$\mathrm{tr}(\hat{w}^2)=-2$，所以 $\boldsymbol{R}$ 的迹为

$$
\mathrm{tr}(\boldsymbol{R}) = \mathrm{tr}(I_3) + \sin\theta\,\mathrm{tr}(\hat{w}) + (1-\cos\theta)\mathrm{tr}(\hat{w}^2) = 1 + 2\cos\theta \tag{3.31}
$$

找出反对称矩阵 $\hat{w}$，通过观察发现：既然矩阵 $\hat{w}$ 是反对称的，那么它的平方 $\hat{w}^2$ 一定像 I_3 一样是对称的。因此，通过计算 $\boldsymbol{R}-\boldsymbol{R}^{\mathrm{T}}$ 可得到

$$
\boldsymbol{R}-\boldsymbol{R}^{\mathrm{T}} = 2\sin\theta\cdot\hat{w}
$$

通过式(3.31)和上式，可以找出对应于几乎任何群的元素的李代数元素，也就是能够进行对数函数运算。值得注意的是，因 $\sin\pi=0$，故当 $\theta=\pi$ 时，该方法失效。

【例 3.4】 考察 se(3) 到 SE(3) 的指数映射。

对于 se(3)，一个标准的 4×4 的一般矩阵有如下形式：

$$
\boldsymbol{Z} = \begin{bmatrix} \hat{\boldsymbol{\omega}} & \boldsymbol{v} \\ \boldsymbol{0} & 0 \end{bmatrix}
$$

式中，$\hat{\boldsymbol{\omega}}$ 为一个 3×3 矩阵的反对称矩阵；而 $\boldsymbol{v}$ 是一个任意的三维向量(详见前述)。当 $\hat{\boldsymbol{\omega}}\neq\boldsymbol{0}$ 时，这些矩阵满足

$$
\boldsymbol{Z}^4 = -(\omega_x^2+\omega_y^2+\omega_z^2)\boldsymbol{Z}^2
$$

但如果 $\hat{\boldsymbol{\omega}}=\boldsymbol{0}$，则有 $\boldsymbol{Z}^2=0$，这样对于一个纯移动，得到如下式子：

$$
\exp\begin{pmatrix} \boldsymbol{0} & \boldsymbol{v} \\ \boldsymbol{0} & 0 \end{pmatrix} = \begin{pmatrix} I_3 & \mathcal{P} \\ \boldsymbol{0} & 1 \end{pmatrix}
$$

对于一个一般的元素，可以写成

$$
S = \frac{1}{\sqrt{\omega_x^2+\omega_y^2+\omega_z^2}}\begin{pmatrix} \hat{\boldsymbol{\omega}} & \boldsymbol{v} \\ \boldsymbol{0} & 0 \end{pmatrix} \tag{3.32}
$$

然后有

$$
\begin{aligned}
e^{\theta S} &= \sum_{n=0}^{\infty}\frac{(\theta S)^n}{n!} = I_4 + \theta S + (1-\cos\theta)S^2 + (\theta-\sin\theta)S^3 \\
&= \begin{bmatrix} e^{\theta\hat{w}} & \theta\boldsymbol{v} + (1-\cos\theta)\hat{w}\boldsymbol{v} + (\theta-\sin\theta)\hat{w}^2\boldsymbol{v} \\ \boldsymbol{0} & 1 \end{bmatrix}
\end{aligned}
\tag{3.33}
$$

在这种情况下，给定一个矩阵：

$$\begin{bmatrix} \boldsymbol{R} & \mathcal{P} \\ \boldsymbol{0} & 1 \end{bmatrix}$$

如前面所述，从$\boldsymbol{R}$中便可找到θ和$\hat{\boldsymbol{w}}$，而$\boldsymbol{v}$可以通过下面的关系得到

$$\hat{\boldsymbol{w}}\mathcal{P} = (\boldsymbol{R} - \boldsymbol{I}_3)\boldsymbol{v}, \qquad \boldsymbol{w}\cdot\mathcal{P} = \theta\boldsymbol{w}\cdot\boldsymbol{v} \tag{3.34}$$

式中，$\boldsymbol{w}$为对应于$\hat{\boldsymbol{w}}$的三维向量。

可以将以上内容扩展到se(3)的伴随表达。

3.3　伴随表达

到此为止，我们一直把SE(3)定义为4×4的矩阵表达。有时把群当作一个抽象的物体并考虑它的不同的表达形式是有用的。这里的表达是线性的表达，即由矩阵来表示群的元素或更广义上的线性变换。群的积描述为矩阵的乘，而群中的逆表示为矩阵的逆。对任意一个群，都有许多这样的表达，这里来研究能够用来定义任意的群的这样一个表达。任意的李群线性地作用于它的李代数。这个表达就是我们所知的群的伴随表达。

定义3.5　李群G作用在其李子代数g上，如果满足

$$\mathrm{Ad}_g\boldsymbol{X} = \boldsymbol{g}\boldsymbol{X}\boldsymbol{g}^{-1}, \quad \boldsymbol{X}\in g,\ \boldsymbol{g}\in G \tag{3.35}$$

则称其为李代数的**伴随变换**(adjoint transformation)。

可以发现伴随变换$\mathrm{Ad}_g\boldsymbol{X}$具有线性特征，即满足

$$\mathrm{Ad}_g(\alpha\boldsymbol{X}_1 + \beta\boldsymbol{X}_2) = \boldsymbol{g}(\alpha\boldsymbol{X}_1 + \beta\boldsymbol{X}_2)\boldsymbol{g}^{-1} = \alpha\mathrm{Ad}_g\boldsymbol{X}_1 + \beta\mathrm{Ad}_g\boldsymbol{X}_2 \tag{3.36}$$

下面再考虑一下伴随变换的微分。

假设$\boldsymbol{g}$为群G中一个元素(用矩阵表示)，$\boldsymbol{X}$、$\boldsymbol{Y}$为李代数中的元素。在单位元处，可以近似写成$\boldsymbol{g}\approx\boldsymbol{I}+t\boldsymbol{X}$，而$\boldsymbol{g}^{-1}\approx\boldsymbol{I}-t\boldsymbol{X}$，则

$$(\boldsymbol{I}+t\boldsymbol{X})\boldsymbol{Y}(\boldsymbol{I}-t\boldsymbol{X}) = \boldsymbol{Y} + t(\boldsymbol{XY}-\boldsymbol{YX}) \tag{3.37}$$

对其进行微分并设定$t=0$，则得到$\boldsymbol{XY}-\boldsymbol{YX}$，而这正是李括号的表达结构。可以看到，两个李代数元素的李括号仍是一个李代数元素。因此，李代数除具有线性之外，还具有封闭性。

对于se(3)，借助于4×4矩阵，可以写成如下的表达关系式：

$$\boldsymbol{X}' = \boldsymbol{g}\boldsymbol{X}\boldsymbol{g}^{-1} = \begin{bmatrix} \boldsymbol{R} & \mathcal{P} \\ \boldsymbol{0} & 1 \end{bmatrix}\begin{bmatrix} \hat{\boldsymbol{\omega}} & \boldsymbol{v} \\ \boldsymbol{0} & 0 \end{bmatrix}\begin{bmatrix} \boldsymbol{R}^{\mathrm{T}} & -\boldsymbol{R}^{\mathrm{T}}\mathcal{P} \\ \boldsymbol{0} & 1 \end{bmatrix} = \begin{bmatrix} \boldsymbol{R}\hat{\boldsymbol{\omega}}\boldsymbol{R}^{\mathrm{T}} & \boldsymbol{R}\boldsymbol{v} - \boldsymbol{R}\hat{\boldsymbol{\omega}}\boldsymbol{R}^{\mathrm{T}}\mathcal{P} \\ \boldsymbol{0} & 0 \end{bmatrix} \tag{3.38}$$

在2.3.2节中，已证明$\boldsymbol{R}\hat{\boldsymbol{\omega}}\boldsymbol{R}^{\mathrm{T}}$与$(\boldsymbol{R}\boldsymbol{\omega})^\wedge$是等价的，并证出$\boldsymbol{Ru}\times\boldsymbol{Rv}=\boldsymbol{R}(\boldsymbol{u}\times\boldsymbol{v})$，因此还可对$\boldsymbol{R}\hat{\boldsymbol{\omega}}\boldsymbol{R}^{\mathrm{T}}$与$(\boldsymbol{R}\boldsymbol{\omega})^\wedge$的等价给出如下证明：

$$R(\hat{\omega}R^{\mathrm{T}}\mathcal{P})=R[\omega\times(R^{\mathrm{T}}\mathcal{P})]=R\omega\times RR^{\mathrm{T}}\mathcal{P}=R\omega\times\mathcal{P}=(R\omega)^{\wedge}\mathcal{P}$$

令 $\hat{\mathcal{P}}$ 为与 $\mathcal{P}$ 对应的反对称矩阵，则对任何向量 x，都有 $\hat{\mathcal{P}}x=\mathcal{P}\times x$。这样 $-R\hat{\omega}R^{\mathrm{T}}\mathcal{P}=\hat{\mathcal{P}}R\omega$，因此，式(3.38)变成

$$X'=\begin{bmatrix}\hat{\omega}' & v'\\ 0 & 0\end{bmatrix}=\begin{bmatrix}(R\omega)^{\wedge} & Rv+\hat{\mathcal{P}}R\omega\\ 0 & 0\end{bmatrix} \tag{3.39}$$

将式(3.39)写成六维向量形式的表达：

$$\begin{pmatrix}\omega'\\ v'\end{pmatrix}=\begin{bmatrix}R & 0\\ \hat{\mathcal{P}}R & R\end{bmatrix}\begin{pmatrix}\omega\\ v\end{pmatrix} \tag{3.40}$$

因此，对应的伴随表达为

$$\mathrm{Ad}(g)=\begin{bmatrix}R & 0\\ \hat{\mathcal{P}}R & R\end{bmatrix} \tag{3.41}$$

同样，R 为一个3×3的旋转矩阵，而 $\hat{\mathcal{P}}$ 是对应于一个平移向量 $\mathcal{P}$ 的3×3的反对称矩阵。

由6×6李群伴随表达推导6×6李代数伴随表达：

$$\frac{\mathrm{d}}{\mathrm{d}t}\mathrm{Ad}(g)=\begin{bmatrix}\dot{R} & 0\\ \dot{\hat{\mathcal{P}}}R+\hat{\mathcal{P}}\dot{R} & \dot{R}\end{bmatrix}=\begin{bmatrix}\dot{R} & 0\\ R\hat{v}^{b}+\hat{\mathcal{P}}R\hat{\omega}^{b} & \dot{R}\end{bmatrix} \tag{3.42}$$

物体坐标系下：

$$\frac{\mathrm{d}}{\mathrm{d}t}\mathrm{Ad}(g)=\mathrm{Ad}(g)\mathrm{ad}(\xi^{b}) \tag{3.43}$$

式中，$\xi^{b}=\begin{pmatrix}\omega^{b}\\ v^{b}\end{pmatrix}_{6\times1}$，可得

$$\begin{aligned}\mathrm{ad}(\xi^{b})&=\mathrm{Ad}^{-1}(g)\frac{\mathrm{d}}{\mathrm{d}t}\mathrm{Ad}(g)=\begin{bmatrix}R^{-1} & 0\\ -R^{-1}\hat{\mathcal{P}} & R^{-1}\end{bmatrix}\begin{bmatrix}\dot{R} & 0\\ \dot{\hat{\mathcal{P}}}R+\hat{\mathcal{P}}\dot{R} & \dot{R}\end{bmatrix}\\&=\begin{bmatrix}\hat{\omega}^{b} & 0\\ -R^{-1}\hat{\mathcal{P}}\dot{R}+R^{-1}\dot{\hat{\mathcal{P}}}R+R^{-1}\hat{\mathcal{P}}\dot{R} & \hat{\omega}^{b}\end{bmatrix}=\begin{bmatrix}\hat{\omega}^{b} & 0\\ R^{-1}\dot{\hat{\mathcal{P}}}R & \hat{\omega}^{b}\end{bmatrix}=\begin{bmatrix}\hat{\omega}^{b} & 0\\ \hat{v}^{b} & \hat{\omega}^{b}\end{bmatrix}\end{aligned} \tag{3.44}$$

式中，$R^{-1}\dot{\hat{\mathcal{P}}}R=(R^{-1}\dot{\mathcal{P}})^{\wedge}=\hat{v}^{b}$。

空间坐标系下：

$$\begin{aligned}\mathrm{ad}(\xi^{s})&=\frac{\mathrm{d}}{\mathrm{d}t}\mathrm{Ad}(g)\mathrm{Ad}^{-1}(g)=\begin{bmatrix}\dot{R} & 0\\ \dot{\hat{\mathcal{P}}}R+\hat{\mathcal{P}}\dot{R} & \dot{R}\end{bmatrix}\begin{bmatrix}R^{-1} & 0\\ -R^{-1}\hat{\mathcal{P}} & R^{-1}\end{bmatrix}\\&=\begin{bmatrix}\hat{\omega}^{s} & 0\\ \dot{\hat{\mathcal{P}}}+\hat{\mathcal{P}}\dot{R}R^{-1}-\dot{R}R^{-1}\hat{\mathcal{P}} & \hat{\omega}^{s}\end{bmatrix}=\begin{bmatrix}\hat{\omega}^{s} & 0\\ \hat{v}^{s} & \hat{\omega}^{s}\end{bmatrix}\end{aligned} \tag{3.45}$$

式中，$\xi^{s}=\begin{pmatrix}\omega^{s}\\ v^{s}\end{pmatrix}_{6\times1}$ 且 $\dot{\hat{\mathcal{P}}}+\hat{\mathcal{P}}\hat{\omega}^{s}-\hat{\omega}^{s}\hat{\mathcal{P}}=\dot{\hat{\mathcal{P}}}+(\hat{\mathcal{P}}\omega^{s})^{\wedge}=(\dot{\mathcal{P}}+\hat{\mathcal{P}}\omega^{s})^{\wedge}=\hat{v}^{s}$。

李群伴随作用于它的李代数可以扩展到李代数作用于它本身。借助于 SE(3) 的 4×4 表达能够做如下的解释。把 S_2 当作李代数的一个元素，为 4×4 的一个矩阵。现在假设 $B(\theta)$ 为对应于李代数元素 S_1 的一个单参数子群，即 $\dfrac{\mathrm{d}B(0)}{\mathrm{d}\theta}=S_1$。如果对群的伴随运算 BS_2B^{-1} 进行微分并令 $\theta=0$，得到如下的互换算子：

$$S_1S_2-S_2S_1=[S_1,S_2] \tag{3.46}$$

借助于六维向量互换算子能够写成

$$\mathrm{ad}(\boldsymbol{S}_1)\boldsymbol{S}_2=\begin{bmatrix}\hat{\boldsymbol{\omega}}_1 & \boldsymbol{0}\\ \hat{\boldsymbol{v}}_1 & \hat{\boldsymbol{\omega}}_1\end{bmatrix}\begin{bmatrix}\boldsymbol{\omega}_2\\ \boldsymbol{v}_2\end{bmatrix} \tag{3.47}$$

式中，小写的符号表达 ad 定义为李代数对它本身的伴随作用。

元素的互换算子是李代数的一个关键特征，在机器人学中，这些互换算子出现于机器人动力学和许多其他的应用中。注意到在六维的、分量形式的李代数表达中，互换算子能够写成

$$[\boldsymbol{S}_1,\boldsymbol{S}_2]=\mathrm{ad}(\boldsymbol{S}_1)\boldsymbol{S}_2=\begin{bmatrix}\boldsymbol{\omega}_1\times\boldsymbol{\omega}_2\\ \boldsymbol{v}_1\times\boldsymbol{\omega}_2+\boldsymbol{\omega}_1\times\boldsymbol{v}_2\end{bmatrix} \tag{3.48}$$

3.4　由李代数到李群的指数映射

把 se(3) 的元素看作具有对偶项的反对称矩阵。因李代数 so(3) 是 3×3 的反对称矩阵的代数，那么 so(3, D) 由带有对偶项（dual number entries）的反对称矩阵构成。一个典型的 so(3, D) 的元素可以写为 $\breve{\boldsymbol{S}}=\hat{\boldsymbol{\omega}}+\varepsilon\hat{\boldsymbol{v}}$，这里 $\hat{\boldsymbol{\omega}}$ 和 $\hat{\boldsymbol{v}}$ 都是普通的 3×3 的反对称矩阵。为使这样一个矩阵指数化，必须通过将其写成 $\breve{\boldsymbol{S}}=\breve{\theta}\breve{\boldsymbol{V}}$ 加以**规范化**，因此有 $\breve{\boldsymbol{V}}^3=-\breve{\boldsymbol{V}}$。可以写成如下形式得以验证：

$$\breve{\boldsymbol{V}}=\boldsymbol{V}+\varepsilon\boldsymbol{U} \tag{3.49}$$

这里 $\mathrm{tr}(\boldsymbol{V}^2)=-2$ 且 $\mathrm{tr}(\boldsymbol{VU})=0$。也就是，相对于 $\boldsymbol{V}=\mathrm{ad}(\boldsymbol{v})$ 的向量是一个单位向量且其垂直于 $\boldsymbol{U}$ 所对应的向量。标量 $\breve{\theta}=\theta+\varepsilon d$ 称为对偶角，是由 Study 引入的。

$$\begin{aligned}\breve{\boldsymbol{V}}^3&=(\boldsymbol{V}+\varepsilon\boldsymbol{U})(\boldsymbol{V}+\varepsilon\boldsymbol{U})(\boldsymbol{V}+\varepsilon\boldsymbol{U})\\&=[\boldsymbol{V}^2+\varepsilon(\boldsymbol{VU}+\boldsymbol{UV})](\boldsymbol{V}+\varepsilon\boldsymbol{U})\\&=\boldsymbol{V}^3+\varepsilon(\boldsymbol{V}^2\boldsymbol{U}+\boldsymbol{VUV}+\boldsymbol{UV}^2)\\&=-\boldsymbol{V}-\varepsilon\boldsymbol{U}=-\breve{\boldsymbol{V}}\end{aligned} \tag{3.50}$$

这里注意到：$\boldsymbol{V}^2\boldsymbol{U}+\boldsymbol{VUV}+\boldsymbol{UV}^2=-\boldsymbol{U}$。

$\breve{\boldsymbol{S}}$ 的指数可以写成

$$\mathrm{e}^{\breve{\boldsymbol{S}}}=\mathrm{e}^{\breve{\theta}\breve{\boldsymbol{V}}}=\boldsymbol{I}_3+\sin(\breve{\theta})\breve{\boldsymbol{V}}+[1-\cos(\breve{\theta})]\breve{\boldsymbol{V}}^2=\breve{\boldsymbol{R}} \tag{3.51}$$

与 so(3) 的情况非常类似。由如下的事实，可以对一个对偶角进行 sine 和 cosine

展开：

$$\breve{\theta}^n = \theta^n + \varepsilon n d \theta^{n-1} \tag{3.52}$$

那么，可以给出 sine 和 cosine 幂系列：

$$\cos(\breve{\theta}) = \cos(\theta) - \varepsilon d \sin(\theta), \quad \sin(\breve{\theta}) = \sin(\theta) + \varepsilon d \cos(\theta) \tag{3.53}$$

由此可以计算 se(3) 的伴随表达的指数。也就是设法得到 $\mathrm{e}^{\theta \cdot \mathrm{ad}(\boldsymbol{S})}$。如果 $\boldsymbol{S}$ 为一纯转动，可以使

$$\mathrm{ad}(\boldsymbol{S}) = \begin{bmatrix} \boldsymbol{V} & \boldsymbol{0} \\ \boldsymbol{U} & \boldsymbol{V} \end{bmatrix} \tag{3.54}$$

可以用 3×3 对偶矩阵 $\boldsymbol{V}+\varepsilon\boldsymbol{U}$ 确定 6×6 实矩阵 $\mathrm{ad}(\boldsymbol{S})$，并且对偶角 $\breve{\theta}$ 只是简单地等于 θ，即 $d=0$。由以上可以看出

$$\mathrm{e}^{\theta \mathrm{ad}(\boldsymbol{S})} = \boldsymbol{I}_6 + \sin(\theta)\mathrm{ad}(\boldsymbol{S}) + [1-\cos(\theta)]\mathrm{ad}(\boldsymbol{S})^2 \tag{3.55}$$

当运动具有一个有限的、非零的节距时，要有一些微妙的变化。首先让 $d = h/(2\pi)$，h 为运动的节距。伴随表达的一般元素具有如下形式：

$$\mathrm{ad}(\boldsymbol{S}) = \begin{bmatrix} \boldsymbol{V} & 0 \\ \boldsymbol{U} + \frac{h}{2\pi}\boldsymbol{V} & \boldsymbol{V} \end{bmatrix} = \begin{bmatrix} \boldsymbol{V} & 0 \\ \boldsymbol{U} & \boldsymbol{V} \end{bmatrix} + \begin{bmatrix} 0 & 0 \\ \frac{h}{2\pi}\boldsymbol{V} & 0 \end{bmatrix} \tag{3.56}$$

$$\mathrm{ad}(\boldsymbol{S})^2 = \begin{bmatrix} \boldsymbol{V} & 0 \\ \boldsymbol{U} + \frac{h}{2\pi}\boldsymbol{V} & \boldsymbol{V} \end{bmatrix}^2 = \begin{bmatrix} \boldsymbol{V} & 0 \\ \boldsymbol{U} + \frac{h}{2\pi}\boldsymbol{V} & \boldsymbol{V} \end{bmatrix}\begin{bmatrix} \boldsymbol{V} & 0 \\ \boldsymbol{U} + \frac{h}{2\pi}\boldsymbol{V} & \boldsymbol{V} \end{bmatrix} = \begin{bmatrix} \boldsymbol{V}^2 & 0 \\ \boldsymbol{U}\boldsymbol{V} + \boldsymbol{V}\boldsymbol{U} + \frac{2h}{2\pi}\boldsymbol{V}^2 & \boldsymbol{V}^2 \end{bmatrix}$$

$$= \begin{bmatrix} \boldsymbol{V}^2 & 0 \\ \boldsymbol{U}\boldsymbol{V} + \boldsymbol{V}\boldsymbol{U} & \boldsymbol{V}^2 \end{bmatrix} + \begin{bmatrix} 0 & 0 \\ \frac{2h}{2\pi}\boldsymbol{V}^2 & 0 \end{bmatrix}$$

$$\mathrm{ad}(\boldsymbol{S})^3 = \begin{bmatrix} \boldsymbol{V} & 0 \\ \boldsymbol{U} + \frac{h}{2\pi}\boldsymbol{V} & \boldsymbol{V} \end{bmatrix}^3 = \begin{bmatrix} \boldsymbol{V} & 0 \\ \boldsymbol{U} + \frac{h}{2\pi}\boldsymbol{V} & \boldsymbol{V} \end{bmatrix}^2\begin{bmatrix} \boldsymbol{V} & 0 \\ \boldsymbol{U} + \frac{h}{2\pi}\boldsymbol{V} & \boldsymbol{V} \end{bmatrix} = \begin{bmatrix} \boldsymbol{V}^3 & 0 \\ \boldsymbol{U}\boldsymbol{V}^2 + \boldsymbol{V}\boldsymbol{U}\boldsymbol{V} + \boldsymbol{V}^2\boldsymbol{U} + \frac{3h}{2\pi}\boldsymbol{V}^3 & \boldsymbol{V}^3 \end{bmatrix}$$

$$= \begin{bmatrix} -\boldsymbol{V} & 0 \\ -\boldsymbol{U} & -\boldsymbol{V} \end{bmatrix} + \begin{bmatrix} 0 & 0 \\ -\frac{3h}{2\pi}\boldsymbol{V} & 0 \end{bmatrix}$$

$$\mathrm{ad}(\boldsymbol{S})^4 = \begin{bmatrix} \boldsymbol{V} & 0 \\ \boldsymbol{U} + \frac{h}{2\pi}\boldsymbol{V} & \boldsymbol{V} \end{bmatrix}^4 = \begin{bmatrix} -\boldsymbol{V}^2 & 0 \\ -\boldsymbol{U}\boldsymbol{V} - \boldsymbol{V}\boldsymbol{U} & -\boldsymbol{V}^2 \end{bmatrix} + \begin{bmatrix} 0 & 0 \\ -\frac{4h}{2\pi}\boldsymbol{V}^2 & 0 \end{bmatrix}$$

$$\mathrm{ad}(\boldsymbol{S})^5 = \begin{bmatrix} \boldsymbol{V} & 0 \\ \boldsymbol{U} + \frac{h}{2\pi}\boldsymbol{V} & \boldsymbol{V} \end{bmatrix}^5 = \begin{bmatrix} \boldsymbol{V} & 0 \\ \boldsymbol{U} & \boldsymbol{V} \end{bmatrix} + \begin{bmatrix} 0 & 0 \\ \frac{5h}{2\pi}\boldsymbol{V} & 0 \end{bmatrix}$$

$$\begin{aligned}
e^{\theta\cdot \mathrm{ad}(\boldsymbol{S})} &= \boldsymbol{I}_6+\theta\cdot\mathrm{ad}(\boldsymbol{S})+\frac{\theta^2}{2}\mathrm{ad}(\boldsymbol{S})^2+\frac{\theta^3}{3!}\mathrm{ad}(\boldsymbol{S})^3+\cdots\\
&=\boldsymbol{I}_6+\theta\begin{bmatrix}\boldsymbol{V} & 0\\ \boldsymbol{U} & \boldsymbol{V}\end{bmatrix}+\theta\begin{bmatrix}0 & 0\\ \frac{h}{2\pi}\boldsymbol{V} & 0\end{bmatrix}+\frac{\theta^2}{2}\begin{bmatrix}\boldsymbol{V}^2 & 0\\ \boldsymbol{U}\boldsymbol{V}+\boldsymbol{V}\boldsymbol{U} & \boldsymbol{V}^2\end{bmatrix}+\frac{\theta^2}{2}\begin{bmatrix}0 & 0\\ \frac{2h}{2\pi}\boldsymbol{V}^2 & 0\end{bmatrix}\\
&\quad+\frac{\theta^3}{3!}\begin{bmatrix}-\boldsymbol{V} & 0\\ -\boldsymbol{U} & -\boldsymbol{V}\end{bmatrix}+\frac{\theta^3}{3!}\begin{bmatrix}0 & 0\\ -\frac{3h}{2\pi}\boldsymbol{V} & 0\end{bmatrix}+\cdots\\
&=\boldsymbol{I}_6+\left\{\theta\begin{bmatrix}\boldsymbol{V} & 0\\ \boldsymbol{U} & \boldsymbol{V}\end{bmatrix}-\frac{\theta^3}{3!}\begin{bmatrix}\boldsymbol{V} & 0\\ \boldsymbol{U} & \boldsymbol{V}\end{bmatrix}+\frac{\theta^5}{5!}\begin{bmatrix}\boldsymbol{V} & 0\\ \boldsymbol{U} & \boldsymbol{V}\end{bmatrix}+\cdots\right\}\\
&\quad+\left\{\frac{\theta^2}{2}\begin{bmatrix}\boldsymbol{V}^2 & 0\\ \boldsymbol{U}\boldsymbol{V}+\boldsymbol{V}\boldsymbol{U} & \boldsymbol{V}^2\end{bmatrix}-\frac{\theta^4}{4!}\begin{bmatrix}\boldsymbol{V}^2 & 0\\ \boldsymbol{U}\boldsymbol{V}+\boldsymbol{V}\boldsymbol{U} & \boldsymbol{V}^2\end{bmatrix}+\cdots\right\}\\
&\quad+\left\{\theta\begin{bmatrix}0 & 0\\ \frac{h}{2\pi}\boldsymbol{V} & 0\end{bmatrix}-\frac{3\theta^3}{3!}\begin{bmatrix}0 & 0\\ \frac{h}{2\pi}\boldsymbol{V} & 0\end{bmatrix}+\frac{5\theta^5}{5!}\begin{bmatrix}0 & 0\\ \frac{h}{2\pi}\boldsymbol{V} & 0\end{bmatrix}+\cdots\right\}\\
&\quad+\left\{\frac{2\theta^2}{2}\begin{bmatrix}0 & 0\\ \frac{h}{2\pi}\boldsymbol{V}^2 & 0\end{bmatrix}-\frac{4\theta^4}{4!}\begin{bmatrix}0 & 0\\ \frac{h}{2\pi}\boldsymbol{V}^2 & 0\end{bmatrix}+\cdots\right\}
\end{aligned}$$

因 $\sin\theta=\theta-\frac{\theta^3}{3!}+\frac{\theta^5}{5!}-\cdots$，$\cos\theta=1-\frac{\theta^2}{2}+\frac{\theta^4}{4!}-\cdots$，因此有

$$e^{\theta\cdot\mathrm{ad}(\boldsymbol{S})}=\boldsymbol{I}_6+\sin\theta\begin{bmatrix}\boldsymbol{V} & 0\\ \boldsymbol{U} & \boldsymbol{V}\end{bmatrix}+(1-\cos\theta)\begin{bmatrix}\boldsymbol{V}^2 & 0\\ \boldsymbol{U}\boldsymbol{V}+\boldsymbol{V}\boldsymbol{U} & \boldsymbol{V}^2\end{bmatrix}+\theta\cos\theta\begin{bmatrix}0 & 0\\ \frac{h}{2\pi}\boldsymbol{V} & 0\end{bmatrix}+\theta\sin\theta\begin{bmatrix}0 & 0\\ \frac{h}{2\pi}\boldsymbol{V}^2 & 0\end{bmatrix}$$

注意到

$$\frac{3}{2}\mathrm{ad}(\boldsymbol{S})+\frac{1}{2}\mathrm{ad}(\boldsymbol{S})^3=\begin{bmatrix}\boldsymbol{V} & 0\\ \boldsymbol{U} & \boldsymbol{V}\end{bmatrix},\quad -\frac{1}{2}[\mathrm{ad}(\boldsymbol{S})+\mathrm{ad}(\boldsymbol{S})^3]=\begin{bmatrix}0 & 0\\ \frac{h}{2\pi}\boldsymbol{V} & 0\end{bmatrix}$$

$$2\mathrm{ad}(\boldsymbol{S})^2+\mathrm{ad}(\boldsymbol{S})^4=\begin{bmatrix}\boldsymbol{V}^2 & 0\\ \boldsymbol{U}\boldsymbol{V}+\boldsymbol{V}\boldsymbol{U} & \boldsymbol{V}^2\end{bmatrix},\quad -\frac{1}{2}[\mathrm{ad}(\boldsymbol{S})^2+\mathrm{ad}(\boldsymbol{S})^4]=\begin{bmatrix}0 & 0\\ \frac{h}{2\pi}\boldsymbol{V}^2 & 0\end{bmatrix}$$

因此，可以进一步表示为

$$\begin{aligned}
e^{\theta\cdot\mathrm{ad}(\boldsymbol{S})}&=\boldsymbol{I}_6+\sin\theta\left[\frac{3}{2}\mathrm{ad}(\boldsymbol{S})+\frac{1}{2}\mathrm{ad}(\boldsymbol{S})^3\right]+(1-\cos\theta)[2\mathrm{ad}(\boldsymbol{S})^2+\mathrm{ad}(\boldsymbol{S})^4]\\
&\quad+\theta\cos\theta\left[-\frac{1}{2}(\mathrm{ad}(\boldsymbol{S})+\mathrm{ad}(\boldsymbol{S})^3)\right]+\theta\sin\theta\left[-\frac{1}{2}(\mathrm{ad}(\boldsymbol{S})^2+\mathrm{ad}(\boldsymbol{S})^4)\right]\\
&=\boldsymbol{I}_6+\frac{1}{2}(3\sin\theta-\theta\cos\theta)\mathrm{ad}(\boldsymbol{S})+\frac{1}{2}(4-4\cos\theta-\theta\sin\theta)\mathrm{ad}(\boldsymbol{S})^2\\
&\quad+\frac{1}{2}(\sin\theta-\theta\cos\theta)\mathrm{ad}(\boldsymbol{S})^3+\frac{1}{2}(2-2\cos\theta-\theta\sin\theta)\mathrm{ad}(\boldsymbol{S})^4
\end{aligned}$$

第4章 旋　量

4.1 点、线、面的齐次表示与Plücker坐标

1. 点的齐次坐标

早在 19 世纪人们就发现点的坐标可以用齐次坐标来表示。在三维欧氏空间$\mathbb{R}^3$上建立笛卡儿坐标系，空间中一点P的坐标为(X,Y,Z)，令

$$X=\frac{x}{w},\quad Y=\frac{y}{w},\quad Z=\frac{z}{w} \tag{4.1}$$

则空间上每一点P还可以用 4 个数x, y, z, w表示，它们称为点的齐次坐标。令w趋于零，则$X\to\infty,\ Y\to\infty,\ Z\to\infty$。这里将$w=0$的点称为无穷远点，包含在三维射影空间$\mathbb{P}^3$中，在欧氏空间内无这样的点。因此，对于射影空间的一般点，$w\neq 0$；对于无穷远点，$w=0$。

在三维射影空间$\mathbb{P}^3$中，点的齐次坐标一般表示为(x,y,z,w)或者$(\boldsymbol{x};x_0)$，$\boldsymbol{x}\in\mathbb{R}^3$，$x_0\in\mathbb{R}$，或者写成相对值的形式$(x/w,y/w,z/w,1)$或$(X,Y,Z,1)$。

2. 平面的齐次坐标

在三维射影空间$\mathbb{P}^3$中，平面的线性齐次方程形式为

$$tx+uy+vz+sw=0 \tag{4.2}$$

式中，(x,y,z,w)表示平面内一点的齐次坐标；而(t,u,v,s)表示平面的齐次坐标，其中(t,u,v)表示平面的法向量。因此，平面的齐次坐标可以表示为(t,u,v,s)或者$(\boldsymbol{u};u_0)$，$\boldsymbol{u}\in\mathbb{R}^3$，$u_0\in\mathbb{R}$。所有无穷远点$x_0=0$构成的平面称为无穷远平面，用$(\boldsymbol{0};1)$表示。对于其他平面，$\boldsymbol{u}$表示其法向量。

因此，在三维射影空间$\mathbb{P}^3$中，点和平面的表示形式完全一样，式(4.2)可以看作点和平面相交时的关系式，这一关系构成了射影几何中对偶原理的基础。

3. 直线的齐次坐标

在三维射影空间$\mathbb{P}^3$中表示直线有两种方法：一种是两点的连线(对应直接对两点进行“并”运算)；另一种是两个平面的交线(对应直接对两平面进行“交”运算)，它们相互对偶。

$$\boldsymbol{L}=\boldsymbol{X}\cup\boldsymbol{Y}:=(x_0\boldsymbol{y}-y_0\boldsymbol{x};\boldsymbol{x}\times\boldsymbol{y})=(\boldsymbol{l};\boldsymbol{l}_0)\in\mathbb{R}^6 \tag{4.3}$$

$$\boldsymbol{L}=\boldsymbol{U}\cap\boldsymbol{V}:=(\boldsymbol{u}\times\boldsymbol{v};u_0\boldsymbol{v}-v_0\boldsymbol{u})=(\boldsymbol{l}_0;\boldsymbol{l})\in\mathbb{R}^6 \tag{4.4}$$

为此德国数学家Plücker定义了直线的两种坐标：射线坐标(ray coordinate)和轴线坐标(axis coordinate)。

(1)射线坐标：指通过两点连接而形成的直线坐标，其Plücker坐标为$(\mathcal{L},\mathcal{M},\mathcal{N};\mathcal{P},\mathcal{Q},\mathcal{R})$。

(2)轴线坐标：指通过两个平面相交而形成的直线坐标，其Plücker坐标为$(\mathcal{P},\mathcal{Q},\mathcal{R};\mathcal{L},\mathcal{M},\mathcal{N})$。

该Plücker坐标满足$\boldsymbol{l}\cdot\boldsymbol{l}_0=0$，无穷远直线的特征为$\boldsymbol{l}=\boldsymbol{0}$。注意，无穷远直线可以看作由两个平行平面确定，平面的法线为$\boldsymbol{l}_0$。

下面首先利用式(4.3)即点的齐次坐标来讨论直线的齐次坐标表示。给定两个不同的点$\boldsymbol{r}_1(x,y,z,w)$，$\boldsymbol{r}_2(x',y',z',w')$，则直线的坐标为

$$\mathcal{L}=\begin{vmatrix}w & x\\ w' & x'\end{vmatrix},\quad \mathcal{M}=\begin{vmatrix}w & y\\ w' & y'\end{vmatrix},\quad \mathcal{N}=\begin{vmatrix}w & z\\ w' & z'\end{vmatrix}$$

$$w\mathcal{P}=\begin{vmatrix}y & z\\ \mathcal{M} & \mathcal{N}\end{vmatrix},\quad w\mathcal{Q}=\begin{vmatrix}z & x\\ \mathcal{N} & \mathcal{L}\end{vmatrix},\quad w\mathcal{R}=\begin{vmatrix}x & y\\ \mathcal{L} & \mathcal{M}\end{vmatrix}$$

$$\begin{pmatrix}w\mathcal{P}\\ w\mathcal{Q}\\ w\mathcal{R}\end{pmatrix}=\begin{bmatrix}0 & -z & y\\ z & 0 & -x\\ -y & x & 0\end{bmatrix}\begin{pmatrix}\mathcal{L}\\ \mathcal{M}\\ \mathcal{N}\end{pmatrix} \tag{4.5}$$

讨论：如果给定两点都选择为无穷远点，即$w=w'=0$时，$\mathcal{L}=\mathcal{M}=\mathcal{N}=0$，即所构成的无穷远直线的坐标变成$(0,0,0;\mathcal{P},\mathcal{Q},\mathcal{R})$。

再利用式(4.4)即平面的齐次坐标来进一步讨论直线的齐次坐标表示。给定两个不同的平面$\boldsymbol{w}_1(t,u,v,s)$，$\boldsymbol{w}_2(t',u',v',s')$，则直线的坐标为

$$\mathcal{L}=\begin{vmatrix}u & v\\ u' & v'\end{vmatrix},\quad \mathcal{M}=\begin{vmatrix}v & t\\ v' & t'\end{vmatrix},\quad \mathcal{N}=\begin{vmatrix}t & u\\ t' & u'\end{vmatrix}$$

$$\mathcal{P}=\begin{vmatrix}s & t\\ s' & t'\end{vmatrix},\quad \mathcal{Q}=\begin{vmatrix}s & u\\ s' & u'\end{vmatrix},\quad \mathcal{R}=\begin{vmatrix}s & v\\ s' & v'\end{vmatrix}$$

$$\begin{pmatrix}s\mathcal{L}\\ s\mathcal{M}\\ s\mathcal{N}\end{pmatrix}=\begin{bmatrix}0 & -v & u\\ v & 0 & -t\\ -u & t & 0\end{bmatrix}\begin{pmatrix}\mathcal{P}\\ \mathcal{Q}\\ \mathcal{R}\end{pmatrix} \tag{4.6}$$

三维几何具有欧氏距离结构，如果采用四维向量空间，那么该空间需要赋予内积结构。问题是三维几何所在的三维射影空间仅仅是四维向量空间离开原点的一个超平面，仅在平行于该超平面的三维子空间(即位移空间)上内积才能定义。在该子空间的任何补空间(一维)上，无论怎样定义的内积也不具有几何意义。例如，如果在该子空间的某一补空间上定义零内积，即该补空间的向量与四维向量空间中任何其他向量的

内积恒为 0，设 O' 是该补空间与三维射影空间的交点，则对任何异于 O' 的 2 个射影点 $\boldsymbol{A}$ 和 $\boldsymbol{B}$，其内积 $\boldsymbol{A}\cdot\boldsymbol{B}$ 等于位移向量 $\boldsymbol{O'A}$ 与 $\boldsymbol{O'B}$ 的欧氏内积。该内积依赖于参考点 O' 的选取，并且当 O' 改变时内积也发生变化，因此它在三维几何中没有几何意义。这是采用射影几何描述三维欧氏空间的一个缺陷。

4.2　线　几　何

4.1 节给出了点、线、面的齐次坐标表达方式。我们发现，用齐次坐标表示位置矢量(可以表示点)与自由矢量(可以表示方向)的差异，主要表现在前者最后一个分量为 1，而后者为 0。除位置矢量和自由矢量外，还有一种称为线矢量的特殊向量，可用来表示空间直线。

4.2.1　线矢量的定义与 Plücker 坐标

定义 4.1　如果空间一个向量被约束在一条空间位置确定的直线上，则这个被直线约束的向量称为线矢量(line vector)。

如图 4.1 所示，直线 $\boldsymbol{L}$ 经过两个不同的点 $\boldsymbol{p}\ (x,y,z)$ 和 $\boldsymbol{q}\ (x',y',z')$。用向量 $\boldsymbol{l}\ (\mathcal{L},\mathcal{M},\mathcal{N})$ 表示该有向直线的方向，则得到

$$\mathcal{L}=x'-x=\begin{vmatrix}1 & x\\ 1 & x'\end{vmatrix},\quad \mathcal{M}=y'-y=\begin{vmatrix}1 & y\\ 1 & y'\end{vmatrix},\quad \mathcal{N}=z'-z=\begin{vmatrix}1 & z\\ 1 & z'\end{vmatrix} \tag{4.7}$$

而直线在空间的位置可通过直线上任一点的位置矢量(不妨取点 $\boldsymbol{r}$)间接给定(可以看出：$\boldsymbol{r}$ 用直线上其他点 $\boldsymbol{r}'(\boldsymbol{r}'=\boldsymbol{r}+\lambda\boldsymbol{l})$ 代替时，式(4.7)的结果不变，即 $\boldsymbol{r}$ 在直线上可以任意选定)。若点 $\boldsymbol{p}$ 在 $\boldsymbol{L}$ 上，它一定与 $\boldsymbol{r}$、$\boldsymbol{q}$ 共线，从而有表达式：

$$(\boldsymbol{p}-\boldsymbol{r})\times\boldsymbol{l}=0 \tag{4.8}$$

写成标准形式：

$$\boldsymbol{p}\times\boldsymbol{l}=\boldsymbol{r}\times\boldsymbol{l} \tag{4.9}$$

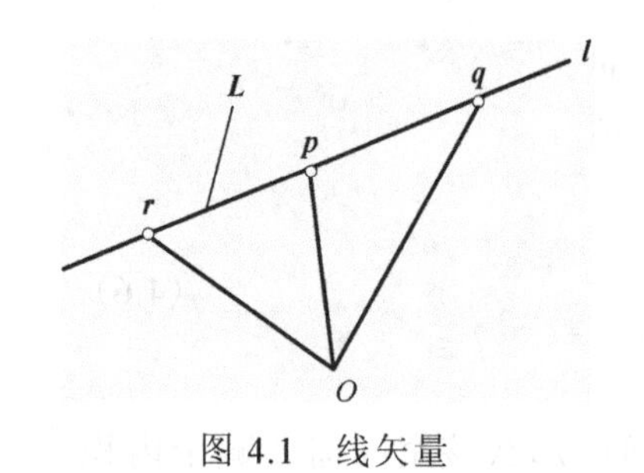

图 4.1　线矢量

令向量 $\boldsymbol{l}_0\ (\mathcal{P},\mathcal{Q},\mathcal{R})=\boldsymbol{r}\times\boldsymbol{l}$，则

$$\mathcal{P}=\begin{vmatrix}y & z\\ \mathcal{M} & \mathcal{N}\end{vmatrix}=\begin{vmatrix}y & z\\ y'-y & z'-z\end{vmatrix}=\begin{vmatrix}y & z\\ y' & z'\end{vmatrix}=yz'-y'z$$

$$\mathcal{Q}=\begin{vmatrix}z & x\\ \mathcal{N} & \mathcal{L}\end{vmatrix}=\begin{vmatrix}z & x\\ z'-z & x'-x\end{vmatrix}=\begin{vmatrix}z & x\\ z' & x'\end{vmatrix}=zx'-z'x$$

$$\mathcal{R}=\begin{vmatrix}x & y\\ \mathcal{L} & \mathcal{M}\end{vmatrix}=\begin{vmatrix}x & y\\ x'-x & y'-y\end{vmatrix}=\begin{vmatrix}x & y\\ x' & y'\end{vmatrix}=xy'-x'y$$

写成矩阵的形式：

$$\begin{pmatrix}\mathcal{P}\\ \mathcal{Q}\\ \mathcal{R}\end{pmatrix}=\begin{bmatrix}0 & -z & y\\ z & 0 & -x\\ -y & x & 0\end{bmatrix}\begin{pmatrix}\mathcal{L}\\ \mathcal{M}\\ \mathcal{N}\end{pmatrix} \tag{4.10}$$

令 $\hat{\boldsymbol{r}}=\begin{bmatrix}0 & -z & y\\ z & 0 & -x\\ -y & x & 0\end{bmatrix}$，很显然它是一个反对称矩阵，则根据反对称矩阵的特性很容易得到，$\hat{\boldsymbol{r}}\boldsymbol{l}=\boldsymbol{r}\times\boldsymbol{l}$。

另外，考虑到 $\boldsymbol{l}\cdot\boldsymbol{l}_0=0$，则

$$\mathcal{LP}+\mathcal{MQ}+\mathcal{NR}=0 \tag{4.11}$$

由此可知，线矢量完全可由两个矢量来确定。为此定义一个包含上述两个 3 维向量的 6 维向量，即

$$\boldsymbol{S}_l=\begin{pmatrix}\boldsymbol{l}\\ \boldsymbol{l}_0\end{pmatrix}=\begin{pmatrix}\boldsymbol{l}\\ \boldsymbol{r}\times\boldsymbol{l}\end{pmatrix} \tag{4.12}$$

令 $\boldsymbol{s}=\boldsymbol{l}/\|\boldsymbol{l}\|$，$\boldsymbol{s}_0=\boldsymbol{r}\times\boldsymbol{s}$，经过正则变换后，得到

$$\boldsymbol{S}_l=\|\boldsymbol{l}\|\begin{bmatrix}\boldsymbol{s}\\ \boldsymbol{s}_0\end{bmatrix} \tag{4.13}$$

再令 $\rho=\|\boldsymbol{l}\|$，则

$$\boldsymbol{S}_l=\rho\boldsymbol{S} \tag{4.14}$$

式中，$\boldsymbol{S}$ 为单位线矢量；ρ 表示该线矢量的幅值。因此，线矢量可以写成单位线矢量与幅值数乘的形式。用 Plücker 坐标表示为

$$\boldsymbol{S}_l=(\mathcal{L},\mathcal{M},\ \mathcal{N};\ \mathcal{P},\ \mathcal{Q},\ \mathcal{R}) \tag{4.15}$$

由此可知，$\mathcal{L}^2+\mathcal{M}^2+\mathcal{N}^2=\rho^2$。进一步定义：

$$\boldsymbol{S}=(\boldsymbol{s}\ ;\ \boldsymbol{s}_0)=(\boldsymbol{s}\ ;\ \boldsymbol{r}\times\boldsymbol{s})=(L,M,N\,;P,Q,R) \tag{4.16a}$$

或者

$$\boldsymbol{S}=\begin{bmatrix}\boldsymbol{s}\\ \boldsymbol{s}_0\end{bmatrix}=\begin{bmatrix}\boldsymbol{s}\\ \boldsymbol{r}\times\boldsymbol{s}\end{bmatrix} \tag{4.16b}$$

或者

$$\boldsymbol{S}=\boldsymbol{s}+\varepsilon\boldsymbol{s}_0 \tag{4.16c}$$

式中，$\boldsymbol{s}$ 表示单位线矢量轴线方向的单位矢量，可用三个方向余弦表示，即 $\boldsymbol{s}=(L,M,N)$，$L^2+M^2+N^2=1$；$\boldsymbol{s}_0$ 称作单位线矢量的线距，记为 $\boldsymbol{s}_0=(P,Q,R)$。

其中，式(4.16a)是单位线矢量的 Plücker 坐标表示形式，$(L,M,N;P,Q,R)$ 称为单位线矢量 $\boldsymbol{S}$ 正则化的 Plücker 坐标；式(4.16b)是单位线矢量的向量表示形式；式(4.16c)是单位线矢量的偶量(dual number)表示形式，其中 $\boldsymbol{s}$ 称为原部矢量，线距 $\boldsymbol{s}_0$ 称为偶部矢量。

很显然，由于**单位线矢量**满足归一化条件 $\boldsymbol{s}\cdot\boldsymbol{s}=1$ 和正交条件 $\boldsymbol{s}\cdot\boldsymbol{s}_0=0$，这样，它的 6 个 Plücker 坐标中需要 4 个独立的参数来确定。

不过，如果用 Plücker 坐标表示一个任意的三维空间线矢量，而不是单位线矢量，则需要 5 个独立的参数坐标，所增加的 1 个参数就是线矢量的幅值 ρ。

考虑单位线矢量 $\boldsymbol{S}=(\boldsymbol{s}\ ;\ \boldsymbol{s}_0)$ 是齐次坐标表达，因此，经 ρ 数乘后，$\rho(\boldsymbol{s}\ ;\ \boldsymbol{s}_0)$ 仍表示同一线矢量。

注意：原部矢量 $\boldsymbol{s}$ 表示的是线矢量的方向，它与原点的位置无关；而线距 $\boldsymbol{s}_0$ 却与原点的位置选择有关。

【思考题】 在直线 $\boldsymbol{L}$ 上取不同的两点 A 和 B，它们对 $\boldsymbol{L}$ 的线距是否相同？所对应的线矢量有何关系？

(1) 考虑一种特殊情况：线矢量经过原点。此时，$\boldsymbol{s}_0=\boldsymbol{0}$，该直线的 Plücker 坐标可以写为

$$\boldsymbol{S}=(\boldsymbol{s}\,;\,\boldsymbol{0})=(L,M,N;0,0,0)$$

或者

$$\boldsymbol{S}=\begin{bmatrix}\boldsymbol{s}\\ \boldsymbol{0}\end{bmatrix} \tag{4.17}$$

(2) 考虑另外一种特殊情况：该直线在距离原点无穷远的平面内。这时，原部矢量 $\boldsymbol{s}$ 无方向，但线距 $\boldsymbol{s}_0$ 有方向。这时，$\boldsymbol{s}_0$ 与原点的位置选择无关，这说明它已退化为自由矢量，具体可写成如下形式：

$$\boldsymbol{S}=\|\boldsymbol{s}_0\|\begin{bmatrix}\dfrac{\boldsymbol{s}}{\|\boldsymbol{s}_0\|}\\ \dfrac{\boldsymbol{s}_0}{\|\boldsymbol{s}_0\|}\end{bmatrix} \tag{4.18}$$

很显然，$\dfrac{\boldsymbol{s}_0}{\|\boldsymbol{s}_0\|}$ 是一个单位矢量，将该单位矢量记为 $\boldsymbol{\kappa}$。对式(4.18)取极限，即由直线上的点距离原点无穷远可以推出 $\|\boldsymbol{s}_0\|\to\infty$，因此

$$\lim_{\|\boldsymbol{s}_0\|\to\infty}\boldsymbol{S}=\left(\lim_{\|\boldsymbol{s}_0\|\to\infty}\|\boldsymbol{s}_0\|\right)\left(\lim_{\|\boldsymbol{s}_0\|\to\infty}\begin{bmatrix}\dfrac{\boldsymbol{s}}{\|\boldsymbol{s}_0\|}\\ \dfrac{\boldsymbol{s}_0}{\|\boldsymbol{s}_0\|}\end{bmatrix}\right)$$

$$\lim_{\|\boldsymbol{s}_0\|\to\infty}\boldsymbol{S}=\left(\lim_{\|\boldsymbol{s}_0\|\to\infty}\|\boldsymbol{s}_0\|\right)\begin{bmatrix}\lim\limits_{\|\boldsymbol{s}_0\|\to\infty}\dfrac{\boldsymbol{s}}{\|\boldsymbol{s}_0\|}\\ \lim\limits_{\|\boldsymbol{s}_0\|\to\infty}\dfrac{\boldsymbol{s}_0}{\|\boldsymbol{s}_0\|}\end{bmatrix}$$

$$\lim_{\|\boldsymbol{s}_0\|\to\infty}\boldsymbol{S}=\left(\lim_{\|\boldsymbol{s}_0\|\to\infty}\|\boldsymbol{s}_0\|\right)\begin{bmatrix}0\\ \boldsymbol{\kappa}\end{bmatrix}$$

因此

$$\boldsymbol{S}_0=\begin{bmatrix}0\\ \boldsymbol{\kappa}\end{bmatrix} \tag{4.19}$$

4.2.2 线矢量的运算

1. 线矢量的代数和

定义 4.2 若两线矢量 $\boldsymbol{S}_1$、$\boldsymbol{S}_2$ 共面，且两原部矢量之和非零（$\boldsymbol{s}_\Sigma=\boldsymbol{s}_1+\boldsymbol{s}_2\neq\boldsymbol{0}$），则两线矢量的代数和（$\boldsymbol{S}_\Sigma=\boldsymbol{S}_1+\boldsymbol{S}_2$）仍为线矢量，$\boldsymbol{S}_\Sigma$ 过两线矢量的交点（满足平行四边形法则）。

定义 4.3　若两线矢量$\boldsymbol{S}_1$、$\boldsymbol{S}_2$平行，且两原部矢量之和非零（$\boldsymbol{s}_\Sigma=\boldsymbol{s}_1+\boldsymbol{s}_2\neq\boldsymbol{0}$），则两线矢量的代数和（$\boldsymbol{S}_\Sigma=\boldsymbol{S}_1+\boldsymbol{S}_2$）仍为线矢量，$\boldsymbol{S}_\Sigma$与两线矢量平行。

2. 线矢量的互易积

定义 4.4　两线矢量的互易积(reciprocal product)是指将两线矢量$\boldsymbol{S}_1$、$\boldsymbol{S}_2$的原部矢量与对偶部矢量下标交换后作点积之和，即

$$\boldsymbol{S}_1\circ\boldsymbol{S}_2=\boldsymbol{s}_1\boldsymbol{s}_0^2+\boldsymbol{s}_2\boldsymbol{s}_0^1=L_1P_2+M_1Q_2+N_1R_2+L_2P_1+M_2Q_1+N_2R_1 \tag{4.20}$$

另外，根据定义可知

$$\begin{aligned}\boldsymbol{S}_1\circ\boldsymbol{S}_2&=\boldsymbol{s}_1\boldsymbol{s}_0^2+\boldsymbol{s}_2\boldsymbol{s}_0^1=\boldsymbol{s}_1\cdot(\boldsymbol{r}_2\times\boldsymbol{s}_2)+\boldsymbol{s}_2\cdot(\boldsymbol{r}_1\times\boldsymbol{s}_1)\\&=(\boldsymbol{r}_2-\boldsymbol{r}_1)\cdot(\boldsymbol{s}_2\times\boldsymbol{s}_1)=-a_{12}\sin\alpha_{12}\end{aligned} \tag{4.21}$$

式中，a_{12}为两条空间直线公法线的长度；α_{12}为夹角。而两条空间直线的互矩等于

$$\begin{aligned}M_{12}&=a_{12}\boldsymbol{a}_{12}\times\boldsymbol{s}_2\cdot\boldsymbol{s}_1=a_{12}\boldsymbol{a}_{21}\times\boldsymbol{s}_1\cdot\boldsymbol{s}_2=a_{12}\boldsymbol{a}_{12}\cdot\boldsymbol{s}_2\times\boldsymbol{s}_1\\&=a_{12}\boldsymbol{a}_{12}(-\boldsymbol{a}_{12}\sin\alpha_{12})=-a_{12}\sin\alpha_{12}\end{aligned} \tag{4.22}$$

因此，两线矢量的互易积实质上是两条空间直线的互矩，即两线矢量的公法线长度与二者夹角的正弦之积，如图4.2所示。

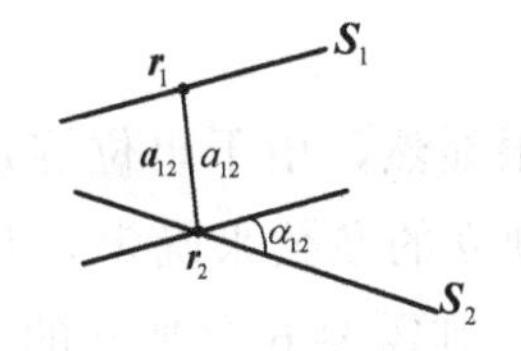

图 4.2　两线矢量的互易积

【推论】

(1) 两线矢量共面的充要条件是它们的互易积为零（$\boldsymbol{S}_1\circ\boldsymbol{S}_2=0$）。

(2) 任意线矢量对其自身的互易积为零（$\boldsymbol{S}\circ\boldsymbol{S}=0$）。

4.3　旋量的基本概念

点、线、面是描述欧氏几何空间的三个基本元素，而旋量(screw quantity 或 screw，有些书也称为螺旋)作为另外一个几何元素，是由直线引申而来的。根据 Ball 的定义，“旋量是一条具有节距的直线”。简单而言，可直观地视其为一个机械螺旋。

4.3.1　旋量的定义

定义 4.5　设$\boldsymbol{s}$与$\boldsymbol{s}^0$为三维空间的两个单位矢量，且满足$\boldsymbol{s}_2^0=\boldsymbol{s}_1^0+(\boldsymbol{r}_2-\boldsymbol{r}_1)\times\boldsymbol{s}$（简称迁移公式），则$\boldsymbol{s}$与$\boldsymbol{s}^0$共同构成一个**单位旋量**，记作

$$\boldsymbol{S}=(\boldsymbol{s}\,;\,\boldsymbol{s}^0)=(\boldsymbol{s}\,;\,\boldsymbol{s}_0+h\boldsymbol{s})=(\boldsymbol{s}\,;\,\boldsymbol{r}\times\boldsymbol{s}+h\boldsymbol{s})=(L,M,N;P^*,Q^*,R^*) \tag{4.23a}$$

或者

$$\boldsymbol{S}=\begin{bmatrix}\boldsymbol{s}\\\boldsymbol{s}^0\end{bmatrix}=\begin{bmatrix}\boldsymbol{s}\\\boldsymbol{r}\times\boldsymbol{s}+h\boldsymbol{s}\end{bmatrix} \tag{4.23b}$$

或者

$$\boldsymbol{S}=\boldsymbol{s}+\varepsilon\boldsymbol{s}^0 \tag{4.23c}$$

式中，$\boldsymbol{s}$表示单位旋量轴线方向的单位矢量，可用三个方向余弦表示，即$\boldsymbol{s}=(L, M, N)$，$L^2+M^2+N^2=1$；$\boldsymbol{r}$为单位旋量单位轴线上的任意一点(可以看出：$\boldsymbol{r}$用$\boldsymbol{s}$上其他点$\boldsymbol{r}'(\boldsymbol{r}'=\boldsymbol{r}+\lambda\boldsymbol{s})$代替时，式(4.23a)得到相同的结果，即$\boldsymbol{r}$在$\boldsymbol{s}$上可以任意选定)；$\boldsymbol{s}^0$为单位旋量的对偶部矢量，$\boldsymbol{s}^0=(P^*, Q^*, R^*)=(P+hL, Q+hM, R+hN)$；$h$为节距，$h=\dfrac{\boldsymbol{s}\cdot\boldsymbol{s}^0}{\boldsymbol{s}\cdot\boldsymbol{s}}=LP^*+MQ^*+NR^*$。

其中式(4.23a)是单位旋量的 Plücker 坐标表示形式，$(L, M, N; P^*, Q^*, R^*)$称为$\boldsymbol{S}$的正则化 Plücker 坐标；式(4.23b)是单位旋量的向量表示形式；式(4.23c)是单位旋量的对偶量表示形式，其中$\boldsymbol{s}$称为原部矢量，线距$\boldsymbol{s}^0$称为对偶部矢量。当节距h为零(即$\boldsymbol{s}\cdot\boldsymbol{s}^0=0$)时，单位旋量就退化为单位线矢量。记作

$$\boldsymbol{S}=\begin{bmatrix}\boldsymbol{s}\\ \boldsymbol{s}_0\end{bmatrix}=\begin{bmatrix}\boldsymbol{s}\\ \boldsymbol{r}\times\boldsymbol{s}\end{bmatrix} \tag{4.24}$$

当原部矢量$\boldsymbol{s}$为零时，单位旋量就退化为单位偶量(couple)，记作

$$\boldsymbol{S}=\begin{bmatrix}0\\ \boldsymbol{s}^0\end{bmatrix} \tag{4.25}$$

很显然，由于单位旋量满足$\boldsymbol{s}\cdot\boldsymbol{s}=1$(归一化条件)，这样，6 个 Plücker 坐标中需要 5 个独立的参数来确定。不过，如果用 Plücker 坐标表示一个任意的旋量，而不是单位旋量，则需要 6 个独立的参数坐标。定义

$$\boldsymbol{S}_l=(\mathcal{L}, \mathcal{M}, \mathcal{N}; \mathcal{P}^*, \mathcal{Q}^*, \mathcal{R}^*) \tag{4.26}$$

且

$$\boldsymbol{S}_l=\rho\boldsymbol{S} \tag{4.27}$$

式中，ρ表示旋量的大小。

考虑单位旋量$\boldsymbol{S}=(\boldsymbol{s}; \boldsymbol{s}^0)$是齐次坐标的表达形式，因此用纯量$\rho$数乘后，$\rho(\boldsymbol{s}; \boldsymbol{s}^0)$仍表示同一旋量。

与单位线矢量一样，单位旋量中旋量的方向$\boldsymbol{s}$与原点的位置选择无关；而$\boldsymbol{s}^0$与原点的位置有关。

例如，将单位旋量$(\boldsymbol{s}; \boldsymbol{s}^0)$的原点由$O$点移至$A$点，单位旋量变成$(\boldsymbol{s}; \boldsymbol{s}^A)$，且

$$\boldsymbol{s}^A=\boldsymbol{s}^0+\overline{AO}\times\boldsymbol{s} \tag{4.28}$$

对式(4.28)两边点乘$\boldsymbol{s}$，得到

$$\boldsymbol{s}\cdot\boldsymbol{s}^A=\boldsymbol{s}\cdot\boldsymbol{s}^0 \tag{4.29}$$

可以看到$\boldsymbol{s}\cdot\boldsymbol{s}^0$是原点不变量。同样可以证明单位旋量的节距$h$也是原点不变量。

在第 4 章开始部分已经知道，线矢量在空间对应着一条确定的直线；同样，旋量在空间也可对应一条确定的轴线。因此可以将$\boldsymbol{s}^0$分解成平行和垂直于$\boldsymbol{s}$的两个分量$h\boldsymbol{s}$和$\boldsymbol{s}^0-h\boldsymbol{s}$，这样可以得到旋量的轴线方程：

$$r \times s = s^0 - hs \tag{4.30}$$

由式(4.30)可知，一个单位旋量可以分解成

$$S = (s\ ;\ s^0) = (s\ ;\ s^0 - hs) + (0\ ;\ hs) = (s\ ;\ s_0) + (0\ ;\ hs) \tag{4.31}$$

式(4.31)说明一个线矢量和一个偶量可以组成一个旋量，而一个旋量可以看作一个线矢量和一个偶量的同轴叠加。

表 4.1 对单位旋量与单位线矢量进行了总结比较。

表 4.1 单位旋量与单位线矢量之间的坐标关系

旋量轴线的方向	组成元素			
	s	s^0		
		$r\times s$	hs	$r\times s+hs$
X	L	P	hL	$P^*=P+hL$
Y	M	Q	hM	$Q^*=Q+hM$
Z	N	R	hN	$R^*=R+hN$

由表 4.1 可以得到线矢量的另外一种表达形式：

$$S_l = (\mathcal{L}, \mathcal{M}, \mathcal{N}\ ;\ \mathcal{P}^* - h\mathcal{L}, \mathcal{Q}^* - h\mathcal{M}, \mathcal{R}^* - h\mathcal{N}) \tag{4.32}$$

根据线矢量具有原部与对偶部相互正交的特性，可以得到单位旋量 $\boldsymbol{S}$ 所对应的节距为

$$h = \frac{\mathcal{L}\mathcal{P}^* + \mathcal{M}\mathcal{Q}^* + \mathcal{N}\mathcal{R}^*}{\mathcal{L}^2 + \mathcal{M}^2 + \mathcal{N}^2} \tag{4.33}$$

对应单位线矢量，有

$$S = (L, M, N\ ;\ P^* - hL, Q^* - hM, R^* - hN) \tag{4.34}$$

$$h = \frac{LP^* + MQ^* + NR^*}{L^2 + M^2 + N^2} \tag{4.35}$$

【例 4.1】 求单位旋量 $S = (1,0,0\ ;\ 1,0,1)$ 的轴线与节距。

解： 首先根据式(4.35)计算单位旋量的节距：

$$h = \frac{LP^* + MQ^* + NR^*}{L^2 + M^2 + N^2} = 1$$

轴线方程由式(4.30)求得

$$r \times s = s^0 - hs = (0\quad 0\quad 1)^{\mathrm{T}}$$

4.3.2 旋量的性质与运算

1. 旋量的运算

1)旋量的加法

定义 4.6 两旋量 S_1、S_2 的代数和($S_\Sigma = S_1 + S_2$)仍为旋量，S_Σ 的原部矢量和对偶部矢量分别是 S_1、S_2 的原部矢量和对偶部矢量之和。

$$\boldsymbol{S}_{\Sigma}=\boldsymbol{S}_1+\boldsymbol{S}_2=(\boldsymbol{s}_1+\boldsymbol{s}_2)+\varepsilon(\boldsymbol{s}_1^0+\boldsymbol{s}_2^0) \tag{4.36}$$

旋量的加法满足交换律与结合律。

2)旋量的数乘

定义 4.7 设有旋量$\boldsymbol{S}$和纯数ρ，则旋量的数乘为

$$\rho\boldsymbol{S}=\rho\boldsymbol{s}+\varepsilon\rho\boldsymbol{s}^0 \tag{4.37}$$

3)旋量的互易积

定义 4.8 两旋量的互易积是指将两旋量$\boldsymbol{S}_{l1}$、$\boldsymbol{S}_{l2}$的原部矢量与对偶部矢量交换后做点积之和，即

$$\boldsymbol{S}_{l1}\circ\boldsymbol{S}_{l2}=\boldsymbol{l}_1\cdot\boldsymbol{l}_2^0+\boldsymbol{l}_2\cdot\boldsymbol{l}_1^0=\mathcal{L}_1\mathcal{P}_2^*+\mathcal{M}_1\mathcal{Q}_2^*+\mathcal{N}_1\mathcal{R}_2^*+\mathcal{L}_2\mathcal{P}_1^*+\mathcal{M}_2\mathcal{Q}_1^*+\mathcal{N}_2\mathcal{R}_1^* \tag{4.38}$$

考虑到$\boldsymbol{S}_{l1}=(\boldsymbol{l}_1;\boldsymbol{l}_1^0)=\rho_1(\boldsymbol{s}_1;\boldsymbol{s}_1^0)$，$\boldsymbol{S}_{l2}=(\boldsymbol{l}_2;\boldsymbol{l}_2^0)=\rho_2(\boldsymbol{s}_2;\boldsymbol{s}_2^0)$，因此

$$\begin{aligned}\boldsymbol{S}_{l1}\circ\boldsymbol{S}_{l2}&=\boldsymbol{l}_1\cdot\boldsymbol{l}_2^0+\boldsymbol{l}_2\cdot\boldsymbol{l}_1^0\\&=\rho_1\rho_2\boldsymbol{s}_1\cdot(\boldsymbol{r}_2\times\boldsymbol{s}_2+h_2\boldsymbol{s}_2)+\rho_1\rho_2\boldsymbol{s}_2\cdot(\boldsymbol{r}_1\times\boldsymbol{s}_1+h_1\boldsymbol{s}_1)\\&=\rho_1\rho_2(h_1+h_2)(\boldsymbol{s}_1\cdot\boldsymbol{s}_2)+\rho_1\rho_2(\boldsymbol{r}_2-\boldsymbol{r}_1)\cdot(\boldsymbol{s}_2\times\boldsymbol{s}_1)\\&=\rho_1\rho_2[(h_1+h_2)\cos\alpha_{12}-a_{12}\sin\alpha_{12}]\end{aligned} \tag{4.39}$$

如果$h_1=h_2=0$，则旋量退化成线矢量，式(4.39)变成了两条直线的互矩。

定义 4.9 两个旋量的互易积是坐标系不变量，即与坐标系原点的选择无关。

由式(4.39)可直接得出这一结论。

2. 旋量的性质

(1)旋量空间是一个线性的向量空间。

由线性代数的知识可知，一个向量集合构成线性向量空间的充要条件是该向量集合对于向量加法及数乘运算是封闭的，即对于任意的标量$\mu_1,\mu_2\in\mathbb{R}$和集合$\boldsymbol{S}$的任何元素$\boldsymbol{S}_1,\boldsymbol{S}_2\in\boldsymbol{S}$，线性组合仍满足

$$\boldsymbol{S}=\mu_1\boldsymbol{S}_1+\mu_2\boldsymbol{S}_2\in\boldsymbol{S} \tag{4.40}$$

定义 4.10 对于由旋量组成的集合而言，如果全体旋量都满足式(4.40)，则这些旋量构成线性的向量空间$\mathbb{R}^6$，称为旋量空间。

不过并不是所有的旋量集合都能构成旋量空间，这与我们所学的向量空间有所不同。例如，某些特殊的旋量就不能构成旋量空间。为此有以下几条结论。

①全体线矢量对应的旋量集合不一定是一个线性空间，但一定是个流形。

②全体偶量对应的旋量集合构成三维的线性空间。

③全体旋量组成的旋量集合一般情况下不是一个线性空间。

(2)旋量空间中，内积不存在。

根据内积的概念：

$$\boldsymbol{S}_1\cdot\boldsymbol{S}_2=\boldsymbol{s}_1\cdot\boldsymbol{s}_2+\boldsymbol{s}_1^0\cdot\boldsymbol{s}_2^0 \tag{4.41}$$

在数学形式上似乎没有什么问题，但考虑到旋量的物理意义，$\boldsymbol{s}_1 \cdot \boldsymbol{s}_2$ 与 $\boldsymbol{s}_1^0 \cdot \boldsymbol{s}_2^0$ 是不能相加的，两者的量纲不同，因此在旋量空间中不存在内积。

以上的介绍中只是给出了旋量的基本概念及其数学表达，但最感兴趣的是它所具有的物理意义。因此从 4.4 节开始来讨论这个话题。

4.4 旋量与螺旋运动

4.4.1 螺旋运动的表达

第 2 章对刚体运动进行了初步讨论，介绍了一类称为螺旋运动（screw motion）的特殊刚体运动。

当 $\theta \neq 0$ 时，移动量与转动量的比值 $h = d/\theta$ 为螺旋的节距或螺距，因此，旋转 θ 角后的纯移动量为 $h\theta$。当 $h=0$ 时为纯转动，$h=\infty$（$\theta=0$）时为纯移动。

若用 $\boldsymbol{s}(\boldsymbol{s} \in \mathbb{R}^3)$ 表示旋转轴方向的单位矢量，$\boldsymbol{r}$ 为轴上一点，则该旋转轴可表示成点的集合：

$$\boldsymbol{l} = \{\boldsymbol{r} + \lambda \boldsymbol{s} : \lambda \in \mathbb{R}\} \tag{4.42}$$

轴线作为线矢量可以写成 Plücker 坐标的形式，即 $\boldsymbol{S} = (\boldsymbol{s}\,;\, \boldsymbol{s}_0)$。刚体上任一点 $\boldsymbol{p}$ 旋转 θ 角后的坐标为 $\boldsymbol{p}(\theta) = \boldsymbol{r} + \mathrm{e}^{\theta\hat{s}}(\boldsymbol{p} - \boldsymbol{r})$，再沿轴线方向移动 $h\theta$ 后的最终坐标为 $\boldsymbol{p}(\theta, h) = \boldsymbol{r} + \mathrm{e}^{\theta\hat{s}}(\boldsymbol{p} - \boldsymbol{r}) + h\theta\boldsymbol{s}$，与式（2.50）一致。

对于纯移动的情况，可将螺旋运动的轴线重新规定一下：将过原点、方向为 $\boldsymbol{s}$ 的有向直线作为轴线方向，$\boldsymbol{s}$ 为单位矢量。这时，螺距为∞，螺旋大小为沿 $\boldsymbol{s}$ 方向的移动量 θ，刚体上任一点 $\boldsymbol{p}$ 沿轴线方向移动 θ 的最终坐标 $\boldsymbol{p}(\theta) = \boldsymbol{p} + \theta\boldsymbol{s}$，如图 4.3 所示。

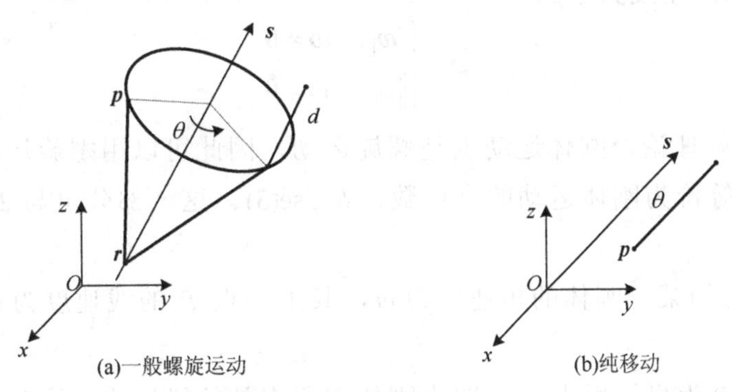

图 4.3 螺旋运动

下面将旋量与表达刚体运动的李代数对应起来。

4.4.2 运动旋量与瞬时螺旋运动

可以将旋转运动看作螺旋运动的特例。纯转动时，$h=0$，这时，$\boldsymbol{S} = (\boldsymbol{\omega}\,;\, \boldsymbol{r} \times \boldsymbol{\omega})$；还可以得到 $\boldsymbol{S} = (\boldsymbol{\omega}\,;\, \boldsymbol{v})\,(\boldsymbol{\omega}, \boldsymbol{v} \in \mathbb{R}^3)$ 与旋转轴线 Plücker 坐标 $\boldsymbol{S} = (\boldsymbol{s}\,;\, \boldsymbol{s}_0)$ 的关系：

$$\boldsymbol{S}=(\boldsymbol{s}\,;\,\boldsymbol{s}_0)=(\boldsymbol{\omega}\,;\,\boldsymbol{v}-h\boldsymbol{\omega}) \tag{4.43}$$

纯移动时，$h=\infty$，这时，$\boldsymbol{S}=(\boldsymbol{0}\,;\,\boldsymbol{v})$。

表 4.2 给出了 4 种特殊的运动旋量(对应 4 种特殊的螺旋运动)。

表 4.2　4 种特殊的运动旋量

序号	运动形式	参数特征	Plücker 坐标	物理意义
1	过坐标原点的纯转动	$h=0$，$\boldsymbol{r}=\boldsymbol{0}$	$(\boldsymbol{\omega}\,;\,\boldsymbol{0})$	可表示转动副
2	不过坐标原点的纯转动	$h=0$	$(\boldsymbol{\omega}\,;\,\boldsymbol{r}\times\boldsymbol{\omega})$	可表示转动副
3	纯移动	$h=\infty$	$(\boldsymbol{0}\,;\,\boldsymbol{v})$	可表示移动副
4	单位螺旋运动	$\lVert\boldsymbol{\omega}\rVert=1$ 或 $\boldsymbol{\omega}=0$ 且 $\lVert\boldsymbol{v}\rVert=1$	$(\boldsymbol{\omega}\,;\,\boldsymbol{v})$ 或 $(\boldsymbol{\omega}\,;\,\boldsymbol{r}\times\boldsymbol{\omega}+h\boldsymbol{\omega})$	可把转动副与移动副的刚体运动描述成 $e^{\theta\hat{s}}$

对于给定的运动旋量坐标 $\boldsymbol{S}=(\boldsymbol{\omega};\boldsymbol{v})\in\mathbb{R}^6$ (这里不假定 $\lVert\boldsymbol{\omega}\rVert=1$)，相应的螺旋运动 $\boldsymbol{S}=\boldsymbol{S}(\boldsymbol{l},h,\rho)$。

(1) 轴 $\boldsymbol{l}$:

$$\boldsymbol{l}=\begin{cases}\left\{\dfrac{\boldsymbol{\omega}\times\boldsymbol{v}}{\lVert\boldsymbol{\omega}\rVert^2}+\lambda\boldsymbol{\omega}:\lambda\in\mathbb{R}\right\}, & \boldsymbol{\omega}\neq\boldsymbol{0}\\ \{0+\lambda\boldsymbol{v}:\lambda\in\mathbb{R}\}, & \boldsymbol{\omega}=\boldsymbol{0}\end{cases} \tag{4.44}$$

(2) 节距 h 是移动量与转动量的比值。根据节距的定义，得到

$$h=\begin{cases}\dfrac{\boldsymbol{\omega}\cdot\boldsymbol{v}}{\boldsymbol{\omega}\cdot\boldsymbol{\omega}}=\dfrac{\boldsymbol{\omega}^{\mathrm{T}}\boldsymbol{v}}{\lVert\boldsymbol{\omega}\rVert^2}, & \boldsymbol{\omega}\neq\boldsymbol{0}\\ \infty, & \boldsymbol{\omega}=\boldsymbol{0}\end{cases} \tag{4.45}$$

(3) 螺旋运动的角度大小 ρ:

$$\rho=\begin{cases}\lVert\boldsymbol{\omega}\rVert, & \boldsymbol{\omega}\neq\boldsymbol{0}\\ \lVert\boldsymbol{v}\rVert, & \boldsymbol{\omega}=\boldsymbol{0}\end{cases} \tag{4.46}$$

根据 Chasles 理论，刚体运动也是螺旋运动，因此可以用螺旋运动描述该刚体运动。这里，旋量等价为刚体运动的李代数，$\boldsymbol{S}\in\mathrm{se}(3)$。这一部分可与 2.8 节和 3.2 节对应来看。

【例 4.2】 已知某一刚体的角速度为 $\boldsymbol{\omega}$，其上一点 P 的线速度为 $\boldsymbol{v}_P$，试描述该刚体运动。

解：选择点 P 为坐标原点，$\boldsymbol{v}_P$ 即为刚体在原点处的线速度，这时螺旋运动所对应的运动旋量坐标 $\boldsymbol{S}=(\boldsymbol{\omega};\boldsymbol{v}_P)$。根据式(4.33)可得该旋量的节距：

$$h=\frac{\boldsymbol{\omega}\cdot\boldsymbol{v}_P}{\boldsymbol{\omega}\cdot\boldsymbol{\omega}}$$

该旋量的轴线方程可由式(4.30)得到：

$$\boldsymbol{r}\times\boldsymbol{\omega}=(\boldsymbol{v}_P-h\boldsymbol{\omega})$$

前面已经讲过，运动旋量的指数函数表示刚体的相对运动。作为一个刚体变换，$e^{\theta\hat{S}} \in SE(3)$ 将刚体上一点由起始坐标 $\boldsymbol{p}(0) \in \mathbb{R}^3$ 变换到经刚体运动后的坐标：

$$\begin{bmatrix} \boldsymbol{p}(\theta) \\ 1 \end{bmatrix} = e^{\theta\hat{S}} \begin{bmatrix} \boldsymbol{p}(0) \\ 1 \end{bmatrix} \tag{4.47}$$

式中，$\boldsymbol{p}(\theta)$ 和 $\boldsymbol{p}(0)$ 都是相对同一坐标系来表示的。

物体坐标系$\{B\}$经螺旋运动后，$\{B\}$相对惯性坐标系$\{A\}$的瞬时位形为

$${}_B^A\boldsymbol{g}(\theta) = e^{\theta\hat{S}}\,{}_B^A\boldsymbol{g}(0) \tag{4.48}$$

该变换的意义在于：右乘 ${}_B^A\boldsymbol{g}(0)$ 表示将一点相对坐标系$\{B\}$的坐标变换映射为相对坐标系$\{A\}$的坐标，而指数变换则是将点变换到最终位置。

另外，在 4.3 节已经给出了旋量的概念，下面来讨论一下螺旋运动与运动旋量之间的关系。由单位旋量的定义可知

$$\boldsymbol{S} = \begin{bmatrix} \boldsymbol{s} \\ \boldsymbol{s}^0 \end{bmatrix} = \begin{bmatrix} \boldsymbol{s} \\ \boldsymbol{r} \times \boldsymbol{s} + h\boldsymbol{s} \end{bmatrix}$$

为计算与螺旋运动相对应的刚体变换，先分析点 $\boldsymbol{p} \in \mathbb{R}^3$ 由起始坐标变换到最终坐标的运动，如图 4.3 所示。类似于 2.8 节中表达，点 $\boldsymbol{p}$ 的最终坐标为

$$\boldsymbol{p}(\theta, h) = \boldsymbol{r} + e^{\theta\hat{S}}(\boldsymbol{p} - \boldsymbol{r}) + h\theta\boldsymbol{s}, \quad \boldsymbol{s} \neq \boldsymbol{0} \tag{4.49}$$

表示成齐次坐标的形式：

$$\boldsymbol{g}\begin{pmatrix} \boldsymbol{p} \\ 1 \end{pmatrix} = \begin{bmatrix} e^{\theta\hat{S}} & (\boldsymbol{I} - e^{\theta\hat{S}})\boldsymbol{r} + h\theta\boldsymbol{s} \\ \boldsymbol{0} & 1 \end{bmatrix} \begin{pmatrix} \boldsymbol{p} \\ 1 \end{pmatrix} \tag{4.50}$$

因式(4.50)对任意的 $\boldsymbol{p} \in \mathbb{R}^3$ 都成立，故

$$\boldsymbol{g} = \begin{bmatrix} e^{\theta\hat{S}} & (\boldsymbol{I} - e^{\theta\hat{S}})\boldsymbol{r} + h\theta\boldsymbol{s} \\ \boldsymbol{0} & 1 \end{bmatrix}, \quad \boldsymbol{s} \neq \boldsymbol{0} \tag{4.51}$$

注意式(4.51)所确定的刚体变换与式(4.52)表示的运动旋量的矩阵指数有相同的表达形式，即

$$e^{\theta\hat{S}} = \begin{bmatrix} e^{\theta\hat{\omega}} & (\boldsymbol{I} - e^{\theta\hat{\omega}})(\boldsymbol{\omega} \times \boldsymbol{v}) + \theta\boldsymbol{\omega}\boldsymbol{\omega}^{\mathrm{T}}\boldsymbol{v} \\ \boldsymbol{0} & 1 \end{bmatrix}, \quad \boldsymbol{\omega} \neq \boldsymbol{0} \tag{4.52}$$

如果取 $\boldsymbol{\omega} \equiv \boldsymbol{s}$，$\boldsymbol{v} = \boldsymbol{r} \times \boldsymbol{\omega} + h\boldsymbol{\omega}$，式(4.52)即可转化为式(4.51)。这时，运动旋量的坐标 $\boldsymbol{S} = (\boldsymbol{\omega}\,;\,\boldsymbol{v})$ 即可以产生式(4.51)所示的螺旋运动(这里假定 $\|\boldsymbol{s}\| = 1$，$\theta \neq 0$)，对应旋量的 Plücker 坐标为 $\boldsymbol{S} = (\boldsymbol{s}\,;\,\boldsymbol{s}^0) = (\boldsymbol{s}\,;\,\boldsymbol{r} \times \boldsymbol{s} + h\boldsymbol{s})$。

【例 4.3】 考察一个绕空间固定轴旋转的刚体运动。已知该运动的旋转轴方向 $\boldsymbol{\omega} = (0, 0, 1)^{\mathrm{T}}$，且经过点 $\boldsymbol{r} = (0, l, 0)^{\mathrm{T}}$，节距为 0，如图 4.4 所示。

解： 该刚体运动对应的运动旋量为

$$\boldsymbol{S} = (\boldsymbol{\omega}\,;\,\boldsymbol{r} \times \boldsymbol{\omega}) = (0, 0, 1\,;\,l, 0, 0)$$

其矩阵指数形式为

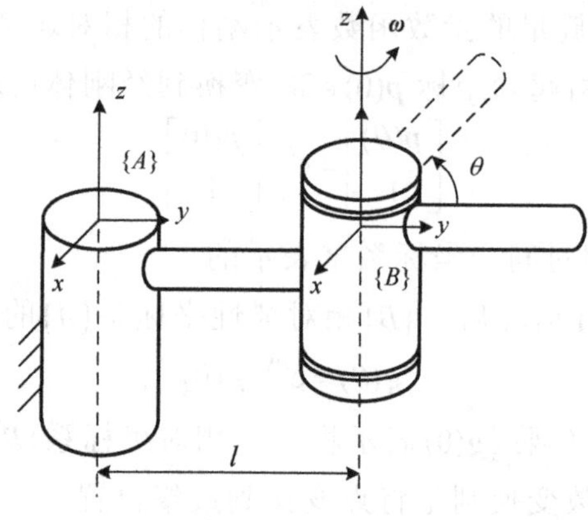

图 4.4　例 4.3 图

$$
\mathrm{e}^{\theta\hat{S}}=\begin{bmatrix}\mathrm{e}^{\theta\hat{\omega}} & (\boldsymbol{I}-\mathrm{e}^{\theta\hat{\omega}})(\boldsymbol{\omega}\times\boldsymbol{v})+\theta\boldsymbol{\omega}\boldsymbol{\omega}^{\mathrm{T}}\boldsymbol{v}\\ \boldsymbol{0} & 1\end{bmatrix}=\begin{bmatrix}\cos\theta & -\sin\theta & 0 & l\sin\theta\\ \sin\theta & \cos\theta & 0 & l(1-\cos\theta)\\ 0 & 0 & 1 & 0\\ 0 & 0 & 0 & 1\end{bmatrix}
$$

$$
{}_B^A\boldsymbol{g}(0)=\begin{bmatrix}\boldsymbol{I}_3 & [0\quad l\quad 0]^{\mathrm{T}}\\ \boldsymbol{0} & 1\end{bmatrix},\quad {}_B^A\boldsymbol{g}(\theta)=\mathrm{e}^{\theta\hat{S}}\,{}_B^A\boldsymbol{g}(0)=\begin{bmatrix}\cos\theta & -\sin\theta & 0 & 0\\ \sin\theta & \cos\theta & 0 & l\\ 0 & 0 & 1 & 0\\ 0 & 0 & 0 & 1\end{bmatrix}
$$

第 5 章　机器人运动学

5.1　串联机器人正向运动学的指数积(POE)公式

目前对串联机器人的运动学建模方法主要有两种：一是基于 DH 参数的运动建模方法；二是基于指数积公式的运动建模方法。基于 DH 参数的建模方法是 Denavit 和 Hartenberg[4]于 1955 年在 *ASME Journal of Applied Mechanics* 上提出的，目前已经成为机器人运动学建模的标准方法。DH 参数法需要给每个关节指定一个参考坐标系，然后确定从一个关节坐标系到下一个关节坐标系的齐次变换矩阵，将机器人从基座到末端执行器的变换矩阵综合起来，就得到了机器人总体的变换矩阵。基于指数积公式的运动学建模方法最先是由 Brokett[5]于 1984 年首先提出的，这种运动学建模方法的表达形式极为简洁，特别在求解逆运动学问题和机器人雅可比矩阵时显示出这种方法的方便性。不同于 DH 参数法，指数积公式只用两个坐标系——基坐标系和工具坐标系，这也是其最有吸引力的特点之一。本章将采用基于指数积公式的方法对机器人进行运动学建模。

5.1.1　正向运动学的指数积公式

相比之下，利用旋量理论来求解机器人运动学正解要比传统的 DH 参数法在某种程度上简单。因为它无须建立各连杆坐标系，整个系统中只有两个坐标系即可：一个是基坐标系$\{S\}$；另一个是与末端执行器固联的工具坐标系$\{T\}$。

由于各关节的运动由与之关联的关节轴线的运动旋量产生，由此可以给出其运动学的几何描述。回顾一下第 2 章所讲的内容，如果用$\boldsymbol{\xi}$表示该关节轴线的单位运动旋量坐标，则沿此轴线的刚体运动可表示为

$$
{}_B^A\boldsymbol{g}(\theta) = \mathrm{e}^{\theta\hat{\boldsymbol{\xi}}}\, {}_B^A\boldsymbol{g}(0) \tag{5.1}
$$

式中，如果$\boldsymbol{\xi}$对应的是一个零节距的转动副 R，则$\theta\in[-\pi,\pi]$表示的是绕轴线的转角；反之，如果$\boldsymbol{\xi}$对应的是一个无穷大节距的移动副 P，则$\theta\in\mathbb{R}$表示的是移动的距离。

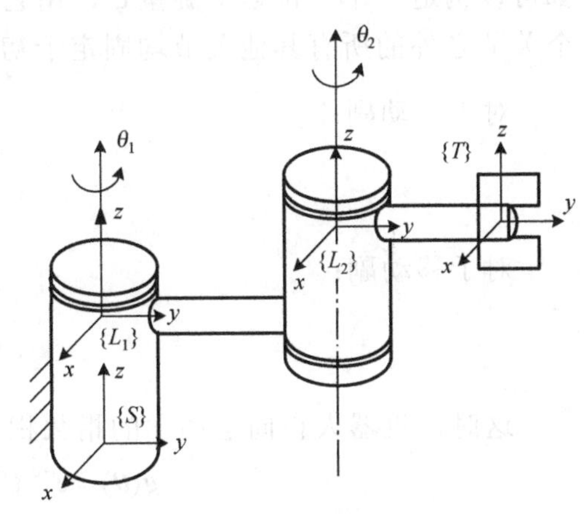

图 5.1　2 自由度的机器人

下面考虑一个 2 自由度的机器人(图 5.1)正向运动学的求解。

首先将转动副 1 固定不动只转动 θ_2，这时 $\theta_1=0$，工具坐标系的位形只与 θ_2 有关。根据式(5.1)，可得

$$ {}_T^S\boldsymbol{g}(\theta_2)=\mathrm{e}^{\theta_2\hat{\xi}_2}\,{}_T^S\boldsymbol{g}(0) $$

然后将转动副 2 固定不动只转动 θ_1，根据刚体运动的叠加原理可以得到

$$ {}_T^S\boldsymbol{g}(\theta_1,\theta_2)=\mathrm{e}^{\theta_1\hat{\xi}_1}\,{}_T^S\boldsymbol{g}(\theta_2)=\mathrm{e}^{\theta_1\hat{\xi}_1}\mathrm{e}^{\theta_2\hat{\xi}_2}\,{}_T^S\boldsymbol{g}(\mathbf{0}) \tag{5.2} $$

从式(5.2)可以看到，该机器人的运动似乎与运动副的顺序有关(先运动 θ_2 后运动 θ_1)。实际上是否如此呢？可以证明一下。

假设这次运动运动副的顺序正好与前面的相反，即首先转动 θ_1，并保证 θ_2 固定不动，这时

$$ {}_T^S\boldsymbol{g}(\theta_1)=\mathrm{e}^{\theta_1\hat{\xi}_1}\,{}_T^S\boldsymbol{g}(\mathbf{0}) $$

然后让转动副 2 运动 θ_2，这时第二个连杆将绕新的轴线转动，即由共轭运算得

$$ \boldsymbol{\xi}_2'=\mathrm{Ad}_{\mathrm{e}^{\theta_1\hat{\xi}_1}}\boldsymbol{\xi}_2 \text{ 或者 } \hat{\boldsymbol{\xi}}_2'=\mathrm{e}^{\theta_1\hat{\xi}_1}\hat{\boldsymbol{\xi}}_2\mathrm{e}^{-\theta_1\hat{\xi}_1} $$

再根据矩阵指数的性质 $\mathrm{e}^{\boldsymbol{g}\hat{\xi}\boldsymbol{g}^{-1}}=\boldsymbol{g}\mathrm{e}^{\hat{\xi}}\boldsymbol{g}^{-1}$，得到

$$ \mathrm{e}^{\theta_2\hat{\xi}_2'}=\mathrm{e}^{\theta_1\hat{\xi}_1}\mathrm{e}^{\theta_2\hat{\xi}_2}\mathrm{e}^{-\theta_1\hat{\xi}_1} $$

根据刚体运动的叠加原理可以得到

$$ {}_T^S\boldsymbol{g}(\theta_1,\theta_2)=\mathrm{e}^{\theta_2\hat{\xi}_2'}\mathrm{e}^{\theta_1\hat{\xi}_1}\,{}_T^S\boldsymbol{g}(0)=\mathrm{e}^{\theta_1\hat{\xi}_1}\mathrm{e}^{\theta_2\hat{\xi}_2}\mathrm{e}^{-\theta_1\hat{\xi}_1}\mathrm{e}^{\theta_1\hat{\xi}_1}\,{}_T^S\boldsymbol{g}(\mathbf{0})=\mathrm{e}^{\theta_1\hat{\xi}_1}\mathrm{e}^{\theta_2\hat{\xi}_2}\,{}_T^S\boldsymbol{g}(\mathbf{0}) \tag{5.3} $$

式(5.2)与式(5.3)结果完全一样，因此可以得出结论，该机器人的运动与运动副的顺序无关。

上面所得的结论完全可以推广到具有 n 个关节的串联机器人正向运动学的求解。

定义机器人的初始位形(或者参考位形)为机器人对应于 $\boldsymbol{\theta}=\mathbf{0}$ 时的位形，并用 ${}_T^S\boldsymbol{g}(\mathbf{0})$ 表示机器人位于初始位形时基坐标系与工具坐标系间的刚体变换。对于每个关节都可以构造一个单位运动旋量 $\boldsymbol{\xi}_i$，用它可以表示第 i 个关节的螺旋运动，这时除第 i 个关节之外的所有其他关节均固定于初始位形($\theta_j=0$)。

对于转动副：

$$ \boldsymbol{\xi}_i=\begin{bmatrix}\boldsymbol{\omega}_i\\ \boldsymbol{r}_i\times\boldsymbol{\omega}_i\end{bmatrix} \tag{5.4} $$

对于移动副：

$$ \boldsymbol{\xi}_i=\begin{bmatrix}0\\ \boldsymbol{v}_i\end{bmatrix} \tag{5.5} $$

这时，机器人正向运动学的指数积公式如下：

$$ {}_T^S\boldsymbol{g}(\boldsymbol{\theta})=\mathrm{e}^{\theta_1\hat{\xi}_1}\mathrm{e}^{\theta_2\hat{\xi}_2}\cdots\mathrm{e}^{\theta_i\hat{\xi}_i}\cdots\mathrm{e}^{\theta_n\hat{\xi}_n}\,{}_T^S\boldsymbol{g}(\mathbf{0}) \tag{5.6} $$

利用指数积公式，机器人的正向运动学完全可以用机器人各个关节的运动旋量表征。

5.1.2　基坐标系与初始位形的选择

一般情况下，机器人的基坐标系选取在机器人的基座上。不过，这种选取并不是唯一的，可以根据实际情况选取基坐标系的位置。为了简化计算，一种典型的选取方法是将基坐标系选取在与初始位形时的工具坐标系重合的位置。即当$\boldsymbol{\theta}=\mathbf{0}$时基坐标系与工具坐标系重合，${}_T^S\boldsymbol{g}(\mathbf{0})=\boldsymbol{I}$。这样，式(5.6)就简化成

$$
{}_T^S\boldsymbol{g}(\boldsymbol{\theta})=\mathrm{e}^{\theta_1\hat{\xi}_1}\mathrm{e}^{\theta_2\hat{\xi}_2}\cdots\mathrm{e}^{\theta_i\hat{\xi}_i}\cdots\mathrm{e}^{\theta_n\hat{\xi}_n} \tag{5.7}
$$

在描述机器人正向运动学时，初始位形选取的自由度更大。由于各个关节的运动旋量坐标取决于初始位形以及基坐标系的选择，因此在选取初始位形时应遵循使运动分析尽可能简单的原则。

下面举例来说明如何应用指数积公式对机器人的正向运动学问题进行求解，以及如何选择合适的基坐标系及初始位形。

5.1.3　实例分析

【例5.1】　利用指数积公式对图5.2中的平面3R机器人进行正向运动学求解。

解：建立基坐标系和工具坐标系。取机器人完全展开时的位形为初始位形。坐标系与参数如图5.2所示。

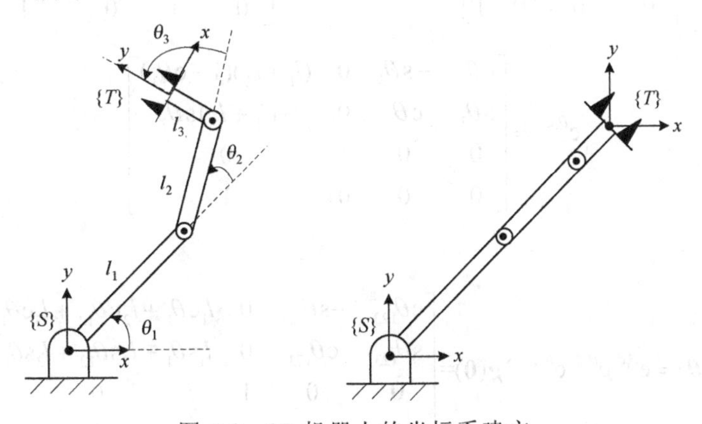

图5.2　3R机器人的坐标系建立

初始位形时，基坐标系与工具坐标系的变换为

$$
{}_T^S\boldsymbol{g}(\mathbf{0})=\begin{bmatrix} & & & l_1+l_2+l_3 \\ & \boldsymbol{I}_{3\times3} & & 0 \\ & & & 0 \\ & \mathbf{0} & & 1 \end{bmatrix}
$$

各个关节的单位运动旋量计算如下：

$$\boldsymbol{\omega}_1=\boldsymbol{\omega}_2=\boldsymbol{\omega}_3=\begin{pmatrix}0\\0\\1\end{pmatrix},\quad \boldsymbol{r}_1=\begin{pmatrix}0\\0\\0\end{pmatrix},\quad \boldsymbol{r}_2=\begin{pmatrix}l_1\\0\\0\end{pmatrix},\quad \boldsymbol{r}_3=\begin{pmatrix}l_1+l_2\\0\\0\end{pmatrix}$$

因此

$$\boldsymbol{\xi}_1=\begin{bmatrix}\boldsymbol{\omega}_1\\ \boldsymbol{r}_1\times\boldsymbol{\omega}_1\end{bmatrix}=\begin{pmatrix}0\\0\\1\\0\\0\\0\end{pmatrix},\quad \boldsymbol{\xi}_2=\begin{bmatrix}\boldsymbol{\omega}_2\\ \boldsymbol{r}_2\times\boldsymbol{\omega}_2\end{bmatrix}=\begin{pmatrix}0\\0\\1\\0\\-l_1\\0\end{pmatrix},\quad \boldsymbol{\xi}_3=\begin{bmatrix}\boldsymbol{\omega}_3\\ \boldsymbol{r}_3\times\boldsymbol{\omega}_3\end{bmatrix}=\begin{pmatrix}0\\0\\1\\0\\-l_1-l_2\\0\end{pmatrix}$$

考虑到

$$\mathrm{e}^{\theta\hat{\xi}}=\begin{bmatrix}\mathrm{e}^{\theta\hat{\omega}} & (\boldsymbol{I}-\mathrm{e}^{\theta\hat{\omega}})(\boldsymbol{\omega}\times\boldsymbol{v})+\theta\boldsymbol{\omega}\boldsymbol{\omega}^{\mathrm{T}}\boldsymbol{v}\\ 0 & 1\end{bmatrix},\quad \boldsymbol{\omega}\neq\boldsymbol{0}$$

则

$$\mathrm{e}^{\theta_1\hat{\xi}_1}=\begin{bmatrix}\mathrm{c}\theta_1 & -\mathrm{s}\theta_1 & 0 & 0\\ \mathrm{s}\theta_1 & \mathrm{c}\theta_1 & 0 & 0\\ 0 & 0 & 1 & 0\\ 0 & 0 & 0 & 1\end{bmatrix},\quad \mathrm{e}^{\theta_2\hat{\xi}_2}=\begin{bmatrix}\mathrm{c}\theta_2 & -\mathrm{s}\theta_2 & 0 & l_1(1-\mathrm{c}\theta_2)\\ \mathrm{s}\theta_2 & \mathrm{c}\theta_2 & 0 & -l_1\mathrm{s}\theta_2\\ 0 & 0 & 1 & 0\\ 0 & 0 & 0 & 1\end{bmatrix}$$

$$\mathrm{e}^{\theta_3\hat{\xi}_3}=\begin{bmatrix}\mathrm{c}\theta_3 & -\mathrm{s}\theta_3 & 0 & (l_1+l_2)(1-\mathrm{c}\theta_3)\\ \mathrm{s}\theta_3 & \mathrm{c}\theta_3 & 0 & -(l_1+l_2)\mathrm{s}\theta_3\\ 0 & 0 & 1 & 0\\ 0 & 0 & 0 & 1\end{bmatrix}$$

因此

$${}_T^S\boldsymbol{g}(\boldsymbol{\theta})=\mathrm{e}^{\theta_1\hat{\xi}_1}\mathrm{e}^{\theta_2\hat{\xi}_2}\mathrm{e}^{\theta_3\hat{\xi}_3}\,{}_T^S\boldsymbol{g}(\boldsymbol{0})=\begin{bmatrix}\mathrm{c}\theta_{123} & -\mathrm{s}\theta_{123} & 0 & l_1\mathrm{c}\theta_1+l_2\mathrm{c}\theta_{12}+l_3\mathrm{c}\theta_{123}\\ \mathrm{s}\theta_{123} & \mathrm{c}\theta_{123} & 0 & l_1\mathrm{s}\theta_1+l_2\mathrm{s}\theta_{12}+l_3\mathrm{s}\theta_{123}\\ 0 & 0 & 1 & 0\\ 0 & 0 & 0 & 1\end{bmatrix}$$

式中，c 表示 cos 函数；s 表示 sin 函数。

这与 DH 参数法的结果完全一致。

【例 5.2】　对 SCARA 机器人的正向运动学问题进行求解。

SCARA 机器人由三个平行的转动关节和一个移动关节串联而成。

解法 1：建立基坐标系和工具坐标系，并取机器人完全展开时的位形为初始位形。坐标系与参数如图 5.3(a)所示。

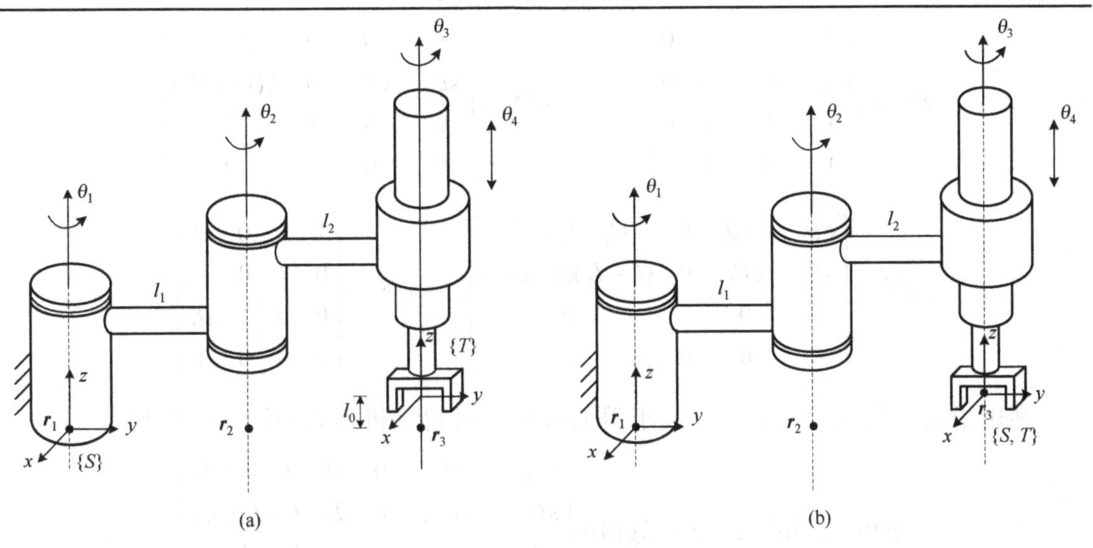

图 5.3　SCARA 机器人

初始位形下基坐标系与工具坐标系的变换为

$$
{}_T^S\boldsymbol{g}(\boldsymbol{0})=\begin{bmatrix} & 0 \\ \boldsymbol{I}_{3\times 3} & l_1+l_2 \\ & l_0 \\ \boldsymbol{0} & 1 \end{bmatrix}
$$

各个关节的单位运动旋量计算如下：

$$
\boldsymbol{\omega}_1=\boldsymbol{\omega}_2=\boldsymbol{\omega}_3=\boldsymbol{v}_4=\begin{pmatrix}0\\0\\1\end{pmatrix},\qquad \boldsymbol{r}_1=\begin{pmatrix}0\\0\\0\end{pmatrix},\qquad \boldsymbol{r}_2=\begin{pmatrix}0\\l_1\\0\end{pmatrix},\qquad \boldsymbol{r}_3=\begin{pmatrix}0\\l_1+l_2\\0\end{pmatrix}
$$

因此

$$
\boldsymbol{\xi}_1=\begin{bmatrix}\boldsymbol{\omega}_1\\ \boldsymbol{r}_1\times\boldsymbol{\omega}_1\end{bmatrix}=\begin{pmatrix}0\\0\\1\\0\\0\\0\end{pmatrix},\quad \boldsymbol{\xi}_2=\begin{bmatrix}\boldsymbol{\omega}_2\\ \boldsymbol{r}_2\times\boldsymbol{\omega}_2\end{bmatrix}=\begin{pmatrix}0\\0\\1\\l_1\\0\\0\end{pmatrix},\quad \boldsymbol{\xi}_3=\begin{bmatrix}\boldsymbol{\omega}_3\\ \boldsymbol{r}_3\times\boldsymbol{\omega}_3\end{bmatrix}=\begin{pmatrix}0\\0\\1\\l_1+l_2\\0\\0\end{pmatrix},\quad \boldsymbol{\xi}_4=\begin{bmatrix}\boldsymbol{0}\\ \boldsymbol{v}_4\end{bmatrix}=\begin{pmatrix}0\\0\\0\\0\\0\\1\end{pmatrix}
$$

考虑到

$$
\left.\begin{aligned}
\mathrm{e}^{\theta\hat{\xi}}&=\begin{bmatrix}\boldsymbol{I} & \boldsymbol{v}\theta\\ \boldsymbol{0} & 1\end{bmatrix},\quad \boldsymbol{\omega}=\boldsymbol{0}\\
\mathrm{e}^{\theta\hat{\xi}}&=\begin{bmatrix}\mathrm{e}^{\theta\hat{\omega}} & (\boldsymbol{I}-\mathrm{e}^{\theta\hat{\omega}})(\boldsymbol{\omega}\times\boldsymbol{v})+\theta\boldsymbol{\omega}\boldsymbol{\omega}^{\mathrm{T}}\boldsymbol{v}\\ 0 & 1\end{bmatrix},\quad \boldsymbol{\omega}\neq\boldsymbol{0}
\end{aligned}\right\}
$$

则

$$e^{\theta_1\hat{\xi}_1}=\begin{bmatrix} c\theta_1 & -s\theta_1 & 0 & 0 \\ s\theta_1 & c\theta_1 & 0 & 0 \\ 0 & 0 & 1 & 0 \\ 0 & 0 & 0 & 1 \end{bmatrix},\qquad e^{\theta_2\hat{\xi}_2}=\begin{bmatrix} c\theta_2 & -s\theta_2 & 0 & l_1 s\theta_2 \\ s\theta_2 & c\theta_2 & 0 & l_1(1-c\theta_2) \\ 0 & 0 & 1 & 0 \\ 0 & 0 & 0 & 1 \end{bmatrix}$$

$$e^{\theta_3\hat{\xi}_3}=\begin{bmatrix} c\theta_3 & -s\theta_3 & 0 & (l_1+l_2)s\theta_3 \\ s\theta_3 & c\theta_3 & 0 & (l_1+l_2)(1-c\theta_3) \\ 0 & 0 & 1 & 0 \\ 0 & 0 & 0 & 1 \end{bmatrix},\quad e^{\theta_4\hat{\xi}_4}=\begin{bmatrix} 1 & 0 & 0 & 0 \\ 0 & 1 & 0 & 0 \\ 0 & 0 & 1 & \theta_4 \\ 0 & 0 & 0 & 1 \end{bmatrix}$$

利用指数积公式，并代入上面求得的参数，可得到机器人的运动学正解：

$${}_T^S\boldsymbol{g}(\boldsymbol{\theta})=e^{\theta_1\hat{\xi}_1}e^{\theta_2\hat{\xi}_2}e^{\theta_3\hat{\xi}_3}e^{\theta_4\hat{\xi}_4}\,{}_T^S\boldsymbol{g}(\boldsymbol{0})=\begin{bmatrix} c\theta_{123} & -s\theta_{123} & 0 & -l_1 s\theta_1-l_2 s\theta_{12} \\ s\theta_{123} & c\theta_{123} & 0 & l_1 c\theta_1+l_2 c\theta_{12} \\ 0 & 0 & 1 & l_0+\theta_4 \\ 0 & 0 & 0 & 1 \end{bmatrix}$$

解法 2：建立如图 5.3(b)所示的基坐标系和工具坐标系，取机器人完全展开时的位形为初始位形。这时，初始位形下基坐标系与工具坐标系的变换为

$${}_T^S\boldsymbol{g}(\boldsymbol{0})=\boldsymbol{I}_{4\times4}$$

各个关节的单位运动旋量计算如下：

$$\boldsymbol{\omega}_1=\boldsymbol{\omega}_2=\boldsymbol{\omega}_3=\boldsymbol{v}_4=\begin{pmatrix}0\\0\\1\end{pmatrix},\quad \boldsymbol{r}_1=\begin{pmatrix}0\\-l_1-l_2\\0\end{pmatrix},\quad \boldsymbol{r}_2=\begin{pmatrix}0\\-l_2\\0\end{pmatrix},\quad \boldsymbol{r}_3=\begin{pmatrix}0\\0\\0\end{pmatrix}$$

因此

$$\boldsymbol{\xi}_1=\begin{bmatrix}\boldsymbol{\omega}_1\\ \boldsymbol{r}_1\times\boldsymbol{\omega}_1\end{bmatrix}=\begin{pmatrix}0\\0\\1\\-l_1-l_2\\0\\0\end{pmatrix},\quad \boldsymbol{\xi}_2=\begin{bmatrix}\boldsymbol{\omega}_2\\ \boldsymbol{r}_2\times\boldsymbol{\omega}_2\end{bmatrix}=\begin{pmatrix}0\\0\\1\\-l_2\\0\\0\end{pmatrix},\quad \boldsymbol{\xi}_3=\begin{bmatrix}\boldsymbol{\omega}_3\\ \boldsymbol{r}_3\times\boldsymbol{\omega}_3\end{bmatrix}=\begin{pmatrix}0\\0\\1\\0\\0\\0\end{pmatrix},\quad \boldsymbol{\xi}_4=\begin{bmatrix}\boldsymbol{0}\\ \boldsymbol{v}_4\end{bmatrix}=\begin{pmatrix}0\\0\\0\\0\\0\\1\end{pmatrix}$$

利用指数积公式，并代入上面求得的参数，可得到机器人的运动学正解：

$${}_T^S\boldsymbol{g}(\boldsymbol{\theta})=e^{\theta_1\hat{\xi}_1}e^{\theta_2\hat{\xi}_2}e^{\theta_3\hat{\xi}_3}e^{\theta_4\hat{\xi}_4}\,{}_T^S\boldsymbol{g}(\boldsymbol{0})=\begin{bmatrix} c\theta_{123} & -s\theta_{123} & 0 & -l_1 s\theta_1-l_2 s\theta_{12} \\ s\theta_{123} & c\theta_{123} & 0 & -l_1-l_2+l_1 c\theta_1+l_2 c\theta_{12} \\ 0 & 0 & 1 & \theta_4 \\ 0 & 0 & 0 & 1 \end{bmatrix}$$

可以将解法 1 和解法 2 进行一下比较。

5.2　串联机器人逆运动学的指数积公式

5.2.1　逆运动学的指数积公式

机器人的逆运动学(也称运动学反解)是指给定工具坐标系所期望的位形，找出与该位形相对应的各个关节输出。如果取初始位形时基坐标系与工具坐标系重合，则

$$ {}_T^S\boldsymbol{g}(\boldsymbol{\theta}) = \mathrm{e}^{\theta_1\hat{\xi}_1}\mathrm{e}^{\theta_2\hat{\xi}_2}\cdots\mathrm{e}^{\theta_i\hat{\xi}_i}\cdots\mathrm{e}^{\theta_n\hat{\xi}_n} \tag{5.8}$$

式中，$\hat{\boldsymbol{\xi}}_i \in \mathrm{se}(3)$ 和 ${}_T^S\boldsymbol{g}(\boldsymbol{\theta}) \in \mathrm{SE}(3)$ 均为已知量，待求值为 θ_i。从式(5.8)来看，关节量之间具有耦合的特点，给运动学反解的求解势必造成一定的困难。因此需要利用刚体运动的某些特性去消去耦合的关节量，达到简化求解的目的。

通常情况下，运动学反解可分为两类：封闭解和数值解。利用前面讨论的运动学正解的指数积公式可以构造运动学反解问题的几何算法。

为求解一般情况下串联机器人的运动学反解问题，必须首先解决常见的运动学反解子问题，然后设法将整个运动学反解问题分解成若干个解为已知的子问题。这些子问题应具有明确的几何意义和数值稳定性。

在具体讨论子问题之前，先给出运动学反解过程中需遵循的三个原则：①位置保持不变原则；②距离保持不变原则；③姿态保持不变原则，如图 5.4 所示。前两个原则与转动有关，第三个原则与移动有关。

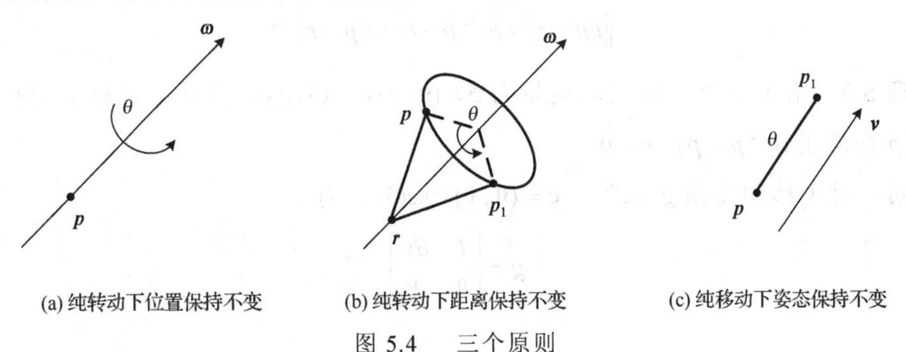

(a) 纯转动下位置保持不变　(b) 纯转动下距离保持不变　(c) 纯移动下姿态保持不变

图 5.4　三个原则

定理 5.1　给定一个单位运动旋量坐标为 $\boldsymbol{\xi} = (\boldsymbol{\omega}\,;\boldsymbol{r}\times\boldsymbol{\omega}) \in \mathrm{se}(3)$ 的纯转动，则转轴上任意一点 $\boldsymbol{p}$ 的位置保持不变，即 $\mathrm{e}^{\theta\hat{\xi}}\boldsymbol{p} = \boldsymbol{p}$。

证明：第 2 章给出了刚体变换矩阵：

$$\boldsymbol{g} = \begin{bmatrix} \mathrm{e}^{\theta\hat{\omega}} & (\boldsymbol{I} - \mathrm{e}^{\theta\hat{\omega}})\boldsymbol{r} + h\theta\boldsymbol{\omega} \\ \boldsymbol{0} & 1 \end{bmatrix}$$

则

$$\boldsymbol{g}\boldsymbol{p} = \boldsymbol{r} + \mathrm{e}^{\theta\hat{\omega}}(\boldsymbol{p} - \boldsymbol{r}) + h\theta\boldsymbol{\omega}$$

由于是旋转轴，因此 $h=0$。同时考虑到 $\boldsymbol{p}$、$\boldsymbol{r}$ 都在旋转轴线上，因此，$\boldsymbol{p}-\boldsymbol{r}=\lambda\boldsymbol{\omega}$。上式简化为

$$\boldsymbol{g}\boldsymbol{p}=\boldsymbol{r}+\mathrm{e}^{\theta\hat{\omega}}\lambda\boldsymbol{\omega} \tag{5.9}$$

对 $\mathrm{e}^{\theta\hat{\omega}}$ 展开，得到

$$\mathrm{e}^{\theta\hat{\omega}}=\boldsymbol{I}+\hat{\boldsymbol{\omega}}\sin\theta+\hat{\boldsymbol{\omega}}^2(1-\cos\theta) \tag{5.10}$$

将式(5.10)代入式(5.9)，得到

$$\boldsymbol{g}\boldsymbol{p}=\boldsymbol{p}$$

基于该特性，可以消去指数积公式中与转动副相对应的一个转角变量：

$$\boldsymbol{g}\boldsymbol{p}=\mathrm{e}^{\theta\hat{\xi}}\boldsymbol{p}=\boldsymbol{p} \tag{5.11}$$

定理 5.2 给定一个运动旋量坐标为 $\boldsymbol{\xi}=(\boldsymbol{\omega};\boldsymbol{r}\times\boldsymbol{\omega})\in\mathrm{se}(3)$ 的纯转动，则不在转轴上的任意一点 $\boldsymbol{p}$ 到转轴上的定点 $\boldsymbol{r}$ 的距离保持不变，即 $\left\|\mathrm{e}^{\theta\hat{\xi}}\boldsymbol{p}-\boldsymbol{r}\right\|=\|\boldsymbol{p}-\boldsymbol{r}\|$。

证明：对于转动变换 $\boldsymbol{g}=\mathrm{e}^{\theta\hat{\xi}}$，$\boldsymbol{\xi}=(\boldsymbol{\omega};\boldsymbol{r}\times\boldsymbol{\omega})\in\mathrm{se}(3)$，由于点 $\boldsymbol{r}$ 是转轴上的一点，因此由定理 5.1 可知 $\boldsymbol{g}\boldsymbol{r}=\boldsymbol{r}$，这样

$$\|\boldsymbol{g}\boldsymbol{p}-\boldsymbol{r}\|=\|\boldsymbol{g}\boldsymbol{p}-\boldsymbol{g}\boldsymbol{r}\|=\|\boldsymbol{g}(\boldsymbol{p}-\boldsymbol{r})\|$$

由刚体运动的特点可知，$\|\boldsymbol{g}(\boldsymbol{p}-\boldsymbol{r})\|=\|\boldsymbol{p}-\boldsymbol{r}\|$，因此

$$\|\boldsymbol{g}\boldsymbol{p}-\boldsymbol{r}\|=\|\boldsymbol{p}-\boldsymbol{r}\|$$

基于该特性，可以消去指数积公式中与转动副相对应的一个转角变量：

$$\|\boldsymbol{g}\boldsymbol{p}-\boldsymbol{r}\|=\left\|\mathrm{e}^{\theta\hat{\xi}}\boldsymbol{p}-\boldsymbol{r}\right\|=\|\boldsymbol{p}-\boldsymbol{r}\| \tag{5.12}$$

定理 5.3 给定一个单位运动旋量为 $\boldsymbol{\xi}=(\boldsymbol{0};\boldsymbol{v})\in\mathrm{se}(3)$ 的纯移动，则对于空间中的任意一点 $\boldsymbol{p}$ 均满足 $(\mathrm{e}^{\theta\hat{\xi}}\boldsymbol{p}-\boldsymbol{p})\times\boldsymbol{v}=\boldsymbol{0}$。

证明：对于移动变换 $\boldsymbol{g}=\mathrm{e}^{\theta\hat{\xi}}$，$\boldsymbol{\xi}=(\boldsymbol{0};\boldsymbol{v})\in\mathrm{se}(3)$，有

$$\boldsymbol{g}=\begin{bmatrix}\boldsymbol{I} & \theta\boldsymbol{v}\\ \boldsymbol{0} & 1\end{bmatrix}$$

则

$$\boldsymbol{g}\boldsymbol{p}=\boldsymbol{p}+\theta\boldsymbol{v}$$

因此

$$(\boldsymbol{g}\boldsymbol{p}-\boldsymbol{p})\times\boldsymbol{v}=\theta\boldsymbol{v}\times\boldsymbol{v}=0$$

基于该特性，可以消去指数积公式中与移动副相对应的一个变量：

$$(\boldsymbol{g}\boldsymbol{p}-\boldsymbol{p})\times\boldsymbol{v}=(\mathrm{e}^{\theta\hat{\xi}}\boldsymbol{p}-\boldsymbol{p})\times\boldsymbol{v}=0 \tag{5.13}$$

应用以上三个定理可以有效地消去指数积公式(5.8)中的一些未知变量，从而使逆运动学方程的求解变得十分简单。根据实际情况，可以细分为直接分解法和变量消元

法两种。

直接分解法是指直接消去 POE 公式中更多的变量，使得对 POE 公式的求解问题变成对运动学子链的求解问题。位置保持不变原则就属于此类。例如，几个关节运动旋量相交于一点时可以使用位置保持不变原则进行方程简化。

【例 5.3】 已知 6 自由度 PRRRRR 机器人，其结构简图如图 5.5 所示，特点是后三个转动关节交于一点 $\boldsymbol{q}$。

解：根据式(5.8)可知

$$g(\boldsymbol{\theta}) = \mathrm{e}^{\theta_1\hat{\xi}_1}\mathrm{e}^{\theta_2\hat{\xi}_2}\cdots\mathrm{e}^{\theta_6\hat{\xi}_6}$$

式中，$\xi_1 = (\boldsymbol{0}; \boldsymbol{v}_1) \in se(3)$ 表示移动副的运动旋量；$\xi_i \in se(3)\quad (i = 2,3,\cdots,6)$ 表示转动副的运动旋量。由于后三个转动关节相交于一点 $\boldsymbol{q}$，因此，应用位置保持不变原则，可得

$$\mathrm{e}^{\theta_4\hat{\xi}_4}\mathrm{e}^{\theta_5\hat{\xi}_5}\mathrm{e}^{\theta_6\hat{\xi}_6}\boldsymbol{q} = \boldsymbol{q}$$

这样可将后三个转动关节变量从指数积公式中消掉，剩下的指数积子链仅含有三个未知关节变量。因此得到

$$\mathrm{e}^{\theta_1\hat{\xi}_1}\mathrm{e}^{\theta_2\hat{\xi}_2}\mathrm{e}^{\theta_3\hat{\xi}_3}\boldsymbol{q} = g(\boldsymbol{\theta})\boldsymbol{q}$$

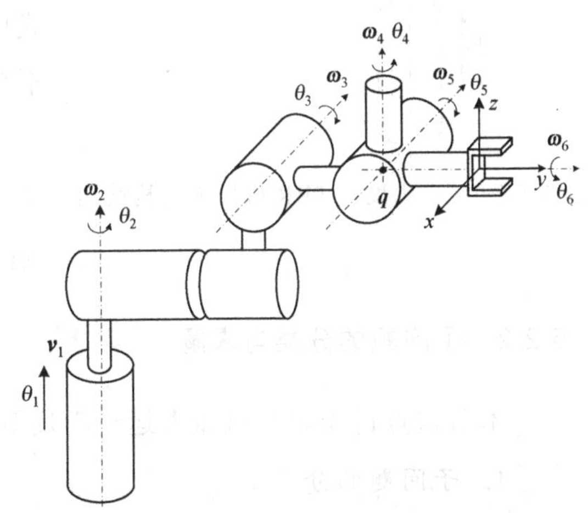

图 5.5　6 自由度的 PRRRRR 机器人结构简图

与直接分解法不同，**变量消元法**是只能消去 POE 公式中的一个变量，下面举例说明。

【例 5.4】 考察如图 5.6 所示的 3 自由度 RRR 机器人。

解：根据式(5.8)可知

$$g(\boldsymbol{\theta}) = \mathrm{e}^{\theta_1\hat{\xi}_1}\mathrm{e}^{\theta_2\hat{\xi}_2}\mathrm{e}^{\theta_3\hat{\xi}_3}$$

式中，$\xi_1, \xi_2, \xi_3 \in se(3)$ 分别表示 3 个转动关节的运动旋量。

$$g(\boldsymbol{\theta})\boldsymbol{p} = \mathrm{e}^{\theta_1\hat{\xi}_1}\mathrm{e}^{\theta_2\hat{\xi}_2}\mathrm{e}^{\theta_3\hat{\xi}_3}\boldsymbol{p} = \mathrm{e}^{\theta_1\hat{\xi}_1}(\mathrm{e}^{\theta_2\hat{\xi}_2}\mathrm{e}^{\theta_3\hat{\xi}_3}\boldsymbol{p}) = g_1(\theta_1)\boldsymbol{q}$$

式中，$g_1(\theta_1) = \mathrm{e}^{\theta_1\hat{\xi}_1}, \boldsymbol{q} = \mathrm{e}^{\theta_2\hat{\xi}_2}\mathrm{e}^{\theta_3\hat{\xi}_3}\boldsymbol{p}$。应用距离保持不变原则有

$$\|g_1(\theta_1)\boldsymbol{q} - \boldsymbol{r}\| = \|\boldsymbol{q} - \boldsymbol{r}\|$$

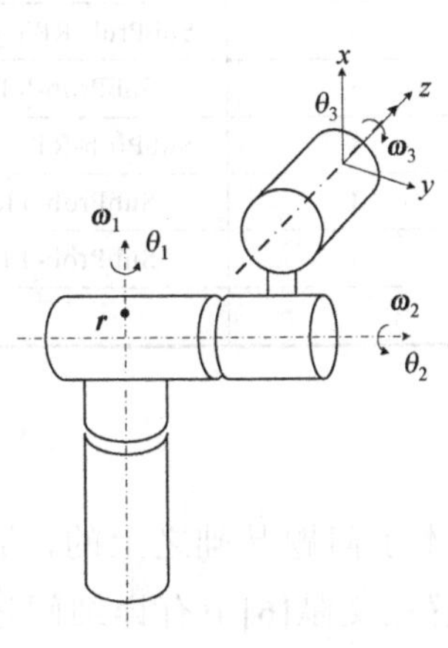

图 5.6　3 自由度的 RRR 机器人结构简图

可消去其中一个转动关节变量 θ_1。式中的 $\boldsymbol{r}$ 为转动关节 ξ_1 轴线上的一点。即

$$\left\|\mathrm{e}^{\theta_2\hat{\xi}_2}\mathrm{e}^{\theta_3\hat{\xi}_3}\boldsymbol{p} - \boldsymbol{r}\right\| = \|g(\boldsymbol{\theta})\boldsymbol{p} - \boldsymbol{r}\|$$

【例 5.5】 考察如图 5.7 所示的 3 自由度 PRR 机器人。

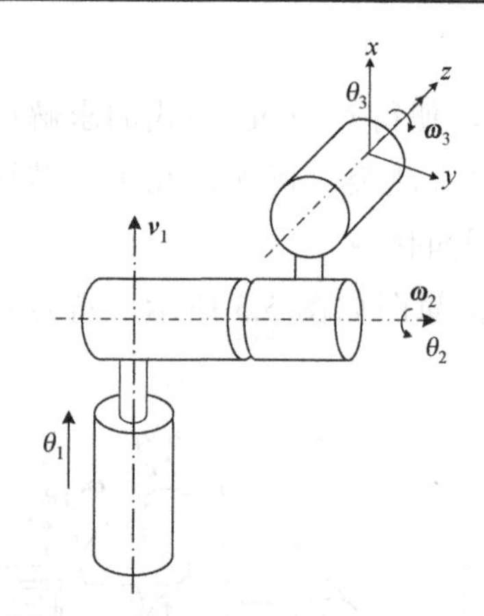

图 5.7　3 自由度的 PRR 机器人结构简图

解：根据式(5.8)可知

$$g(\theta)=e^{\theta_1\hat{\xi}_1}e^{\theta_2\hat{\xi}_2}e^{\theta_3\hat{\xi}_3}$$

式中，$\xi_1=(\mathbf{0};v_1)\in se(3)$表示移动副的运动旋量；$\xi_2,\xi_3\in se(3)$表示转动副的运动旋量。

$$g(\theta)p=e^{\theta_1\hat{\xi}_1}e^{\theta_2\hat{\xi}_2}e^{\theta_3\hat{\xi}_3}p=e^{\theta_1\hat{\xi}_1}(e^{\theta_2\hat{\xi}_2}e^{\theta_3\hat{\xi}_3}p)=g_1(\theta_1)q$$

式中，$g_1(\theta_1)=e^{\theta_1\hat{\xi}_1}, q=e^{\theta_2\hat{\xi}_2}e^{\theta_3\hat{\xi}_3}p$。应用姿态保持不变原则有

$$(g_1(\theta_1)q-q)\times v_1=\mathbf{0}$$

可消去移动关节变量，即

$$(g(\theta)p-e^{\theta_2\hat{\xi}_2}e^{\theta_3\hat{\xi}_3}p)\times v_1=\mathbf{0}$$

5.2.2　子问题的分类与求解

本节重点讨论串联机器人运动学反解过程中子问题的分类与求解问题。

1. 子问题的分类

逆运动学求解的子问题一般是指涉及的运动旋量个数(即子问题的阶数)不超过3，且具有明确的几何意义和数值稳定性。根据子问题中运动旋量的个数与性质可以将其划分成 11 种子问题[6]，具体分类见表 5.1。

表 5.1　子问题的分类

序号	阶数	符号表示	序号	阶数	符号表示
1	1	SubProb-R	7	3	SubProb-RRT_TRR
2	1	SubProb-T	8	3	SubProb-RTR
3	2	SubProb-RR	9	3	SubProb-RTT_TTR
4	2	SubProb-RT_TR*	10	3	SubProb-TRT
5	2	SubProb-TT	11	3	SubProb-TTT
6	3	SubProb-RRR			

*表示 SubProb-RT 与 SubProb-TR 是等效运动，可以合并为一类。

2. 子问题的求解

表 5.1 所示的 11 类子问题的求解都是建立在几个基本子问题基础之上的，通常称为 Paden-Kahan 子问题。有关 Paden-Kahan 子问题的求解在文献[6]中有详细阐述，这里不再赘述。

【例 5.6】　求 SCARA 机器人的运动学反解。

解：例 5.2 中已经讨论过 SCARA 机器人的运动学正解问题，下面来求它的反解。

(1)求θ_4。

已知机器人在基坐标系下的位形为

$$
{}_T^S\boldsymbol{g}(\boldsymbol{\theta})=\mathrm{e}^{\theta_1\hat{\xi}_1}\mathrm{e}^{\theta_2\hat{\xi}_2}\mathrm{e}^{\theta_3\hat{\xi}_3}\mathrm{e}^{\theta_4\hat{\xi}_4}\,{}_T^S\boldsymbol{g}(\boldsymbol{0})=\begin{bmatrix}\cos\psi & -\sin\psi & 0 & x\\ \sin\psi & \cos\psi & 0 & y\\ 0 & 0 & 1 & z\\ 0 & 0 & 0 & 1\end{bmatrix}
$$

式中，ψ 为 θ_1、θ_2、θ_3 之和。

而在前面其正向运动学求解过程中推导的工具坐标系原点的位置坐标为

$$
\boldsymbol{p}(\boldsymbol{\theta})=\begin{pmatrix}x\\ y\\ z\end{pmatrix}=\begin{pmatrix}-l_1\sin\theta_1-l_2\sin(\theta_1+\theta_2)\\ l_1\cos\theta_1+l_2\cos(\theta_1+\theta_2)\\ l_0+\theta_4\end{pmatrix}
$$

由此可导出 $\theta_4=z-l_0$。可以看出对 θ_4 的求解没有利用前述的任意一个子问题。

(2) 求 $\theta_1,\theta_2,\theta_3$。

$$
\mathrm{e}^{\theta_1\hat{\xi}_1}\mathrm{e}^{\theta_2\hat{\xi}_2}\mathrm{e}^{\theta_3\hat{\xi}_3}=\boldsymbol{g}(\boldsymbol{\theta})\,{}_T^S\boldsymbol{g}^{-1}(\boldsymbol{0})\mathrm{e}^{-\theta_4\hat{\xi}_4}
$$

上式的右边是已知量，从方程形式上看属于子问题 6 的情况(即平行轴线的 RRR 子问题)，因此可按照对子问题 6 的情况的求解分析进行求解，这样可解出 θ_3；再通过子问题 1 分别求得 θ_1,θ_2。

5.3 雅可比矩阵

一个六自由度的串联机器人运动学可以写成

$$
K(\boldsymbol{\theta})=\mathrm{e}^{\theta_1 S_1}\mathrm{e}^{\theta_2 S_2}\cdots\mathrm{e}^{\theta_6 S_6} \tag{5.14}
$$

这个公式通常称作指数积公式。

考虑作用在机器人末端执行器上的一个点，如果在机器人初始位置这个点的位置向量是 $\boldsymbol{p}$，那么，在机器人连续的位形变化之后，其新的位置为

$$
\begin{pmatrix}\boldsymbol{p}'\\ 1\end{pmatrix}=K(\boldsymbol{\theta})\begin{pmatrix}\boldsymbol{p}\\ 1\end{pmatrix} \tag{5.15}
$$

串联机器人末端执行器的速度是由各个关节速度来实现的，从关节速度到末端执行器速度之间的映射矩阵称为串联机器人的速度雅可比矩阵(简称雅可比矩阵)。

传统描述机器人雅可比矩阵的方法是对其正向运动学问题进行微分求解，通常情况下求解过程和结果都比较复杂。不过运用 **POE 公式**可以自然清晰地描述串联机器人的雅可比矩阵，并能突出机器人的几何特征，同时可避免微分法中采用局部参数表示的不足。

下面首先利用**运动旋量与 POE 公式**导出串联机器人雅可比矩阵的表征。

设 $\boldsymbol{g}:Q\to \mathrm{SE}(3)$ 表示串联机器人正向运动学的映射，其中关节的位形空间 $\theta\in Q$，末端执行器的位形空间 $\boldsymbol{g}(\boldsymbol{\theta})\in \mathrm{SE}(3)$。这时，由前面导出的机器人瞬时空间速度结果可得

$$\hat{\boldsymbol{V}}^S=\dot{\boldsymbol{g}}(\boldsymbol{\theta})\boldsymbol{g}^{-1}(\boldsymbol{\theta})=\sum_{i=1}^{n}\left(\frac{\partial \boldsymbol{g}}{\partial \boldsymbol{\theta}_i}\dot{\theta}_i\right)\boldsymbol{g}^{-1}(\boldsymbol{\theta})=\sum_{i=1}^{n}\left(\frac{\partial \boldsymbol{g}}{\partial \theta_i}\boldsymbol{g}^{-1}(\boldsymbol{\theta})\right)\dot{\theta}_i \tag{5.16}$$

可以看出末端执行器的速度与各个关节速度之间是一种线性的关系。对应的运动旋量坐标可以表示成

$$\boldsymbol{V}^S=\sum_{i=1}^{n}\left(\frac{\partial \boldsymbol{g}}{\partial \theta_i}\boldsymbol{g}^{-1}(\boldsymbol{\theta})\right)^{\vee}\dot{\theta}_i \tag{5.17}$$

令 $\boldsymbol{J}^S(\boldsymbol{\theta})=\left(\left(\frac{\partial \boldsymbol{g}}{\partial \theta_1}\boldsymbol{g}^{-1}(\boldsymbol{\theta})\right)^{\vee}\cdots\left(\frac{\partial \boldsymbol{g}}{\partial \theta_n}\boldsymbol{g}^{-1}(\boldsymbol{\theta})\right)^{\vee}\right)$，$\dot{\boldsymbol{\theta}}=\left(\dot{\theta}_1\cdots\dot{\theta}_n\right)^{\mathrm{T}}$，则式(5.16)变为

$$\boldsymbol{V}^S=\boldsymbol{J}^S(\boldsymbol{\theta})\dot{\boldsymbol{\theta}} \tag{5.18}$$

进一步对 $\boldsymbol{J}^S(\boldsymbol{\theta})$ 进行分析，以了解它的几何意义。由正向运动学 POE 公式得

$$\boldsymbol{g}(\boldsymbol{\theta})=\mathrm{e}^{\theta_1\hat{\xi}_1}\,\mathrm{e}^{\theta_2\hat{\xi}_2}\cdots\mathrm{e}^{\theta_i\hat{\xi}_i}\cdots\mathrm{e}^{\theta_n\hat{\xi}_n}\boldsymbol{g}(\boldsymbol{0}) \tag{5.19}$$

因此

$$\begin{aligned}\frac{\partial \boldsymbol{g}}{\partial \theta_i}\boldsymbol{g}^{-1}(\boldsymbol{\theta})&=\mathrm{e}^{\theta_1\hat{\xi}_1}\,\mathrm{e}^{\theta_2\hat{\xi}_2}\cdots\mathrm{e}^{\theta_{i-1}\hat{\xi}_{i-1}}\frac{\partial}{\partial \theta_i}\left(\mathrm{e}^{\theta_i\hat{\xi}_i}\right)\mathrm{e}^{\theta_{i+1}\hat{\xi}_{i+1}}\cdots\mathrm{e}^{\theta_n\hat{\xi}_n}\boldsymbol{g}(\boldsymbol{0})\boldsymbol{g}^{-1}(\boldsymbol{\theta})\\&=\mathrm{e}^{\theta_1\hat{\xi}_1}\,\mathrm{e}^{\theta_2\hat{\xi}_2}\cdots\mathrm{e}^{\theta_{i-1}\hat{\xi}_{i-1}}\left(\hat{\boldsymbol{\xi}}_i\right)\mathrm{e}^{\theta_i\hat{\xi}_i}\,\mathrm{e}^{\theta_{i+1}\hat{\xi}_{i+1}}\cdots\mathrm{e}^{\theta_n\hat{\xi}_n}\boldsymbol{g}(\boldsymbol{0})\boldsymbol{g}^{-1}(\boldsymbol{\theta})\\&=\mathrm{e}^{\theta_1\hat{\xi}_1}\,\mathrm{e}^{\theta_2\hat{\xi}_2}\cdots\mathrm{e}^{\theta_{i-1}\hat{\xi}_{i-1}}\left(\hat{\boldsymbol{\xi}}_i\right)\mathrm{e}^{-\theta_{i-1}\hat{\xi}_{i-1}}\cdots\mathrm{e}^{-\theta_2\hat{\xi}_2}\,\mathrm{e}^{-\theta_1\hat{\xi}_1}\end{aligned} \tag{5.20}$$

写成运动旋量坐标的形式：

$$\left(\frac{\partial \boldsymbol{g}}{\partial \theta_i}\boldsymbol{g}^{-1}(\boldsymbol{\theta})\right)^{\vee}=\mathrm{Ad}_{\left(\mathrm{e}^{\theta_1\hat{\xi}_1}\mathrm{e}^{\theta_2\hat{\xi}_2}\cdots\mathrm{e}^{\theta_{i-1}\hat{\xi}_{i-1}}\right)}\boldsymbol{\xi}_i \tag{5.21}$$

令 $\boldsymbol{\xi}_i'=\mathrm{Ad}_{\left(\mathrm{e}^{\theta_1\hat{\xi}_1}\mathrm{e}^{\theta_2\hat{\xi}_2}\cdots\mathrm{e}^{\theta_{i-1}\hat{\xi}_{i-1}}\right)}\boldsymbol{\xi}_i$，则式(5.18)变成

$$\boldsymbol{V}^S=\boldsymbol{J}^S(\boldsymbol{\theta})\dot{\boldsymbol{\theta}}=\left[\boldsymbol{\xi}_1'\quad \boldsymbol{\xi}_2'\quad\cdots\quad \boldsymbol{\xi}_n'\right]\begin{pmatrix}\dot{\theta}_1\\ \dot{\theta}_2\\ \vdots\\ \dot{\theta}_n\end{pmatrix} \tag{5.22}$$

式中

$$\begin{aligned}&\boldsymbol{J}^S(\boldsymbol{\theta})=\left[\boldsymbol{\xi}_1'\quad \boldsymbol{\xi}_2'\quad\cdots\quad \boldsymbol{\xi}_n'\right]\\&\boldsymbol{\xi}_i'=\mathrm{Ad}_{\left(\mathrm{e}^{\theta_1\hat{\xi}_1}\mathrm{e}^{\theta_2\hat{\xi}_2}\cdots\mathrm{e}^{\theta_{i-1}\hat{\xi}_{i-1}}\right)}\boldsymbol{\xi}_i\end{aligned} \tag{5.23}$$

以上各式中 $\boldsymbol{V}^S$ 表示末端执行器的空间速度(相对于惯性坐标系)，$\dot{\boldsymbol{\theta}}$ 为各个关节速度，$\boldsymbol{J}^S(\boldsymbol{\theta})$ 称为机器人空间速度的雅可比矩阵，简称机器人雅可比矩阵。其中

$\boldsymbol{\xi}_i' = \mathrm{Ad}_{\left(\mathrm{e}^{\theta_1\hat{\xi}_1}\mathrm{e}^{\theta_2\hat{\xi}_2}\cdots\mathrm{e}^{\theta_{i-1}\hat{\xi}_{i-1}}\right)}\boldsymbol{\xi}_i$ 与经刚体变换 $\mathrm{e}^{\theta_1\hat{\xi}_1}\mathrm{e}^{\theta_2\hat{\xi}_2}\cdots\mathrm{e}^{\theta_{i-1}\hat{\xi}_{i-1}}$ 的第 i 个关节的单位运动旋量 $\boldsymbol{\xi}_i$ 相对应，表示将第 i 个关节坐标系由初始位形变换到机器人的当前位形。因而机器人雅可比矩阵的第 i 列就是变换到机器人**当前位形**下的第 i 个关节的单位运动旋量(相对于惯性坐标系)。这一特性将在很大程度上简化机器人雅可比矩阵的计算。

另外，根据单位运动旋量坐标的定义，与转动关节对应的运动副旋量坐标为

$$\boldsymbol{\xi}_i' = \begin{bmatrix} \boldsymbol{\omega}_i' \\ \boldsymbol{r}_i' \times \boldsymbol{\omega}_i' \end{bmatrix} \tag{5.24}$$

式中，$\boldsymbol{r}_i'$ 为当前位形下轴线上一点的位置矢量；$\boldsymbol{\omega}_i'$ 为当前位形下转动关节轴线方向的单位矢量，并且满足

$$\boldsymbol{\omega}_i' = \mathrm{e}^{\theta_1\hat{\omega}_1}\mathrm{e}^{\theta_2\hat{\omega}_2}\cdots\mathrm{e}^{\theta_{i-1}\hat{\omega}_{i-1}}\boldsymbol{\omega}_i \tag{5.25}$$

$$\begin{bmatrix} \boldsymbol{r}_i' \\ 1 \end{bmatrix} = \mathrm{e}^{\theta_1\hat{\xi}_1}\mathrm{e}^{\theta_2\hat{\xi}_2}\cdots\mathrm{e}^{\theta_{i-1}\hat{\xi}_{i-1}}\begin{bmatrix} \boldsymbol{r}_i(\boldsymbol{0}) \\ 1 \end{bmatrix} \tag{5.26}$$

式中，$\boldsymbol{r}_i(\boldsymbol{0})$ 为初始位形下轴线上一点的位置矢量。

对于移动关节：

$$\boldsymbol{\xi}_i' = \begin{bmatrix} \boldsymbol{0}_i \\ \boldsymbol{v}_i' \end{bmatrix} \tag{5.27}$$

式中，$\boldsymbol{v}_i' = \mathrm{e}^{\theta_1\hat{\omega}_1}\mathrm{e}^{\theta_2\hat{\omega}_2}\cdots\mathrm{e}^{\theta_{i-1}\hat{\omega}_{i-1}}\boldsymbol{v}_i$ 。

如果 $\boldsymbol{J}^S(\boldsymbol{\theta})$ 可逆，则

$$\dot{\boldsymbol{\theta}} = (\boldsymbol{J}^S(\boldsymbol{\theta}))^{-1}\boldsymbol{V}^S \tag{5.28}$$

利用同样的推导方法可以得到末端执行器物体速度的雅可比矩阵 $\boldsymbol{J}^B(\boldsymbol{\theta})$，即

$$\boldsymbol{V}^B = \boldsymbol{J}^B(\boldsymbol{\theta})\dot{\boldsymbol{\theta}} \tag{5.29}$$

式中

$$\begin{gathered} \boldsymbol{J}^B(\boldsymbol{\theta}) = [\boldsymbol{\xi}_1'' \quad \boldsymbol{\xi}_2'' \quad \cdots \quad \boldsymbol{\xi}_n''] \\ \boldsymbol{\xi}_i'' = \mathrm{Ad}^{-1}_{\left(\mathrm{e}^{\theta_i\hat{\xi}_i}\mathrm{e}^{\theta_{i+1}\hat{\xi}_{i+1}}\cdots\mathrm{e}^{\theta_n\hat{\xi}_n}\right)}\boldsymbol{\xi}_i \end{gathered} \tag{5.30}$$

$\boldsymbol{J}^B(\boldsymbol{\theta})$ 的第 i 列表示变换到机器人**当前位形**下的第 i 个关节的单位运动旋量(在工具坐标系中表示)。

空间速度的雅可比矩阵与物体速度的雅可比矩阵之间的映射关系可以用伴随变换来表示：

$$\boldsymbol{J}^S(\boldsymbol{\theta}) = \mathrm{Ad}_{\boldsymbol{g}}\boldsymbol{J}^B(\boldsymbol{\theta}) \tag{5.31}$$

5.4 并联机构的自由度与过约束分析

本节以并联机构为例，介绍旋量理论在自由度分析中的应用。

并联机构是由基座、动平台以及连接它们的若干分支所组成的多闭环机构。它是机器人机构族中一种复杂的结构类型。并联机构的公共约束、虚约束和局部自由度情况复杂多变，缺少直观性，因此对它的自由度分析也比较困难。相对而言，采用旋量理论可以有效地解决此类机构的自由度分析问题。

1. *并联机构中的几对基本旋量系*[7]

1) 分支运动旋量系 $\boldsymbol{S}_{bi}$ 与分支约束旋量系 $\boldsymbol{S}_{bi}^{r}$

分支运动旋量系用来描述单个分支(或分支)从基座到动平台的运动旋量系，记为 $\boldsymbol{S}_{bi}$，它是对应于该分支的 KP 旋量系；分支约束旋量系用来描述单个分支从基座到动平台的约束旋量系，记为 $\boldsymbol{S}_{bi}^{r}$。分支运动旋量系与分支约束旋量系构成互易旋量系，记为

$$\boldsymbol{S}_{bi}^{r} \circ \boldsymbol{S}_{bi} = 0 \quad 或 \quad \boldsymbol{S}_{bi} \boldsymbol{\Delta} \boldsymbol{S}_{bi}^{r} = 0 \tag{5.32}$$

$$\dim(\boldsymbol{S}_{bi}) + \dim(\boldsymbol{S}_{bi}^{r}) = 6 \tag{5.33}$$

2) 平台运动旋量系 $\boldsymbol{S}_{f}$ 与平台约束旋量系 $\boldsymbol{S}^{r}$

平台运动旋量系用来描述机构中所有 n 个分支对应运动旋量系的交集，记为 $\boldsymbol{S}_{f}$，则

$$\boldsymbol{S}_{f} = \boldsymbol{S}_{b1} \cap \boldsymbol{S}_{b2} \cap \cdots \cap \boldsymbol{S}_{bn} \tag{5.34}$$

平台约束旋量系用来描述机构中所有 n 个分支对应约束旋量系的并集，记为 $\boldsymbol{S}^{r}$，则

$$\boldsymbol{S}^{r} = \boldsymbol{S}_{b1}^{r} \cup \boldsymbol{S}_{b2}^{r} \cup \cdots \cup \boldsymbol{S}_{bn}^{r} \tag{5.35}$$

平台运动旋量系与平台约束旋量系构成互易旋量系，记为

$$\boldsymbol{S}_{f} \circ \boldsymbol{S}^{r} = 0 \quad 或 \quad \boldsymbol{S}_{f} \boldsymbol{\Delta} \boldsymbol{S}^{r} = 0 \tag{5.36}$$

$$\dim(\boldsymbol{S}^{r}) + \dim(\boldsymbol{S}_{f}) = 6 \tag{5.37}$$

3) 机构运动旋量系 $\boldsymbol{S}_{m}$ 与机构约束旋量系 $\boldsymbol{S}^{c}$

机构运动旋量系用来描述机构中所有 n 个分支对应运动旋量系的并集，记为 $\boldsymbol{S}_{m}$，则

$$\boldsymbol{S}_{m} = \boldsymbol{S}_{b1} \cup \boldsymbol{S}_{b2} \cup \cdots \cup \boldsymbol{S}_{bn} \tag{5.38}$$

机构约束旋量系用来描述机构中所有 n 个分支对应约束旋量系的交集，记为 $\boldsymbol{S}^{c}$，则

$$\boldsymbol{S}^c = \boldsymbol{S}_{b1}^r \cap \boldsymbol{S}_{b2}^r \cap \cdots \cap \boldsymbol{S}_{bn}^r \tag{5.39}$$

实际上，$\boldsymbol{S}^c$ 反映了机构所受的公共约束情况。因此，定义公共约束数λ为

$$\lambda = \dim(\boldsymbol{S}^c) \tag{5.40}$$

机构运动旋量系与机构约束旋量系构成互易旋量系，记为

$$\boldsymbol{S}^c \circ \boldsymbol{S}_m = 0 \quad 或 \quad \boldsymbol{S}_m \boldsymbol{\Delta} \boldsymbol{S}^c = 0 \tag{5.41}$$

$$\dim(\boldsymbol{S}^c) + \dim(\boldsymbol{S}_m) = 6 \tag{5.42}$$

与机构公共约束数相对应的是机构的阶数 d，它反映的是机构中各个构件共同具有的所有可能的相对运动。因此，可以得出

$$d = 6 - \lambda \tag{5.43}$$

除以上所给的关系外，根据集合间的包含关系，可得到上述三对旋量系之间还存在如下关系：

$$\boldsymbol{S}_f \subseteq \boldsymbol{S}_{bi} \subseteq \boldsymbol{S}_m \tag{5.44}$$

$$\boldsymbol{S}^c \subseteq \boldsymbol{S}_{bi}^r \subseteq \boldsymbol{S}^r \tag{5.45}$$

对并联机构的自由度计算而言，仅有以上关系还难以完全表征，需要再引入几个新的旋量系。

4) 分支补约束旋量系 $\boldsymbol{S}_{ci}^r$

将分支 i 施加给动平台的约束 $\boldsymbol{S}_{bi}^r$ 分成两部分：一部分为机构所有构件(包括平台)所受的公共约束 $\boldsymbol{S}^c$；另一部分为分支 i 施加给动平台的剩余部分约束 $\boldsymbol{S}_{ci}^r$。这两部分无交集。这里称剩余部分的约束 $\boldsymbol{S}_{ci}^r$ 为**分支补约束旋量系**，用符号表示上述关系：

$$\boldsymbol{S}_{bi}^r = \boldsymbol{S}^c \cup \boldsymbol{S}_{ci}^r, \quad \boldsymbol{S}^c \cap \boldsymbol{S}_{ci}^r = \varnothing \tag{5.46}$$

5) 平台补约束旋量系 $\boldsymbol{S}_c^r$

将平台所受的约束 $\boldsymbol{S}^r$ 分成两部分：一部分为平台所受的公共约束 $\boldsymbol{S}^c$；另一部分为所有分支施加给平台的剩余部分约束 $\boldsymbol{S}_c^r$。这两部分无交集。这里将剩余部分的约束 $\boldsymbol{S}_c^r$ 称为**平台补约束旋量系**，用符号表示上述关系：

$$\boldsymbol{S}^r = \boldsymbol{S}^c \cup \boldsymbol{S}_c^r, \quad \boldsymbol{S}^c \cap \boldsymbol{S}_c^r = \varnothing \tag{5.47}$$

上述旋量系(对)在并联机构中普遍存在，如图 5.8 所示。

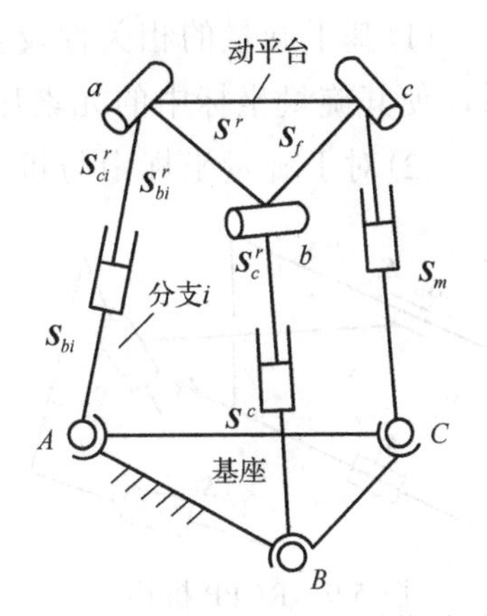

图 5.8　并联机构中的几对基本旋量系

2. 并联机构自由度分析与计算的一般过程

下面首先给出一个通用的自由度分析步骤。

(1) 判断机构是否含有局部自由度，并计算出具体数值ς。

(2) 建立参考坐标系，构造各个分支的运动旋量系$\boldsymbol{S}_{bi}$。

(3) 根据$\boldsymbol{S}_{bi}\boldsymbol{\Delta}\boldsymbol{S}_{bi}^{r}=0$，求取各个分支的约束旋量系$\boldsymbol{S}_{bi}^{r}$。

(4) 根据$\boldsymbol{S}^{r}=\boldsymbol{S}_{b1}^{r}\cup\boldsymbol{S}_{b2}^{r}\cup\cdots\cup\boldsymbol{S}_{bn}^{r}$，得到动平台的约束旋量系$\boldsymbol{S}^{r}$。

(5) 根据$\boldsymbol{S}_{f}\boldsymbol{\Delta}\boldsymbol{S}^{r}=0$，计算得到动平台的运动旋量系$\boldsymbol{S}_{f}$。

(6) 观察$\boldsymbol{S}_{f}$的特点，可确定机构的自由度分布情况。

(7) 改变机构的位形，重复上述步骤，以验证所求得的自由度是否为全周自由度。如果前后自由度性质不变，则为全周自由度；否则为瞬时自由度。

通过以下步骤还可进一步对机构进行过约束(包括公共约束和冗余约束)分析。

(1) 求取动平台的约束旋量集$\left\langle\boldsymbol{S}^{r}\right\rangle=\boldsymbol{S}_{b1}^{r}\uplus\boldsymbol{S}_{b2}^{r}\uplus\cdots\uplus\boldsymbol{S}_{bn}^{r}$(表示所有元素相加，包含重复元素)，集合中的元素个数记作$\mathrm{card}\left(\left\langle\boldsymbol{S}^{r}\right\rangle\right)$。

(2) 根据$\boldsymbol{S}_{m}=\boldsymbol{S}_{b1}\cup\boldsymbol{S}_{b2}\cup\cdots\cup\boldsymbol{S}_{bn}$，求取整个机构的运动旋量系$\boldsymbol{S}_{m}$。

(3) 根据$\boldsymbol{S}_{m}\boldsymbol{\Delta}\boldsymbol{S}^{c}=0$，求取整个机构的约束旋量系$\boldsymbol{S}^{c}$。

(4) 根据$\lambda=\dim(\boldsymbol{S}^{c})$，确定机构的公共约束数$\lambda$。

(5) 根据$d=6-\lambda$，确定机构的阶数d。

(6) 根据$\boldsymbol{S}^{r}=\boldsymbol{S}^{c}\cup\boldsymbol{S}_{c}^{r}$，求得动平台补约束旋量系$\boldsymbol{S}_{c}^{r}$。

(7) 根据$\left\langle\boldsymbol{S}^{r}\right\rangle=\boldsymbol{S}^{c}\uplus\left\langle\boldsymbol{S}_{c}^{r}\right\rangle$，求得动平台补约束旋量集$\left\langle\boldsymbol{S}_{c}^{r}\right\rangle$及$\mathrm{card}\left(\left\langle\boldsymbol{S}_{c}^{r}\right\rangle\right)$。

(8) 根据$v=\mathrm{card}\left(\left\langle\boldsymbol{S}_{c}^{r}\right\rangle\right)-\dim(\boldsymbol{S}_{c}^{r})$，确定机构的虚约束数$v$。

(9) 根据自由度计算公式$\mathrm{DoF}=d(n-g-1)+\sum_{i=1}^{g}f_{i}+v-\varsigma$，验证前面分析得到的自由度是否正确。

另外，为简化机构自由度的分析及计算，可遵循如下两点原则。

(1) 基于旋量的相关性及互易性均与坐标系选择无关的原理，应该选择这样的坐标系，使其旋量坐标中的元素尽量简单，出现尽可能多的0或1。

(2) 对于旋量坐标中与机构的尺寸或轴线位置有关的变量等，在进行自由度分析时不必解出其具体的数值。

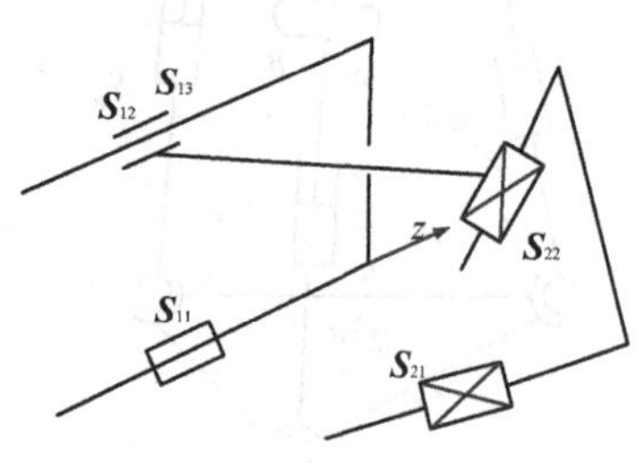

图 5.9　RCPP 机构

3. 实例分析

根据对上述机构自由度分析过程的描述，下面举一些具体的分析实例。

【例 5.7】 计算空间 RCPP 机构的自由度(图 5.9)，机构中 R 副与 C 副的轴线平行。

解： 如果将顶部的连杆视为动平台，该机构可看成由 2 个分支组成的并联机构。

(1)判断机构是否含有局部自由度；很明显，该机构无局部自由度。

(2)建立参考坐标系，构造各个分支的运动旋量系 $\boldsymbol{S}_{bi}$。

如果取R副轴线方向为坐标轴 z 的方向，建立各分支的运动旋量系，各个旋量坐标用向量表示如下：

$$\boldsymbol{S}_{b1}=\begin{cases}\boldsymbol{S}_{11}=\begin{bmatrix}0 & 0 & 1 & 0 & 0 & 0\end{bmatrix}^{\mathrm{T}}\\ \boldsymbol{S}_{12}=\begin{bmatrix}0 & 0 & 1 & p_{12} & q_{12} & 0\end{bmatrix}^{\mathrm{T}}\\ \boldsymbol{S}_{13}=\begin{bmatrix}0 & 0 & 0 & 0 & 0 & 1\end{bmatrix}^{\mathrm{T}}\end{cases},\quad \boldsymbol{S}_{b2}=\begin{cases}\boldsymbol{S}_{21}=\begin{bmatrix}0 & 0 & 0 & p_{21} & q_{21} & r_{21}\end{bmatrix}^{\mathrm{T}}\\ \boldsymbol{S}_{22}=\begin{bmatrix}0 & 0 & 0 & p_{22} & q_{22} & r_{22}\end{bmatrix}^{\mathrm{T}}\end{cases}$$

(3)根据 $\boldsymbol{S}_{bi}\boldsymbol{\Delta}\boldsymbol{S}_{bi}^{r}=0$，求取各个分支的约束旋量系 $\boldsymbol{S}_{bi}^{r}$：

$$\boldsymbol{S}_{b1}^{r}=\begin{cases}\boldsymbol{S}_{11}^{r}=\begin{bmatrix}0 & 0 & 0 & 1 & 0 & 0\end{bmatrix}^{\mathrm{T}}\\ \boldsymbol{S}_{12}^{r}=\begin{bmatrix}0 & 0 & 0 & 0 & 1 & 0\end{bmatrix}^{\mathrm{T}}\\ \boldsymbol{S}_{13}^{r}=\begin{bmatrix}q_{12} & -p_{12} & 0 & 0 & 1 & 0\end{bmatrix}^{\mathrm{T}}\end{cases},\quad \boldsymbol{S}_{b2}^{r}=\begin{cases}\boldsymbol{S}_{21}^{r}=\begin{bmatrix}0 & 0 & 0 & 1 & 0 & 0\end{bmatrix}^{\mathrm{T}}\\ \boldsymbol{S}_{22}^{r}=\begin{bmatrix}0 & 0 & 0 & 0 & 1 & 0\end{bmatrix}^{\mathrm{T}}\\ \boldsymbol{S}_{23}^{r}=\begin{bmatrix}0 & 0 & 0 & 0 & 0 & 1\end{bmatrix}^{\mathrm{T}}\\ \boldsymbol{S}_{24}^{r}=\begin{bmatrix}q_{22} & -p_{22} & 0 & 0 & 0 & 0\end{bmatrix}^{\mathrm{T}}\end{cases}$$

(4)根据 $\boldsymbol{S}^{r}=\boldsymbol{S}_{b1}^{r}\cup\boldsymbol{S}_{b2}^{r}$，得到动平台的约束旋量系 $\boldsymbol{S}^{r}$：

$$\boldsymbol{S}^{r}=\boldsymbol{S}_{b1}^{r}\cup\boldsymbol{S}_{b2}^{r}=\begin{cases}\boldsymbol{S}_{11}^{r}=\begin{bmatrix}0 & 0 & 0 & 1 & 0 & 0\end{bmatrix}^{\mathrm{T}}\\ \boldsymbol{S}_{12}^{r}=\begin{bmatrix}0 & 0 & 0 & 0 & 1 & 0\end{bmatrix}^{\mathrm{T}}\\ \boldsymbol{S}_{13}^{r}=\begin{bmatrix}q_{12} & -p_{12} & 0 & 0 & 0 & 1\end{bmatrix}^{\mathrm{T}}\\ \boldsymbol{S}_{23}^{r}=\begin{bmatrix}0 & 0 & 0 & 0 & 0 & 1\end{bmatrix}^{\mathrm{T}}\\ \boldsymbol{S}_{24}^{r}=\begin{bmatrix}q_{22} & -p_{22} & 0 & 0 & 0 & 0\end{bmatrix}^{\mathrm{T}}\end{cases}$$

(5)根据 $\boldsymbol{S}_{f}\boldsymbol{\Delta}\boldsymbol{S}^{r}=0$，计算得到动平台的运动旋量系 $\boldsymbol{S}_{f}$：

$$\boldsymbol{S}_{f}=\begin{bmatrix}0 & 0 & 0 & a & b & 0\end{bmatrix}^{\mathrm{T}}$$

(6)观察 $\boldsymbol{S}_{f}$ 的特点，可确定机构的自由度分布情况；很容易判断，该机构的自由度为一维移动。

(7)由于机构位形改变后，运动副的基本参数未发生变化，因此计算结果仍然有效。由此可以判断该机构所具有的移动自由度为全周自由度。

通过以下步骤还可进一步对该机构进行过约束(包括公共约束和冗余约束)分析。

(1)求取动平台的约束旋量集 $\langle\boldsymbol{S}^{r}\rangle=\boldsymbol{S}_{b1}^{r}\uplus\boldsymbol{S}_{b2}^{r}$ 以及集合中的元素个数 $\mathrm{card}(\langle\boldsymbol{S}^{r}\rangle)$：

$$\langle\boldsymbol{S}^{r}\rangle=\boldsymbol{S}_{b1}^{r}\uplus\boldsymbol{S}_{b2}^{r}=\begin{pmatrix}\boldsymbol{S}_{11}^{r} & \boldsymbol{S}_{12}^{r} & \boldsymbol{S}_{13}^{r} & \boldsymbol{S}_{21}^{r} & \boldsymbol{S}_{22}^{r} & \boldsymbol{S}_{23}^{r} & \boldsymbol{S}_{24}^{r}\end{pmatrix}$$

$$c=\mathrm{card}(\langle\boldsymbol{S}^{r}\rangle)-\dim(\boldsymbol{S}^{r})=7-5=2$$

式中，c 为冗余约束。

(2)根据 $\boldsymbol{S}_{m}=\boldsymbol{S}_{b1}\cup\boldsymbol{S}_{b2}$，求取整个机构的运动旋量系 $\boldsymbol{S}_{m}$：

$$S_m = S_{b1} \cup S_{b2} = (S_{11} \quad S_{12} \quad S_{13} \quad S_{21})$$

(3) 根据 $S_m \Delta S^c = 0$，求取整个机构的约束旋量系 S^c：

$$S^c = \begin{cases} S_1^c = [0 \quad 0 \quad 0 \quad 1 \quad 0 \quad 0] \\ S_2^c = [0 \quad 0 \quad 0 \quad 0 \quad 1 \quad 0] \end{cases}$$

机构约束旋量系是一个旋量二系。

(4) 根据 $\lambda = \dim(S^c)$，确定机构的公共约束数 λ：

$$\lambda = \dim(S^c) = 2$$

(5) 根据 $d = 6 - \lambda$，确定机构的阶数 d：

$$d = 6 - 2 = 4$$

(6) 根据 $S^r = S^c \cup S_c^r$，求得动平台补约束旋量系 S_c^r：

$$S_c^r = (S_{13}^r \quad S_{23}^r \quad S_{24}^r)$$

(7) 根据 $\langle S^r \rangle = S^c \uplus \langle S_c^r \rangle$，求得动平台补约束旋量集 $\langle S_c^r \rangle$ 及 $\mathrm{card}(\langle S_c^r \rangle)$：

$$\langle S_c^r \rangle = S_c^r = (S_{13}^r \quad S_{23}^r \quad S_{24}^r)$$

$$\mathrm{card}(\langle S_c^r \rangle) = \dim(S_c^r) = 3$$

(8) 根据 $v = \mathrm{card}(\langle S_c^r \rangle) - \dim(S_c^r)$，确定机构的虚约束数 v：

$$v = \mathrm{card}(\langle S_c^r \rangle) - \dim(S_c^r) = 0$$

(9) 根据自由度计算公式 $\mathrm{DoF} = d(n-g-1) + \sum_{i=1}^{g} f_i + v - \varsigma$，来验证前面自由度分析的正确性：

$$\mathrm{DoF} = d(n-g-1) + \sum_{i=1}^{g} f_i + v - \varsigma = 4 \times (3-4) + 5 + 0 - 0 = 1$$

【例 5.8】　分析图 5.10 所示 Sarrus 机构的自由度。注意，这里取一种特殊的运动副分布形式，即每个分支中 R 副的轴线相互平行，但两个分支的运动副轴线相互垂直。

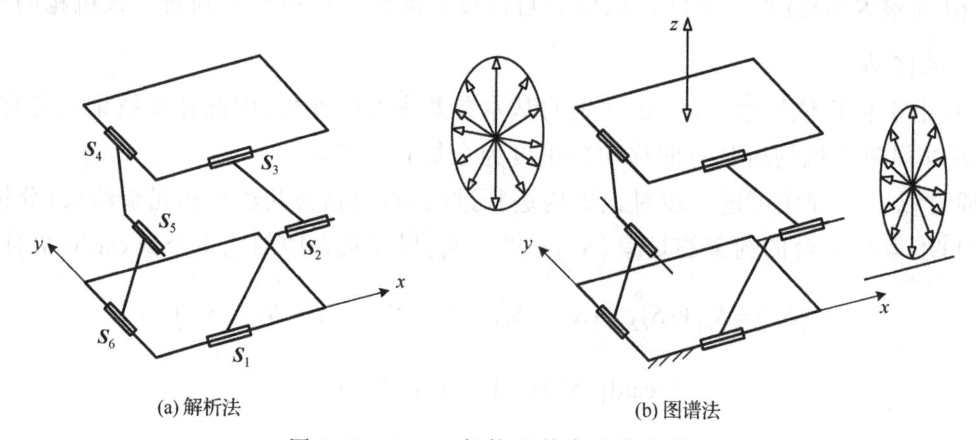

图 5.10　Sarrus 机构及其自由度分析

解：该机构可看成由 2 个分支组成的并联机构。

(1) 判断机构是否含有局部自由度；很明显，该机构无局部自由度。

(2) 建立参考坐标系，构造各个分支的运动旋量系 $\boldsymbol{S}_{bi}$。

建立如图 5.10(a) 所示的坐标系，各分支旋量系的坐标用向量表示如下：

$$\boldsymbol{S}_{b1}=\begin{cases}\boldsymbol{S}_1=[1\quad 0\quad 0\quad 0\quad 0\quad 0]^{\mathrm{T}}\\ \boldsymbol{S}_2=[1\quad 0\quad 0\quad 0\quad q_2\quad r_2]^{\mathrm{T}}\\ \boldsymbol{S}_3=[1\quad 0\quad 0\quad 0\quad q_3\quad r_3]^{\mathrm{T}}\end{cases},\quad \boldsymbol{S}_{b2}=\begin{cases}\boldsymbol{S}_4=[0\quad 1\quad 0\quad p_4\quad 0\quad r_4]^{\mathrm{T}}\\ \boldsymbol{S}_5=[0\quad 1\quad 0\quad p_5\quad 0\quad r_5]^{\mathrm{T}}\\ \boldsymbol{S}_6=[0\quad 1\quad 0\quad 0\quad 0\quad 0]^{\mathrm{T}}\end{cases}$$

(3) 根据 $\boldsymbol{S}_{bi}\boldsymbol{\Delta}\boldsymbol{S}_{bi}^r=0$，求取各个分支的约束旋量系 $\boldsymbol{S}_{bi}^r$：

$$\boldsymbol{S}_{b1}^r=\begin{cases}\boldsymbol{S}_{11}^r=[1\quad 0\quad 0\quad 0\quad 0\quad 0]^{\mathrm{T}}\\ \boldsymbol{S}_{12}^r=[0\quad 0\quad 0\quad 0\quad 1\quad 0]^{\mathrm{T}}\\ \boldsymbol{S}_{13}^r=[0\quad 0\quad 0\quad 0\quad 0\quad 1]^{\mathrm{T}}\end{cases},\quad \boldsymbol{S}_{b2}^r=\begin{cases}\boldsymbol{S}_{21}^r=[0\quad 0\quad 0\quad 1\quad 0\quad 0]^{\mathrm{T}}\\ \boldsymbol{S}_{22}^r=[0\quad 0\quad 0\quad 0\quad 0\quad 1]^{\mathrm{T}}\\ \boldsymbol{S}_{23}^r=[0\quad 1\quad 0\quad 0\quad 0\quad 0]^{\mathrm{T}}\end{cases}$$

(4) 根据 $\boldsymbol{S}^r=\boldsymbol{S}_{b1}^r\cup\boldsymbol{S}_{b2}^r$，得到动平台的约束旋量系 $\boldsymbol{S}^r$：

$$\boldsymbol{S}^r=\boldsymbol{S}_{b1}^r\cup\boldsymbol{S}_{b2}^r=\begin{cases}\boldsymbol{S}_{11}^r=[1\quad 0\quad 0\quad 0\quad 0\quad 0]^{\mathrm{T}}\\ \boldsymbol{S}_{12}^r=[0\quad 0\quad 0\quad 0\quad 1\quad 0]^{\mathrm{T}}\\ \boldsymbol{S}_{13}^r=[0\quad 0\quad 0\quad 0\quad 0\quad 1]^{\mathrm{T}}\\ \boldsymbol{S}_{21}^r=[0\quad 0\quad 0\quad 1\quad 0\quad 0]^{\mathrm{T}}\\ \boldsymbol{S}_{23}^r=[0\quad 1\quad 0\quad 0\quad 0\quad 0]^{\mathrm{T}}\end{cases}$$

(5) 根据 $\boldsymbol{S}_f\boldsymbol{\Delta}\boldsymbol{S}^r=0$，计算得到动平台的运动旋量系 $\boldsymbol{S}_f$：

$$\boldsymbol{S}_f=[0\quad 0\quad 0\quad 0\quad 0\quad 1]^{\mathrm{T}}$$

(6) 观察 $\boldsymbol{S}_f$ 的特点，可确定机构的自由度分布情况；很容易判断，该机构的自由度为一维移动。

(7) 由于机构位形改变后，各分支运动副间的几何关系未发生变化，因此计算结果仍然有效。由此可以判断该机构所具有的移动自由度为全周自由度。

通过以下步骤还可进一步对该机构进行过约束(包括公共约束和冗余约束)分析。

(1) 求取动平台的约束旋量集 $\left\langle\boldsymbol{S}^r\right\rangle=\boldsymbol{S}_{b1}^r\uplus\boldsymbol{S}_{b2}^r\uplus\cdots\uplus\boldsymbol{S}_{bn}^r$ 以及集合中的元素个数 $\mathrm{card}\left(\left\langle\boldsymbol{S}^r\right\rangle\right)$：

$$\left\langle\boldsymbol{S}^r\right\rangle=\boldsymbol{S}_{b1}^r\uplus\boldsymbol{S}_{b2}^r=\left(\boldsymbol{S}_{11}^r\quad \boldsymbol{S}_{12}^r\quad \boldsymbol{S}_{13}^r\quad \boldsymbol{S}_{21}^r\quad \boldsymbol{S}_{22}^r\quad \boldsymbol{S}_{23}^r\right)$$

$$c=\mathrm{card}\left(\left\langle\boldsymbol{S}^r\right\rangle\right)-\dim(\boldsymbol{S}^r)=6-5=1$$

(2) 根据 $\boldsymbol{S}_m = \boldsymbol{S}_{b1} \cup \boldsymbol{S}_{b2}$，求取整个机构的运动旋量系 $\boldsymbol{S}_m$：

$$\boldsymbol{S}_m = \boldsymbol{S}_{b1} \cup \boldsymbol{S}_{b2} = \boldsymbol{S}^r$$

(3) 根据 $\boldsymbol{S}_m \boldsymbol{\Delta} \boldsymbol{S}^c = 0$，求取整个机构的约束旋量系 $\boldsymbol{S}^c$：

$$\boldsymbol{S}^c = \boldsymbol{S}_{13}^r = \begin{bmatrix} 0 & 0 & 0 & 0 & 0 & 1 \end{bmatrix}^{\mathrm{T}}$$

(4) 根据 $\lambda = \dim\left(\boldsymbol{S}^c\right)$，确定机构的公共约束数 λ:

$$\lambda = \dim\left(\boldsymbol{S}^c\right) = 1$$

(5) 根据 $d = 6 - \lambda$，确定机构的阶数 d:

$$d = 6 - 1 = 5$$

(6) 根据 $\boldsymbol{S}^r = \boldsymbol{S}^c \cup \boldsymbol{S}_c^r$，求得动平台补约束旋量系 $\boldsymbol{S}_c^r$：

$$\boldsymbol{S}_c^r = (\boldsymbol{S}_{11}^r \quad \boldsymbol{S}_{12}^r \quad \boldsymbol{S}_{21}^r \quad \boldsymbol{S}_{23}^r)$$

$$\dim(\boldsymbol{S}_c^r) = 4$$

(7) 根据 $\left\langle \boldsymbol{S}^r \right\rangle = \boldsymbol{S}^c \uplus \left\langle \boldsymbol{S}_c^r \right\rangle$，求得动平台补约束旋量集 $\left\langle \boldsymbol{S}_c^r \right\rangle$ 及 $\operatorname{card}\left(\left\langle \boldsymbol{S}_c^r \right\rangle\right)$：

$$\left\langle \boldsymbol{S}_c^r \right\rangle = (\boldsymbol{S}_{11}^r \quad \boldsymbol{S}_{12}^r \quad \boldsymbol{S}_{21}^r \quad \boldsymbol{S}_{23}^r)$$

$$\operatorname{card}\left(\left\langle \boldsymbol{S}_c^r \right\rangle\right) = 4$$

(8) 根据 $v = \operatorname{card}\left(\left\langle \boldsymbol{S}_c^r \right\rangle\right) - \dim(\boldsymbol{S}_c^r)$，确定机构的虚约束数 v：

$$v = \operatorname{card}\left(\left\langle \boldsymbol{S}_c^r \right\rangle\right) - \dim(\boldsymbol{S}_c^r) = 0$$

(9) 根据自由度计算公式 $\mathrm{DoF} = d(n - g - 1) + \sum_{i=1}^{g} f_i + v - \varsigma$，来验证前面自由度分析的正确性：

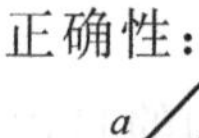

$$\begin{aligned} \mathrm{DoF} &= d\left(n - g - 1\right) + \sum_{i=1}^{g} f_i + v - \varsigma \\ &= 5 \times (6 - 6 - 1) + 6 + 0 - 0 = 1 \end{aligned}$$

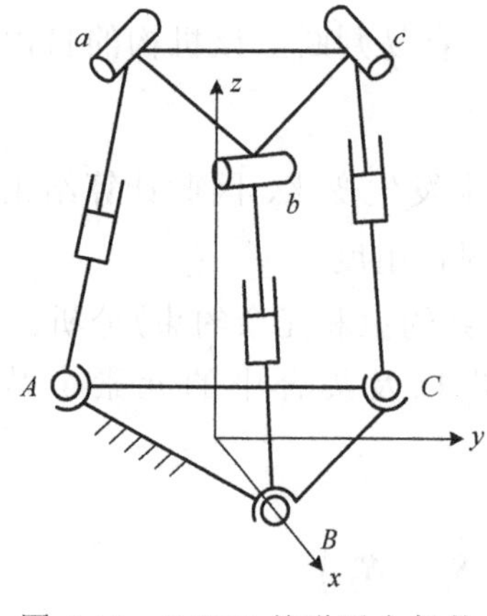

图 5.11　3-SPR 并联平台机构

【例 5.9】　计算 3-SPR 并联机构（图 5.11）的自由度。图中三角形为等边三角形，因此边长相等。

解：以静平台的中心作为坐标原点，平台形成的三角形的各个边长设为 m，动平台的边长为 n。平台高此时为 h。

则一个分支的运动旋量系如下：

$$
S_B=\begin{cases}S_{B1}=\begin{pmatrix}1 & 0 & 0 & 0 & 0 & 0\end{pmatrix}^{\mathrm{T}}\\ S_{B2}=\begin{pmatrix}0 & 1 & 0 & 0 & 0 & \dfrac{m}{\sqrt{3}}\end{pmatrix}^{\mathrm{T}}\\ S_{B3}=\begin{pmatrix}0 & 0 & 1 & 0 & -\dfrac{m}{\sqrt{3}} & 0\end{pmatrix}^{\mathrm{T}}\\ S_{B4}=\begin{pmatrix}0 & 0 & 0 & \dfrac{n-m}{\sqrt{3}} & 0 & h\end{pmatrix}^{\mathrm{T}}\\ S_{B5}=\begin{pmatrix}0 & 1 & 0 & -h & 0 & \dfrac{n}{\sqrt{3}}\end{pmatrix}^{\mathrm{T}}\end{cases}
$$

则 B 支链的约束旋量系为

$$
S_B^r=\begin{pmatrix}0 & 1 & 0 & 0 & 0 & -\dfrac{m}{\sqrt{3}}\end{pmatrix}^{\mathrm{T}}
$$

用同样的方法可以求得其他两个支链的约束旋量系：

$$
S_A^r=\begin{pmatrix}\dfrac{\sqrt{3}}{2} & -\dfrac{1}{2} & 0 & 0 & 0 & \dfrac{m}{\sqrt{3}}\end{pmatrix}^{\mathrm{T}},\quad S_C^r=\begin{pmatrix}\dfrac{\sqrt{3}}{2} & \dfrac{1}{2} & 0 & 0 & 0 & -\dfrac{m}{\sqrt{3}}\end{pmatrix}^{\mathrm{T}}
$$

约束旋量系可以化简成

$$
S^r=\begin{cases}S_1^r=(1 \quad 0 \quad 0 \quad 0 \quad 0 \quad 0)^{\mathrm{T}}\\ S_2^r=(0 \quad 1 \quad 0 \quad 0 \quad 0 \quad 0)^{\mathrm{T}}\\ S_3^r=(0 \quad 0 \quad 0 \quad 0 \quad 0 \quad 1)^{\mathrm{T}}\end{cases}
$$

则动平台的运动旋量系可以表示为

$$
S=\begin{cases}S_1=(1 \quad 0 \quad 0 \quad 0 \quad 0 \quad 0)^{\mathrm{T}}\\ S_2=(0 \quad 1 \quad 0 \quad 0 \quad 0 \quad 0)^{\mathrm{T}}\\ S_3=(0 \quad 0 \quad 0 \quad 0 \quad 0 \quad 1)^{\mathrm{T}}\end{cases}
$$

机构中，每个分支运动旋量系各由 5 个线性无关的线矢量组成，3 个分支中每个分支对平台各产生 1 个约束反力，这 3 个线性无关的反力共同组成平台约束旋量系 S^r，且 $\dim(S^r)=3$。这样，根据 $\mathrm{DoF}=\dim(S_f)$，机构的自由度为 $6-\dim(S^r)=3$。因此，机构的自由度是 3 个：在平行于静平台的平面内绕任何轴的转动和垂直于静平台的移动。

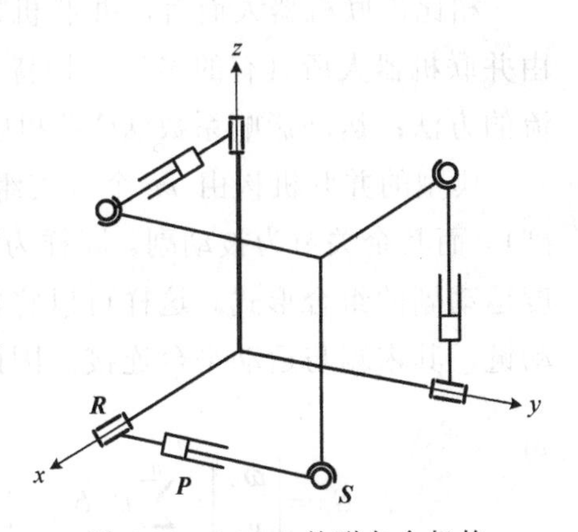

图 5.12　3-RPS 并联角台机构

【例 5.10】计算 3-RPS 并联角台机构(图 5.12)的自由度。

解：建立如图 5.12 所示的坐标系，假设方形的每个边长为单位 1。

RPS 支链的运动旋量系为

$$\boldsymbol{S}_1=\begin{cases}\boldsymbol{S}_{B1}=(1 \quad 0 \quad 0 \quad 0 \quad 0 \quad 0)^{\mathrm{T}}\\ \boldsymbol{S}_{B2}=(0 \quad 0 \quad 0 \quad 0 \quad 1 \quad 0)^{\mathrm{T}}\\ \boldsymbol{S}_{B3}=(1 \quad 0 \quad 0 \quad 0 \quad 0 \quad -1)^{\mathrm{T}}\\ \boldsymbol{S}_{B4}=(0 \quad 1 \quad 0 \quad 0 \quad -1 \quad 0)^{\mathrm{T}}\\ \boldsymbol{S}_{B5}=(0 \quad 0 \quad 1 \quad 1 \quad -1 \quad 0)^{\mathrm{T}}\end{cases}$$

则支链的约束旋量系为

$$\boldsymbol{S}_1^r=(1 \quad 0 \quad 0 \quad 0 \quad 0 \quad -1)^{\mathrm{T}}$$

根据对称性可以求得其他两个支链的约束旋量系：

$$\boldsymbol{S}_2^r=(0 \quad 1 \quad 0 \quad -1 \quad 0 \quad 0)^{\mathrm{T}},\boldsymbol{S}_3^r=(0 \quad 0 \quad 1 \quad 0 \quad -1 \quad 0)^{\mathrm{T}}$$

约束旋量系可以化简成

$$\boldsymbol{S}^r=\begin{cases}\boldsymbol{S}_1^r=(1 \quad 0 \quad 0 \quad 0 \quad 0 \quad -1)^{\mathrm{T}}\\ \boldsymbol{S}_2^r=(0 \quad 1 \quad 0 \quad -1 \quad 0 \quad 0)^{\mathrm{T}}\\ \boldsymbol{S}_3^r=(0 \quad 0 \quad 1 \quad 0 \quad -1 \quad 0)^{\mathrm{T}}\end{cases}$$

则动平台的运动旋量系可以表示为

$$\boldsymbol{S}=\begin{cases}\boldsymbol{S}_1=(1 \quad 0 \quad 0 \quad 0 \quad 1 \quad 0)^{\mathrm{T}}\\ \boldsymbol{S}_2=(0 \quad 1 \quad 0 \quad 0 \quad 0 \quad 1)^{\mathrm{T}}\\ \boldsymbol{S}_3=(0 \quad 0 \quad 1 \quad 1 \quad 0 \quad 1)^{\mathrm{T}}\end{cases}$$

可以看出三个运动旋量不共面，形成的旋量系是一个单页双曲面，自由度也为 3。

5.5　并联机器人的速度雅可比矩阵

相比串联机器人而言，并联机器人的速度雅可比矩阵求解要复杂得多，这主要是由并联机器人所具有的多环结构特点决定的。有关求解的方法有多种，其中有两种主流的方法：运动影响系数法[8, 9]和旋量法[10]。这里重点介绍旋量法。

典型的并联机构由 m 个分支组成，每个分支中通常至少存在一个驱动关节(驱动副)，而其余关节为被动副。同样为了便于表征，需要将多自由度运动副等效成单自由度运动副的组合形式。这样可以将每一分支看成由若干单自由度运动副组成的开环运动链，其末端与运动平台连接。因此，运动平台的瞬时速度旋量可以写成

$$\boldsymbol{S}_P=\begin{bmatrix}\boldsymbol{\omega}_P\\ \boldsymbol{v}_P\end{bmatrix}=\sum_{j=1}^{n}\dot{\boldsymbol{\theta}}_{j,i}\boldsymbol{S}_{j,i}=\begin{bmatrix}\boldsymbol{S}_{1,i} & \boldsymbol{S}_{2,i} & \cdots & \boldsymbol{S}_{n,i}\end{bmatrix}\begin{pmatrix}\dot{\boldsymbol{\theta}}_{1,i}\\ \dot{\boldsymbol{\theta}}_{2,i}\\ \vdots\\ \dot{\boldsymbol{\theta}}_{n,i}\end{pmatrix}\quad (i=1,2,\cdots,m) \tag{5.48}$$

式(5.48)中被动副所对应的运动副旋量可以通过互易旋量系理论消除掉。假设每个分支中的最先 n 个关节为驱动副。因此每个分支中至少存在 n 个约束旋量与该分支中所有被动副所组成的旋量系互易，为此，将它们的单位旋量表示成 $\boldsymbol{S}_{j,i}^{r}$ (j=1,2,…,n)。对式(5.48)的两边与 $\boldsymbol{S}_{j,i}^{r}$ 进行正交运算，得到如下关系式：

$$\boldsymbol{J}_{r,i}\boldsymbol{S}_P=\boldsymbol{J}_{\theta,i}\boldsymbol{\Theta}_i \tag{5.49}$$

式中，矩阵 $\boldsymbol{J}_{r,i}=\begin{bmatrix}\boldsymbol{S}_{r1,i}^{\mathrm{T}}\\ \boldsymbol{S}_{r2,i}^{\mathrm{T}}\\ \vdots\\ \boldsymbol{S}_{rn,i}^{\mathrm{T}}\end{bmatrix}_{n\times 6}$；$\boldsymbol{J}_{\theta,i}=\begin{bmatrix}\boldsymbol{S}_{r1,i}^{\mathrm{T}}\boldsymbol{S}_{1,i} & \boldsymbol{S}_{r1,i}^{\mathrm{T}}\boldsymbol{S}_{2,i} & \cdots & \boldsymbol{S}_{r1,i}^{\mathrm{T}}\boldsymbol{S}_{n,i}\\ \boldsymbol{S}_{r2,i}^{\mathrm{T}}\boldsymbol{S}_{1,i} & \boldsymbol{S}_{r2,i}^{\mathrm{T}}\boldsymbol{S}_{2,i} & \cdots & \boldsymbol{S}_{r2,i}^{\mathrm{T}}\boldsymbol{S}_{n,i}\\ \vdots & \vdots & \ddots & \vdots\\ \boldsymbol{S}_{rn,i}^{\mathrm{T}}\boldsymbol{S}_{1,i} & \boldsymbol{S}_{rn,i}^{\mathrm{T}}\boldsymbol{S}_{2,i} & \cdots & \boldsymbol{S}_{rn,i}^{\mathrm{T}}\boldsymbol{S}_{n,i}\end{bmatrix}_{n\times n}$；$\boldsymbol{\Theta}_i=\begin{pmatrix}\dot{\theta}_{1,i}\\ \dot{\theta}_{2,i}\\ \vdots\\ \dot{\theta}_{n,i}\end{pmatrix}$。

式(5.49)包含 m 个方程，写成矩阵形式：

$$\boldsymbol{J}_r\boldsymbol{S}_P=\boldsymbol{J}_\theta\boldsymbol{\Theta} \tag{5.50}$$

式中，矩阵 $\boldsymbol{J}_r=\begin{bmatrix}\boldsymbol{J}_{r,1}\\ \boldsymbol{J}_{r,2}\\ \vdots\\ \boldsymbol{J}_{r,m}\end{bmatrix}$；$\boldsymbol{J}_\theta=\begin{bmatrix}\boldsymbol{J}_{\theta,1} & 0 & \cdots & 0\\ 0 & \boldsymbol{J}_{\theta,2} & \cdots & 0\\ \vdots & \vdots & \ddots & \vdots\\ 0 & 0 & \cdots & \boldsymbol{J}_{\theta,m}\end{bmatrix}$；$\boldsymbol{\Theta}=(\dot{\theta}_{1,1}\ \cdots\ \dot{\theta}_{n,1}\ \ \dot{\theta}_{1,2}\ \cdots\ \dot{\theta}_{n,2}\ \cdots\ \dot{\theta}_{n,m})^{\mathrm{T}}$。

【例 5.11】　试计算 Stewart-Gough 平台(图 5.13)的速度雅可比矩阵。

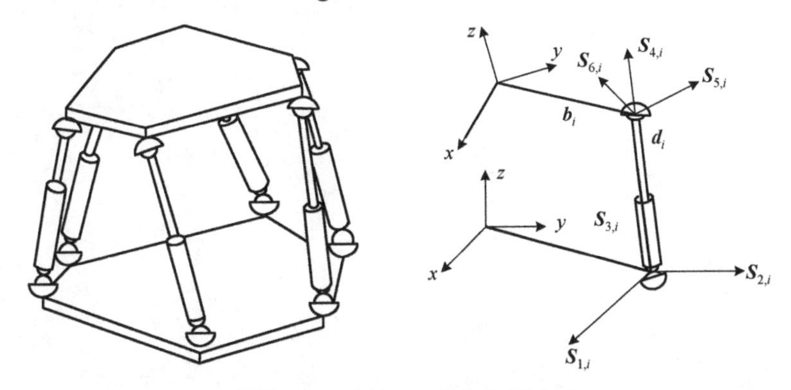

图 5.13　Stewart-Gough 平台

解：Stewart-Gough 平台中分支的等效运动链为 UPS，即每个分支由 6 个单自由度的运动副组成，因此对应 6 个运动副旋量，其中第 3 个为驱动副(为移动副)：

$$\boldsymbol{S}_{1,i}=\begin{bmatrix}\boldsymbol{s}_{1,i}\\ (\boldsymbol{b}_i-\boldsymbol{d}_i)\times\boldsymbol{s}_{1,i}\end{bmatrix},\quad \boldsymbol{S}_{2,i}=\begin{bmatrix}\boldsymbol{s}_{2,i}\\ (\boldsymbol{b}_i-\boldsymbol{d}_i)\times\boldsymbol{s}_{2,i}\end{bmatrix},\quad \boldsymbol{S}_{3,i}=\begin{bmatrix}\boldsymbol{0}\\ \boldsymbol{s}_{3,i}\end{bmatrix}$$

$$\boldsymbol{S}_{4,i}=\begin{bmatrix}\boldsymbol{s}_{4,i}\\ \boldsymbol{b}_i\times\boldsymbol{s}_{4,i}\end{bmatrix},\quad \boldsymbol{S}_{5,i}=\begin{bmatrix}\boldsymbol{s}_{5,i}\\ \boldsymbol{b}_i\times\boldsymbol{s}_{5,i}\end{bmatrix},\quad \boldsymbol{S}_{6,i}=\begin{bmatrix}\boldsymbol{s}_{6,i}\\ \boldsymbol{b}_i\times\boldsymbol{s}_{6,i}\end{bmatrix}$$

注意到，分支中所有被动副的轴线均与驱动副的轴线相交，因此可以直接得到被动副旋量系的一个互易旋量：

$$\boldsymbol{S}_{r,i}=\begin{bmatrix}\boldsymbol{s}_{3,i}\\ \boldsymbol{b}_i\times\boldsymbol{s}_{3,i}\end{bmatrix}$$

这样，满足

$$\boldsymbol{S}_{r,i}^{\mathrm{T}}\boldsymbol{S}_P=\boldsymbol{d}_i$$

写出矩阵形式:

$$\boldsymbol{J}_r\boldsymbol{S}_P=\boldsymbol{I}_6\boldsymbol{\Theta}$$

或者

$$\boldsymbol{S}_P=\boldsymbol{J}_r^{-1}\boldsymbol{\Theta}$$

式中，$\boldsymbol{J}_r=\begin{bmatrix}\boldsymbol{S}_{r,1}^{\mathrm{T}}\\ \boldsymbol{S}_{r,2}^{\mathrm{T}}\\ \vdots\\ \boldsymbol{S}_{r,6}^{\mathrm{T}}\end{bmatrix}=\begin{bmatrix}\boldsymbol{s}_{3,1}^{\mathrm{T}} & (\boldsymbol{b}_1\times\boldsymbol{s}_{3,1})^{\mathrm{T}}\\ \boldsymbol{s}_{3,2}^{\mathrm{T}} & (\boldsymbol{b}_2\times\boldsymbol{s}_{3,2})^{\mathrm{T}}\\ \vdots & \vdots\\ \boldsymbol{s}_{3,6}^{\mathrm{T}} & (\boldsymbol{b}_6\times\boldsymbol{s}_{3,6})^{\mathrm{T}}\end{bmatrix};\boldsymbol{\Theta}=\begin{pmatrix}\dot{d}_1\\ \dot{d}_2\\ \vdots\\ \dot{d}_6\end{pmatrix}$。

第6章　机器人质心运动学理论

6.1　质心与其运动学概述

质量中心简称质心，指物质系统上被认为质量集中于此的一个假想点，与重心不同的是，质心不一定要在有重力场的系统中。值得注意的是，除非重力场是均匀的，否则同一物质系统的质心与重心通常不在同一假想点上。质点系的质心是质点系质量分布的平均位置。设质点系由n个质点组成，它们的质量分别是m_1，m_2,…，m_n。若用$\boldsymbol{r}_1$，$\boldsymbol{r}_2$,…，$\boldsymbol{r}_n$分别表示质点系中各质点相对于某一固定点o的矢径，用$\boldsymbol{r}_\sigma$表示质心的矢径，则有

$$\boldsymbol{r}_\sigma = \frac{\sum_{i=1}^{n} m_i \boldsymbol{r}_i}{M_{\text{tot}}} \tag{6.1}$$

式中，$M_{\text{tot}} = \sum_{i=1}^{n} m_i$表示质点系的总质量。若选择不同的坐标系，质心坐标的具体数值就会不同，但质心相对于质点系中各质点的相对位置与坐标系的选择无关。质点系的质心仅与各质点的质量大小和分布的相对位置有关。

在机器人机构学的研究中，多足机器人可以看作一个并联机构，如果给定本体和足的运动轨迹，可以通过求解并联机构的逆运动学问题来得到各个主动关节的运动轨迹。在实际应用中，常规的运动学模型存在一个问题，因为地面只能对足提供单向的支持力，机器人的足与地面接触不能完全等价于一个球面约束。如果支持力方向与约束力方向相反，那么足将脱离地面导致整个球面副约束失效。出现这一状况的典型例子是机器人的质心运动到腿部支撑区域之外时，机器人会发生失稳而翻倒。由于在常规的运动学问题中并没有涉及质心的位置，即便求解出了关节的轨迹，也不能保证机器人实现预想的运动。

为弥补这一缺陷，本章将引入一种基于质心的运动学理论，该理论把机构的质心当作末端执行器，研究机构的输入运动和质心运动之间的映射关系[11]。研究方法和常规的机器人运动学一样，质心运动学也包括正向运动学问题和逆运动学问题。质心正向运动学问题是指给定机器人各个关节变量的值求解质心的位置；质心逆运动学问题则是指给定机器人质心的位置求解各个关节变量的值。运用质心运动学模型，可以直接在工作空间中规划多足机器人质心的运动轨迹，再通过质心逆运动学计算出对应的关节转角，从而更易于保证多足机器人行走的稳定性。

6.2 质量位移矩阵

在进行质心运动学建模之前，需要介绍一个数学工具——质量位移矩阵。对于一个由n个质点组成的质点系，其质心位置$\overline{x}_n$可以表示为

$$\overline{\boldsymbol{x}}_n = \frac{1}{\sum_{i=1}^{n} m_i} \sum_{i=1}^{n} m_i \boldsymbol{c}_i \tag{6.2}$$

式中，$m_i \in \mathbb{R}$表示第i个质点的质量；$\boldsymbol{c}_i \in \mathbb{R}^3$表示第$i$个质点的位置。

如果此时移除第1个质点，其余$n-1$个质点的质心为

$$\overline{\boldsymbol{x}}_{n-1} = \frac{1}{\sum_{i=2}^{n} m_i} \sum_{i=2}^{n} m_i \boldsymbol{c}_i \tag{6.3}$$

将式(6.3)代入式(6.2)，可以得到

$$\overline{\boldsymbol{x}}_n = \frac{1}{\sum_{i=1}^{n} m_i} \left(\sum_{i=2}^{n} m_i \overline{\boldsymbol{x}}_{n-1} + m_1 \boldsymbol{c}_1 \right) \tag{6.4}$$

利用齐次坐标和矩阵运算，式(6.4)可以进一步改写为

$$\begin{bmatrix} \overline{\boldsymbol{x}}_n \\ 1 \end{bmatrix} = \rho_1 \overline{\boldsymbol{M}}_1 \begin{bmatrix} \overline{\boldsymbol{x}}_{n-1} \\ 1 \end{bmatrix} \tag{6.5}$$

式中

$$\overline{\boldsymbol{M}}_1 = \begin{bmatrix} \boldsymbol{I}_{3\times 3} & \dfrac{m_1}{\sum_{i=2}^{n} m_i} \boldsymbol{c}_1 \\ \boldsymbol{0} & \dfrac{\sum_{i=2}^{n} m_i}{\sum_{i=2}^{n} m_i} \end{bmatrix}, \quad \rho_1 = \frac{\sum_{i=2}^{n} m_i}{\sum_{i=1}^{n} m_i}$$

观察到$\overline{\boldsymbol{M}}_1$具有和平移齐次变换矩阵类似的形式，都可以使空间中的点产生一个位移，因此把$\overline{\boldsymbol{M}}_1$定义为质量位移矩阵。原本的质心$\overline{\boldsymbol{x}}_n$可以看作新的质心$\overline{\boldsymbol{x}}_{n-1}$进行一次关于$\overline{\boldsymbol{M}}_1$的位移变换后再以$\rho_1$为比例进行缩放。

如果再移除第2个质点，同理有

$$\begin{bmatrix} \overline{\boldsymbol{x}}_{n-1} \\ 1 \end{bmatrix} = \rho_2 \overline{\boldsymbol{M}}_2 \begin{bmatrix} \overline{\boldsymbol{x}}_{n-2} \\ 1 \end{bmatrix} \tag{6.6}$$

式中

$$\overline{\boldsymbol{M}}_2 = \begin{bmatrix} \boldsymbol{I}_{3\times3} & \dfrac{m_2}{\sum_{i=3}^{n} m_i}\boldsymbol{c}_2 \\ \boldsymbol{0} & \dfrac{\sum_{i=2}^{n} m_i}{\sum_{i=3}^{n} m_i} \end{bmatrix}, \quad \rho_2 = \frac{\sum_{i=3}^{n} m_i}{\sum_{i=2}^{n} m_i}$$

推广到一般情况，移除第 j 个质点前后质心位置的关系为

$$\begin{bmatrix} \overline{\boldsymbol{x}}_{n-j+1} \\ 1 \end{bmatrix} = \rho_j \overline{\boldsymbol{M}}_j \begin{bmatrix} \overline{\boldsymbol{x}}_{n-j} \\ 1 \end{bmatrix} \tag{6.7}$$

式中

$$\overline{\boldsymbol{M}}_2 = \begin{bmatrix} \boldsymbol{I}_{3\times3} & \dfrac{m_2}{\sum_{i=j+1}^{n} m_i}\boldsymbol{c}_j \\ \boldsymbol{0} & \dfrac{\sum_{i=j}^{n} m_i}{\sum_{i=j+1}^{n} m_i} \end{bmatrix}, \quad \rho_j = \frac{\sum_{i=j+1}^{n} m_i}{\sum_{i=j}^{n} m_i}$$

利用一组质量位移矩阵 $\left\{\overline{\boldsymbol{M}}_1, \overline{\boldsymbol{M}}_2, \cdots, \overline{\boldsymbol{M}}_{n-1}\right\}$，整个质点系质心的齐次坐标可以表示为

$$\begin{bmatrix} \overline{\boldsymbol{x}}_n \\ 1 \end{bmatrix} = \rho_1 \overline{\boldsymbol{M}}_1 \rho_2 \overline{\boldsymbol{M}}_2 \cdots \rho_{n-1} \overline{\boldsymbol{M}}_{n-1} \begin{bmatrix} \boldsymbol{c}_n \\ 1 \end{bmatrix} \tag{6.8}$$

另外，由缩放系数 ρ_i 的定义可知 $\rho_{n-1}\cdots\rho_1 = \dfrac{m_n}{\sum_{i=1}^{n} m_i}$，式(6.8)可以写成

$$\begin{bmatrix} \overline{\boldsymbol{x}}_n \\ 1 \end{bmatrix} = \frac{m_n}{\sum_{i=1}^{n} m_i} \overline{\boldsymbol{M}}_1 \overline{\boldsymbol{M}}_2 \ldots \overline{\boldsymbol{M}}_{n-1} \begin{bmatrix} \boldsymbol{c}_n \\ 1 \end{bmatrix} \tag{6.9}$$

式(6.9)和式(6.2)在物理意义上是等价的，不同的是，式(6.9)用矩阵相乘的数学形式表达，而式(6.2)用加权平均的数学形式表达。用矩阵相乘的数学形式表达的好处是质心的齐次坐标能够直接参与刚体运动的齐次变换运算，而加权平均值的概念在刚体的齐次变换运算中是没有定义的。

下面介绍一个关于质量位移矩阵和刚体齐次变换的命题及其证明，在后面建立机器人的质心运动学模型时需要使用到这个命题。

命题 6.1　对于任意一个质量位移矩阵 $\overline{\boldsymbol{M}} = \begin{bmatrix} \boldsymbol{I}_{3\times3} & a\boldsymbol{c} \\ \boldsymbol{0} & b \end{bmatrix}$ 和一个齐次变换矩阵 $\boldsymbol{g} = \mathrm{e}^{\theta\hat{\boldsymbol{\xi}}}$，其中 $a,b \in \mathbb{R}^+$，$\boldsymbol{c} \in \mathbb{R}^3$，$\theta \in \mathbb{R}$，$\boldsymbol{\xi} \in \mathrm{se}(3)$。$\boldsymbol{g}$ 关于 $\overline{\boldsymbol{M}}$ 的相似变换 $\boldsymbol{g}' = \overline{\boldsymbol{M}}\boldsymbol{g}\overline{\boldsymbol{M}}^{-1}$

仍然是一个齐次变换矩阵，即 $\boldsymbol{g}' \in SE(3)$。将 $\boldsymbol{g}'$ 也写成指数映射的形式为 $\boldsymbol{g}' = e^{\theta\hat{\xi}'}$，$\boldsymbol{g}'$ 的运动旋量 $\boldsymbol{\xi}'$ 与 $\boldsymbol{g}$ 的运动旋量 $\boldsymbol{\xi}$ 满足

$$\boldsymbol{\xi}' = \begin{bmatrix} \frac{1}{b}\boldsymbol{I}_{3\times3} & \frac{a}{b}\hat{c} \\ \boldsymbol{0}_{3\times3} & \boldsymbol{I}_{3\times3} \end{bmatrix}\boldsymbol{\xi} \tag{6.10}$$

证明： 假设 $\boldsymbol{\xi}$ 的线速度分量为 $\boldsymbol{v} \in \mathbb{R}^3$，角速度分量为 $\boldsymbol{\omega} \in \mathbb{R}^3$。

如果 $\boldsymbol{\omega} \neq 0$，则 $\boldsymbol{g} = e^{\theta\hat{\xi}}$ 表示一个螺旋运动。在该螺旋运动转轴上任取一点 $\boldsymbol{r} \in \mathbb{R}^3$，根据运动旋量的定义，$\boldsymbol{\xi}$ 的线速度分量 $\boldsymbol{v}$ 可以表示为

$$\boldsymbol{v} = \boldsymbol{r} \times \boldsymbol{\omega} + h\boldsymbol{\omega} \tag{6.11}$$

式中，$h \in \mathbb{R}$ 表示运动旋量 $\boldsymbol{\xi}$ 的螺距。

将 $\boldsymbol{g} = e^{\theta\hat{\xi}}$ 用指数映射展开，可得

$$\boldsymbol{g} = \begin{bmatrix} e^{\theta\hat{\omega}} & \left(\boldsymbol{I} - e^{\theta\hat{\omega}}\right)\boldsymbol{r} + h\boldsymbol{\omega}\theta \\ \boldsymbol{0} & 1 \end{bmatrix} \tag{6.12}$$

对 $\boldsymbol{g}$ 进行关于矩阵 $\overline{\boldsymbol{M}}$ 的相似变换，得到 $\boldsymbol{g}'$ 为

$$\boldsymbol{g}' = \overline{\boldsymbol{M}}\boldsymbol{g}\overline{\boldsymbol{M}}^{-1} = \begin{bmatrix} e^{\theta\hat{\omega}} & \left(\boldsymbol{I} - e^{\theta\hat{\omega}}\right)\left(\frac{1}{b}\boldsymbol{r} + \frac{a}{b}\boldsymbol{c}\right) + \frac{h}{b}\boldsymbol{\omega}\theta \\ \boldsymbol{0} & 1 \end{bmatrix} \tag{6.13}$$

另外，将 $\boldsymbol{g}' = e^{\theta\hat{\xi}'}$ 用指数映射展开，可得

$$\boldsymbol{g}' = \begin{bmatrix} e^{\theta\hat{\omega}'} & \left(\boldsymbol{I} - e^{\theta\hat{\omega}'}\right)\boldsymbol{r}' + h'\boldsymbol{\omega}'\theta \\ \boldsymbol{0} & 1 \end{bmatrix} \tag{6.14}$$

式中，$\boldsymbol{\omega}' \in \mathbb{R}^3$ 表示 $\boldsymbol{\xi}'$ 的角速度分量；$\boldsymbol{r}' \in \mathbb{R}^3$ 为 $\boldsymbol{\xi}'$ 转轴上任意一点；$h' \in \mathbb{R}$ 表示运动旋量 $\boldsymbol{\xi}'$ 的螺距。

式(6.13)和式(6.14)是同一个刚体运动 $\boldsymbol{g}'$ 的两种不同的数学表达形式，比较对应系数可得

$$\boldsymbol{\omega}' = \boldsymbol{\omega} \tag{6.15}$$

$$\boldsymbol{r}' = \frac{1}{b}\boldsymbol{r} + \frac{a}{b}\boldsymbol{c} \tag{6.16}$$

$$h' = \frac{1}{b}h \tag{6.17}$$

由 $\boldsymbol{\omega}'$、$\boldsymbol{r}'$ 和 h' 可求出 $\boldsymbol{\xi}'$ 的线速度分量为

$$\boldsymbol{v}' = \boldsymbol{r}' \times \boldsymbol{\omega}' + h'\boldsymbol{\omega}' = \left(\frac{1}{b}\boldsymbol{r} + \frac{a}{b}\boldsymbol{c}\right) \times \boldsymbol{\omega} + \frac{1}{b}h\boldsymbol{\omega} \tag{6.18}$$

将式(6.11)代入式(6.18)，可得

$$\boldsymbol{v}' = \frac{1}{b}\boldsymbol{v} + \frac{a}{b}\boldsymbol{c} \times \boldsymbol{\omega} \tag{6.19}$$

综合式(6.15)和式(6.19)，得到运动旋量$\boldsymbol{\xi}'$为

$$\boldsymbol{\xi}' = \begin{bmatrix} \boldsymbol{v}' \\ \boldsymbol{\omega}' \end{bmatrix} = \begin{bmatrix} \frac{1}{b}\boldsymbol{v} + \frac{a}{b}\boldsymbol{c} \times \boldsymbol{\omega} \\ \boldsymbol{\omega} \end{bmatrix} = \begin{bmatrix} \frac{1}{b}\boldsymbol{I}_{3\times3} & \frac{a}{b}\hat{\boldsymbol{c}} \\ \boldsymbol{0}_{3\times3} & \boldsymbol{I}_{3\times3} \end{bmatrix} \boldsymbol{\xi} \tag{6.20}$$

如果$\boldsymbol{\omega} = \boldsymbol{0}$，则$\boldsymbol{g} = \mathrm{e}^{\theta\hat{\xi}}$表示一个平移运动，用指数映射展开可得

$$\boldsymbol{g} = \begin{bmatrix} \boldsymbol{I}_{3\times3} & \boldsymbol{v}\theta \\ \boldsymbol{0} & 1 \end{bmatrix} \tag{6.21}$$

对$\boldsymbol{g}$进行关于$\overline{\boldsymbol{M}}$的相似变换，得到$\boldsymbol{g}'$为

$$\boldsymbol{g}' = \overline{\boldsymbol{M}}\boldsymbol{g}\overline{\boldsymbol{M}}^{-1} = \begin{bmatrix} \boldsymbol{I}_{3\times3} & \frac{\boldsymbol{v}}{b}\theta \\ \boldsymbol{0} & 1 \end{bmatrix} \tag{6.22}$$

另外，将$\boldsymbol{g}' = \mathrm{e}^{\theta\hat{\xi}'}$展开可得

$$\boldsymbol{g}' = \begin{bmatrix} \boldsymbol{I}_{3\times3} & \boldsymbol{v}'\theta \\ \boldsymbol{0} & 1 \end{bmatrix} \tag{6.23}$$

对比式(6.22)和式(6.23)的系数，可得

$$\boldsymbol{v}' = \frac{1}{b}\boldsymbol{v} \tag{6.24}$$

将$\boldsymbol{\xi}' = \begin{bmatrix} \boldsymbol{v}' \\ \boldsymbol{0} \end{bmatrix}$和$\boldsymbol{\xi} = \begin{bmatrix} \boldsymbol{v} \\ \boldsymbol{0} \end{bmatrix}$代入式(6.20)仍然成立。

综合上述两种情况的结论，命题6.1得证。

为方便书写，定义一个从$\boldsymbol{\xi}$到$\boldsymbol{\xi}'$的线性映射：

$$\boldsymbol{T}_M = \begin{bmatrix} \frac{1}{b}\boldsymbol{I}_{3\times3} & \frac{a}{b}\hat{\boldsymbol{c}} \\ \boldsymbol{0}_{3\times3} & \boldsymbol{I}_{3\times3} \end{bmatrix} \tag{6.25}$$

这个线性映射$\boldsymbol{T}_M$是由给定的质量位移矩阵$\overline{\boldsymbol{M}}$确定的，下标表示该质量位移矩阵。利用线性映射$\boldsymbol{T}_M$，式(6.20)可以化简为$\boldsymbol{\xi}' = \boldsymbol{T}_M\boldsymbol{\xi}$。

6.3　单分支系统质心运动学

6.2节介绍了质量位移矩阵，本节将使用质量位移矩阵进行机器人单分支系统的质心运动学分析。以一种3R关节组成的步行机器人单分支腿机构为例，其质心运动学研究的是关节转角和分支上质心位置之间的映射关系，如图6.1所示。

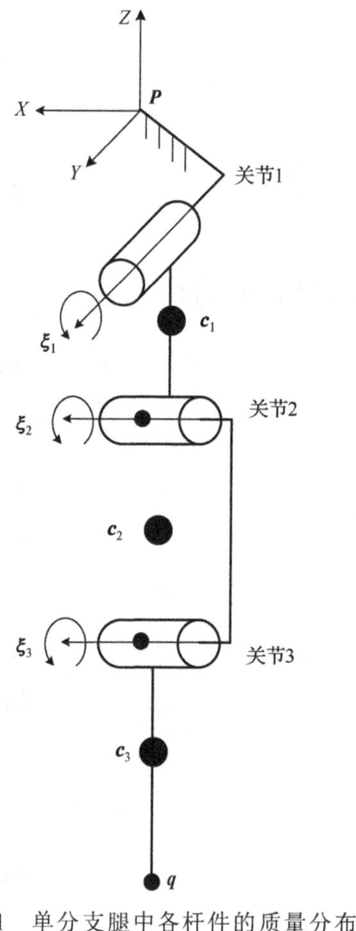

图 6.1　单分支腿中各杆件的质量分布

对于如图 6.1 所示的单分支腿结构，假设各杆件的质量为 $m_i \in \mathbb{R}^+ (i=1,2,3)$，初始质心位置为 $c_i \in \mathbb{R}^3 (i=1,2,3)$，$\xi_i = \begin{pmatrix} v_i \\ \omega_i \end{pmatrix}_{6\times1}$ 为各关节运动旋量。

仅考虑关节 3 转动时，连杆 3 的质心位置为

$$\begin{bmatrix} \bar{x}_3 \\ 1 \end{bmatrix} = e^{\theta_3\hat{\xi}_3} \begin{bmatrix} c_3 \\ 1 \end{bmatrix} \tag{6.26}$$

考虑连杆 2 的质量位移矩阵和关节 2 的转动，可得连杆 2 和连杆 3 的质心为

$$\begin{bmatrix} \bar{x}_{23} \\ 1 \end{bmatrix} = e^{\theta_2\hat{\xi}_2} \rho_2 \overline{M}_2 \begin{bmatrix} \bar{x}_3 \\ 1 \end{bmatrix} \tag{6.27}$$

同理，加入关节 1 的运动，可得整条腿的质心为

$$\begin{bmatrix} \bar{x}_{123} \\ 1 \end{bmatrix} = e^{\theta_1\hat{\xi}_1} \rho_1 \overline{M}_1 \begin{bmatrix} \bar{x}_{23} \\ 1 \end{bmatrix} \tag{6.28}$$

综合式(6.26)～式(6.28)，用 $\bar{x}$ 代替 $\bar{x}_{123}$，得到

$$\begin{bmatrix} \bar{x} \\ 1 \end{bmatrix} = e^{\theta_1\hat{\xi}_1} \rho_1 \overline{M}_1 e^{\theta_2\hat{\xi}_2} \rho_2 \overline{M}_2 e^{\theta_3\hat{\xi}_3} \begin{bmatrix} c_3 \\ 1 \end{bmatrix} \tag{6.29}$$

根据命题 6.1，对 $e^{\theta_2\hat{\xi}_2}$ 和 $e^{\theta_3\hat{\xi}_3}$ 分别进行关于 $\overline{M}_1$ 和 $\overline{M}_1\overline{M}_2$ 的相似变换，可以得到

$$\overline{M}_1 e^{\theta_2\hat{\xi}_2} = e^{\theta_2\hat{\xi}_2'} \overline{M}_1 \tag{6.30}$$

$$\overline{M}_1\overline{M}_2 e^{\theta_3\hat{\xi}_3} = e^{\theta_3\hat{\xi}_3'} \overline{M}_1\overline{M}_2 \tag{6.31}$$

式中，$\xi_2' = T_{M_1}\xi_2$；$\xi_3' = T_{M_1M_2}\xi_3$。

将式(6.30)和式(6.31)代入式(6.29)得到

$$\begin{bmatrix} \bar{x} \\ 1 \end{bmatrix} = e^{\theta_1\hat{\xi}_1} e^{\theta_2\hat{\xi}_2'} e^{\theta_3\hat{\xi}_3'} \rho_1 \overline{M}_1 \rho_2 \overline{M}_2 \begin{bmatrix} c_3 \\ 1 \end{bmatrix} \tag{6.32}$$

令 $\begin{bmatrix} \bar{x}_0 \\ 1 \end{bmatrix} = \rho_1 \overline{M}_1 \rho_2 \overline{M}_2 \begin{bmatrix} c_3 \\ 1 \end{bmatrix}$，$\bar{x}_0$ 代表腿部质心的初始位置。将 $\bar{x}_0$ 代入式(6.32)，可得

$$\begin{bmatrix} \bar{x} \\ 1 \end{bmatrix} = e^{\theta_1\hat{\xi}_1} e^{\theta_2\hat{\xi}_2'} e^{\theta_3\hat{\xi}_3'} \begin{bmatrix} \bar{x}_0 \\ 1 \end{bmatrix} \tag{6.33}$$

注意到式(6.33)具有和串联机器人的指数积(POE)公式类似的形式，将式 (6.33) 称为关于质心运动的指数积公式。如果将腿部的质心看成另外一个等效串联机构的末端点，该等效串联机构的关节运动旋量由 ξ_1、ξ_2' 和 ξ_3' 确定，那么腿部的质心运动学模型就是等效串联机构的运动学模型。在串联机构中使用的运动学分析方法也可以在

质心运动学模型中使用，如应用一般 3R 串联机构的逆运动学问题求解方法以及几何法计算雅可比矩阵[1]。

根据串联机构的空间雅可比矩阵形式，可以得到质心等效串联机构的空间雅可比矩阵：

$$\bar{\boldsymbol{J}}^s = \begin{bmatrix} \boldsymbol{\xi}_1 & \mathrm{Ad}_{\mathrm{e}^{\theta_1\hat{\xi}_1}} \boldsymbol{\xi}_2' & \mathrm{Ad}_{\mathrm{e}^{\theta_1\hat{\xi}_1}\mathrm{e}^{\theta_2\hat{\xi}_2}} \boldsymbol{\xi}_3' \end{bmatrix} \tag{6.34}$$

使用质心等效串联机构的空间雅可比矩阵可以进一步得到质心速度和关节转速的关系为

$$\dot{\boldsymbol{x}} = \begin{bmatrix} \boldsymbol{I}_{3\times3} \\ \hat{\hat{\boldsymbol{x}}} \end{bmatrix}^{\mathrm{T}} \bar{\boldsymbol{J}}^s \dot{\boldsymbol{\theta}} \tag{6.35}$$

实际上，任何一个串联机构的质心运动都可以等价为另外一个串联机构的末端点运动。可以把式(6.33)推广，对于任意一个具有 n 个关节的串联机构，其质心的齐次坐标为

$$\begin{bmatrix} \bar{\boldsymbol{x}} \\ 1 \end{bmatrix} = \mathrm{e}^{\theta_1\hat{\xi}_1}\mathrm{e}^{\theta_2\hat{\xi}_2'} \cdots \mathrm{e}^{\theta_n\hat{\xi}_n'} \begin{bmatrix} \bar{\boldsymbol{x}}_0 \\ 1 \end{bmatrix} \tag{6.36}$$

式中，$\boldsymbol{\xi}_i' = \boldsymbol{T}_{M_1\cdots M_{i-1}} \boldsymbol{\xi}_i \left(i \geqslant 2\right)$。

6.4　多分支系统质心运动学

一般的机器人系统多为一个多分支系统，当机器人单分支系统的质心运动学分析完成后，其多分支系统的质心运动学分析也需要进行考虑。以一个单分支腿为 3R 机构的四足机器人为例(图 6.2)，其整体的质心等于本体质心和四条腿质心质量的加权平均值。

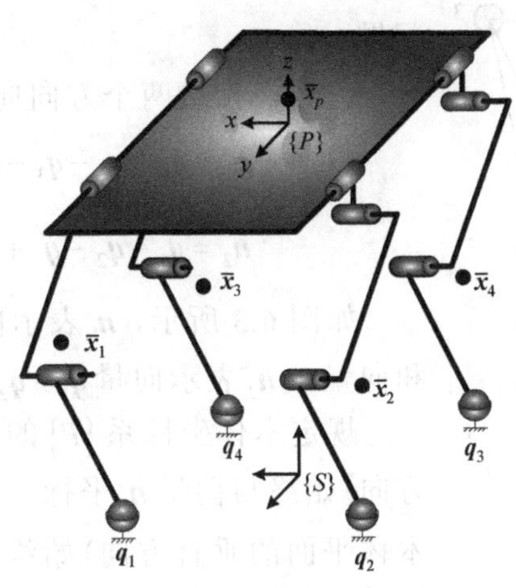

图 6.2　机器人整体的质量分布

假设在空间坐标系 $\{S\}$ 中，本体的质心位置为 $\bar{\boldsymbol{x}}_p \in \mathbb{R}^3$，本体质量为 $m_p \in \mathbb{R}^+$，各条腿的质心位置为 $\bar{\boldsymbol{x}}_i \in \mathbb{R}^3 (i=1,2,3,4)$，质量为 $m \in \mathbb{R}^+$，如图 6.2 所示，那么机器人整体的质心 $\bar{\boldsymbol{x}}$ 为

$$\bar{\boldsymbol{x}} = \frac{1}{m_p + 4m}\left(m_p \bar{\boldsymbol{x}}_p + \sum_{i=1}^{4} m \bar{\boldsymbol{x}}_i\right) \tag{6.37}$$

如果给定机器人本体位姿 $\boldsymbol{g}_p \in \mathrm{SE}(3)$ 和各腿足端位置 $\boldsymbol{q}_i \in \mathbb{R}^3 (i=1,2,3,4)$，那么腿部的关节转角 $\boldsymbol{\theta}_i \in \mathbb{R}^3 (i=1,2,3,4)$ 可以通过求解单腿逆运动学问题确定。利用单腿质心运动学公式(6.33)，可以得到各腿的质心位置 $\bar{\boldsymbol{x}}_i$，再代入式(6.37)计算得出机器人整体的质心位置 $\bar{\boldsymbol{x}}$。因此，四足机器人整体的质心正向运动学问题是比较简单的，而整体的质心逆运动学问题则较为复杂。

四足机器人整体的质心逆运动学问题具体描述为：给定机器人整体的质心位置 $\bar{\boldsymbol{x}}$ 和各腿足端位置 $\boldsymbol{q}_i$，求解机器人本体位姿 $\boldsymbol{g}_p$ 和各腿关节转角 $\boldsymbol{\theta}_i$。求解质心逆运动学问题需要解决两个问题：第一，本体运动空间 $\mathrm{SE}(3)$ 是一个六维空间，而质心运动空间 $\mathbb{R}^3$ 是一个三维空间，因此本体的位姿 $\boldsymbol{g}_p$ 不能完全由质心位置 $\bar{\boldsymbol{x}}$ 确定，同一个质心位置 $\bar{\boldsymbol{x}}$ 有可能对应不同的本体位姿 $\boldsymbol{g}_p$；第二，由于每条腿的构形和质心位置都会影响机器人整体的质心位置，各运动参数之间互相耦合，式(6.37)是一个关于本体位姿 $\boldsymbol{g}_p$ 和关节转角 $\boldsymbol{\theta}_i$ 的非线性化的方程，难以得到解析解。

对于第一点，学者提出了各种方法，如 Kalakrishnan 等[12]提出的可达空间最优化法以及 Shkolnik 和 Tedrake[13]提出的零空间运动规划法等。在实际使用中发现，可达空间最优化法计算效率低下且容易产生优化结果不收敛的情况，而零空间运动规划法在复杂运动的情况下也会产生逐渐发散的运动轨迹，因此这些方法并不具有普适性。这里直接对机器人本体的 3 个转动自由度进行约束，提出了一种基于足端位置的本体姿态约束方法，解决了机器人自由度冗余的问题。

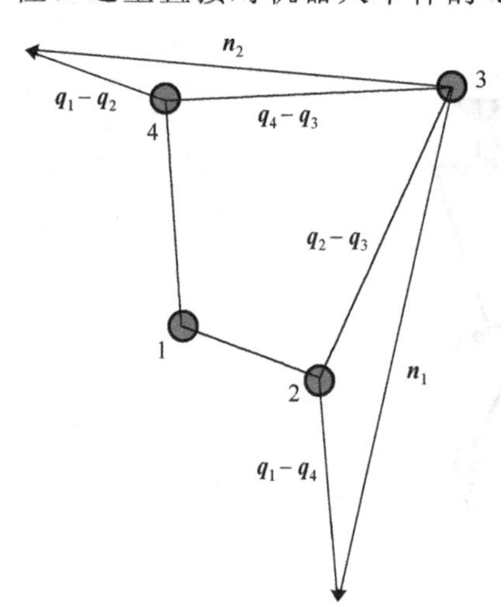

图 6.3　方向向量 $\boldsymbol{n}_1$ 和 $\boldsymbol{n}_2$

首先，构造两个方向向量如下：

$$\boldsymbol{n}_1 = \boldsymbol{q}_1 + \boldsymbol{q}_2 - \boldsymbol{q}_3 - \boldsymbol{q}_4 \tag{6.38}$$

$$\boldsymbol{n}_2 = \boldsymbol{q}_1 - \boldsymbol{q}_2 - \boldsymbol{q}_3 + \boldsymbol{q}_4 \tag{6.39}$$

如图 6.3 所示，$\boldsymbol{n}_1$ 表示向量 $\boldsymbol{q}_1-\boldsymbol{q}_4$ 与向量 $\boldsymbol{q}_2-\boldsymbol{q}_3$ 的和向量；$\boldsymbol{n}_2$ 表示向量 $\boldsymbol{q}_1-\boldsymbol{q}_2$ 与向量 $\boldsymbol{q}_4-\boldsymbol{q}_3$ 的和向量。

规定本体坐标系 $\{P\}$ 的 y 轴(即机器人本体的前进方向)始终与向量 $\boldsymbol{n}_1$ 平行，本体坐标系 $\{P\}$ 的 z 轴(即本体平面的垂直方向)始终与向量 $\boldsymbol{n}_2$ 垂直。令本体坐标系 $\{P\}$ 的转动矩阵 $\boldsymbol{R} \in \mathrm{SO}(3)$ 为

$$\boldsymbol{R}=\left[\frac{\boldsymbol{n}_1\times(\boldsymbol{n}_2\times\boldsymbol{n}_1)}{\|\boldsymbol{n}_1\times(\boldsymbol{n}_2\times\boldsymbol{n}_1)\|}\quad\frac{\boldsymbol{n}_1}{\|\boldsymbol{n}_1\|}\quad\frac{\boldsymbol{n}_2\times\boldsymbol{n}_1}{\|\boldsymbol{n}_2\times\boldsymbol{n}_1\|}\right] \tag{6.40}$$

$\boldsymbol{R}$ 应满足如下约束方程组:

$$\begin{cases}\boldsymbol{n}_1^{\mathrm{T}}\boldsymbol{R}\boldsymbol{e}_1=0\\ \boldsymbol{n}_1^{\mathrm{T}}\boldsymbol{R}\boldsymbol{e}_3=0\\ \boldsymbol{n}_2^{\mathrm{T}}\boldsymbol{R}\boldsymbol{e}_3=0\end{cases} \tag{6.41}$$

式中，$\boldsymbol{e}_1=[1\quad 0\quad 0]^{\mathrm{T}}$；$\boldsymbol{e}_3=[0\quad 0\quad 1]^{\mathrm{T}}$。

以式(6.40)确定的本体姿态有两点好处：一是机器人的本体姿态会随着足端位置的变化而变化，保证机器人的步行方向和本体的朝向基本相符；二是机器人本体与足端具有相同的运动趋势，有利于增大摆动腿的工作空间。

对于第二点，考虑到质心运动在运动空间中是光滑连续的，尽管难以得到封闭形式的解析解，但是可以应用非线性方程的数值解法得到近似的数值解。下面给出一种求解质心逆运动学问题的数值算法。

对式(6.37)求关于时间的导数可得

$$\dot{\boldsymbol{x}}=\frac{1}{m_p+4m}\left(m_p\dot{\boldsymbol{x}}_p+\sum_{i=1}^{4}m\dot{\boldsymbol{x}}_i\right) \tag{6.42}$$

因为机器人本体为一个刚体，所以本体质心速度 $\dot{\boldsymbol{x}}_p$ 完全由本体的广义空间速度 $\boldsymbol{S}_p=\begin{pmatrix}\boldsymbol{v}_p^s\\ \boldsymbol{\omega}_p^s\end{pmatrix}\in \mathrm{se}(3)$ 和当前本体质心位置 $\bar{\boldsymbol{x}}_p$ 确定，即

$$\dot{\boldsymbol{x}}_p=\begin{bmatrix}\boldsymbol{I}_{3\times3}\\ \hat{\bar{\boldsymbol{x}}}_p\end{bmatrix}^{\mathrm{T}}\boldsymbol{S}_p \tag{6.43}$$

腿部质心速度 $\dot{\boldsymbol{x}}_i$ 可用单腿质心雅可比矩阵 $\bar{\boldsymbol{J}}_i^s$ 和本体的广义空间速度 $\boldsymbol{S}_p$ 表示为

$$\dot{\boldsymbol{x}}_i=\begin{bmatrix}\boldsymbol{I}_{3\times3}\\ \hat{\bar{\boldsymbol{x}}}_i\end{bmatrix}^{\mathrm{T}}\left(\boldsymbol{S}_p+\mathrm{Ad}_{g_p}\bar{\boldsymbol{J}}_i^s\dot{\boldsymbol{\theta}}_i\right) \tag{6.44}$$

式中，Ad_{g_p} 为单腿质心在本体坐标系下的速度到空间坐标系下的伴随变换。

又由前面的整体运动学模型分析可知，足端速度 $\dot{\boldsymbol{q}}_i$ 和关节速度 $\dot{\boldsymbol{\theta}}_i$ 的关系为

$$\dot{\boldsymbol{\theta}}_i=\left(\begin{bmatrix}\boldsymbol{I}_{3\times3}\\ \hat{\boldsymbol{q}}_i\end{bmatrix}^{\mathrm{T}}\mathrm{Ad}_{g_p}\boldsymbol{J}_i^s\right)^{-1}\left(\dot{\boldsymbol{q}}_i-\begin{bmatrix}\boldsymbol{I}_{3\times3}\\ \hat{\boldsymbol{q}}_i\end{bmatrix}^{\mathrm{T}}\boldsymbol{S}_p\right) \tag{6.45}$$

将式(6.43)～式(6.45)代入式(6.42)，整理得到

$$\dot{\boldsymbol{x}}=\boldsymbol{A}\boldsymbol{S}_p+\boldsymbol{B}\dot{\boldsymbol{q}} \tag{6.46}$$

式中

$$A=\frac{1}{M+4m}\left(M\begin{bmatrix}I_{3\times3}\\\hat{\boldsymbol{x}}_p\end{bmatrix}^{\mathrm{T}}+m\sum_{i=1}^{4}\left(\begin{bmatrix}I_{3\times3}\\\hat{\boldsymbol{x}}_i\end{bmatrix}^{\mathrm{T}}-\bar{J}_iJ_i^{-1}\begin{bmatrix}I_{3\times3}\\\hat{q}_i\end{bmatrix}^{\mathrm{T}}\right)\right),\quad B=\frac{m}{M+4m}\sum_{i=1}^{4}\bar{J}_iJ_i^{-1}$$

$$\bar{J}_i=\begin{bmatrix}I_{3\times3}\\\hat{\boldsymbol{x}}_i\end{bmatrix}^{\mathrm{T}}\mathrm{Ad}_{g_p}\bar{J}_i^s,\quad J_i=\begin{bmatrix}I_{3\times3}\\\hat{q}_i\end{bmatrix}^{\mathrm{T}}\mathrm{Ad}_{g_p}J_i^s$$

$$q=\begin{bmatrix}q_1^{\mathrm{T}} & q_2^{\mathrm{T}} & q_3^{\mathrm{T}} & q_4^{\mathrm{T}}\end{bmatrix}^{\mathrm{T}}$$

设 S_p 的线速度分量为 $v_p^s\in\mathbb{R}^3$，角速度分量为 $\omega_p^s\in\mathbb{R}^3$，代入式(6.46)可得

$$\dot{\bar{x}}=A_1v_p^s+A_2\omega_p^s+B\dot{q}\tag{6.47}$$

式中，A_1 表示矩阵 A 前 3 列组成的矩阵；A_2 表示矩阵 A 后 3 列组成的矩阵；A_1 和 A_2 满足 $A=\begin{bmatrix}A_1 & A_2\end{bmatrix}$。

本体坐标系 $\{P\}$ 的原点 P 在空间坐标系 $\{S\}$ 中的位置用 $x_p\in\mathbb{R}^3$ 表示。根据广义空间速度的定义，机器人本体的线速度 $\dot{x}_p$ 也可以用 v_p^s 和 ω_p^s 来表示：

$$\dot{x}_p=v_p^s+\hat{x}_p^{\mathrm{T}}\omega_p^s\tag{6.48}$$

从式(6.48)解出 v_p^s 代入式(6.47)，整理得

$$\dot{\bar{x}}=A_1\dot{x}_p+(A_2-\hat{x}_p^{\mathrm{T}})\omega_p^s+B\dot{q}\tag{6.49}$$

对姿态约束方程(6.41)求导，可得 S_p 的角速度分量 ω_p^s 为

$$\omega_p^s=C\dot{q}\tag{6.50}$$

式中

$$C=\begin{bmatrix}n_1^{\mathrm{T}}(Re_1)^{\wedge}\\n_1^{\mathrm{T}}(Re_3)^{\wedge}\\n_2^{\mathrm{T}}(Re_3)^{\wedge}\end{bmatrix}^{-1}\begin{bmatrix}(Re_1)^{\mathrm{T}}D_1\\(Re_3)^{\mathrm{T}}D_1\\(Re_3)^{\mathrm{T}}D_2\end{bmatrix},\quad D_1=\begin{bmatrix}I_{3\times3} & I_{3\times3} & -I_{3\times3} & -I_{3\times3}\end{bmatrix}^{\mathrm{T}}$$

$$D_2=\begin{bmatrix}I_{3\times3} & -I_{3\times3} & -I_{3\times3} & I_{3\times3}\end{bmatrix}^{\mathrm{T}}$$

再将式(6.50)代入式(6.49)，整理得

$$\dot{\bar{x}}=A_1\dot{x}_p+\left(B+\left(A_2-\hat{x}_p^{\mathrm{T}}\right)C\right)\dot{q}\tag{6.51}$$

从式(6.51)解出本体速度 $\dot{x}_p$ 为

$$\dot{x}_p=A_1^{-1}(\dot{\bar{x}}-(B+(A_2-\hat{x}_p^{\mathrm{T}})C)\dot{q})\tag{6.52}$$

对 $\dot{x}_p$ 进行数值积分可以得到本体位置 x_p，结合式(6.40)给出的本体姿态 R，通过求解四足机器人的逆运动学问题得到腿部各个关节的转角值。

【例 6.1】 如图 6.4 所示，在四足机器人摆腿运动中，使用上述四足机器人质心逆运动学方法，完成质心运动控制上的应用。表 6.1 为该机器人的结构参数。

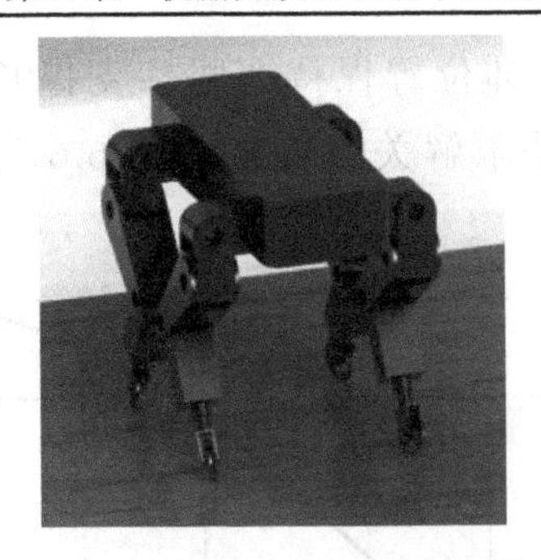

图 6.4　四足机器人三维仿真模型

表 6.1　仿真机器人结构参数

参数	值
本体质量/kg	26.95
本体尺寸/m	0.63×0.675×0.15
本体惯性矩阵/(kg·m^2)	diag (3.5,0.74,4.0)
髋关节质量/kg	3.53
髋关节长度/m	0.15
髋关节质心位置 $\boldsymbol{p}_1$/m	(0, 0, −0.053)
髋关节惯性矩阵/(kg·m^2)	diag (0.018,0.024,0.014)
大腿质量/kg	3.85
大腿长度/m	0.3
髋关节质心位置 $\boldsymbol{p}_2$/m	(0, 0, −0.33)
大腿惯性矩阵/(kg·m^2)	diag (0.055,0.068,0.020)
小腿质量/kg	2.99
小腿长度/m	0.415
髋关节质心位置 $\boldsymbol{p}_3$/m	(0, 0, −0.58)
小腿惯性矩阵/(kg·m^2)	diag (0.06,0.061,0.007)

假设机器人保持质心位置在腿部支撑长方形中心，右前腿在 2s 内向前迈出 0.2m，足端轨迹采用摆线方程，最大抬腿高度为 0.05m。图 6.5 为在不同采样周期下，机器人质心的水平位移距离 $\|\Delta\bar{\boldsymbol{x}}\|$。

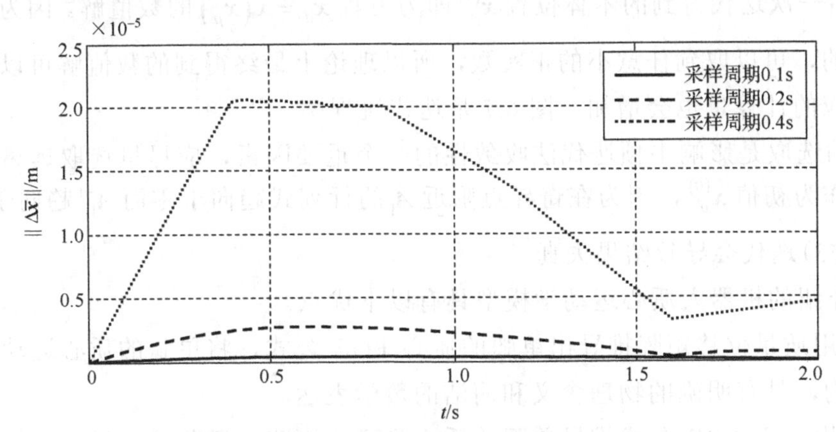

图 6.5　固定质心位置的质心水平位移距离

图中 t 表示时间

作为对比，令机器人的本体位置保持在腿部支撑长方形中心，完成同样的摆腿动作，并用常规的运动学方法求解关节轨迹，图 6.6 为在这种情况下质心的水平位移距离。

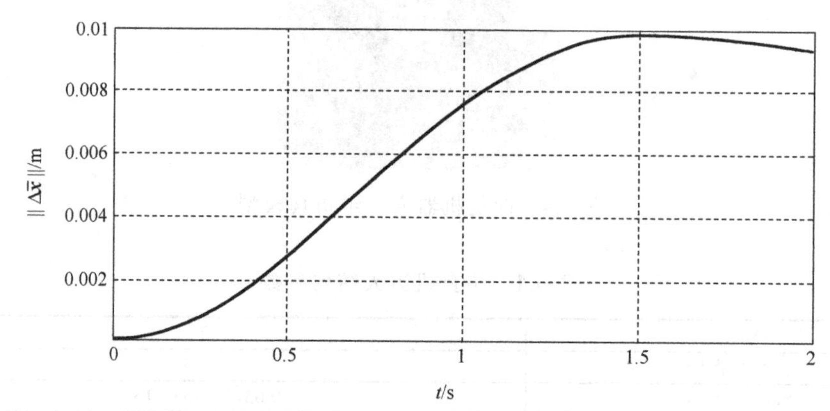

图 6.6　固定本体位置的质心水平位移距离

可以看出，即使是采样周期 0.4s 这样非常粗糙的计算结果，采用质心逆运动学方法得到的质心偏移也要比采用常规运动学方法得到的质心偏移小得多。

当然，还可以采用牛顿迭代法来进一步提高整体质心逆运动学问题的计算精度。在给定本体方向和足端位置的条件下，质心位置 $\bar{\boldsymbol{x}}$ 仅仅是本体位置 $\boldsymbol{x}_p$ 的函数，记为 $\bar{\boldsymbol{x}}=\bar{\boldsymbol{x}}(\boldsymbol{x}_p)$。$\bar{\boldsymbol{x}}$ 对 $\boldsymbol{x}_p$ 的偏导数等于 $\boldsymbol{A}_1$，即 $\dfrac{\partial\bar{\boldsymbol{x}}}{\partial\boldsymbol{x}_p}=\boldsymbol{A}_1$。对于一个已知的质心位置 $\bar{\boldsymbol{x}}_d\in\mathbb{R}^3$，要求对应的本体位置为 $\boldsymbol{x}_p$，牛顿迭代公式为

$$\boldsymbol{x}_p^{(k+1)}=\boldsymbol{x}_p^{(k)}-(\boldsymbol{A}_1^{(k)})^{-1}(\bar{\boldsymbol{x}}(\boldsymbol{x}_p^{(k)})-\bar{\boldsymbol{x}}_d)\tag{6.53}$$

式中，$k\in\mathbb{N}$ 表示迭代次数；$\boldsymbol{A}_1^{(k)}$ 和 $\boldsymbol{x}_p^{(k)}$ 分别表示第 k 次迭代时 $\boldsymbol{A}_1$ 和 $\boldsymbol{x}_p$ 的值。

定义迭代误差为 $\mathrm{err}=\|\bar{\boldsymbol{x}}\left(\boldsymbol{x}_p^{(k)}\right)-\bar{\boldsymbol{x}}_d\|$，当迭代误差 err 小于某个正实数 $\sigma\in\mathbb{R}^+$ 时停止迭代，最后一次迭代得到的本体位置 $\boldsymbol{x}_p^{(k)}$ 即为方程 $\bar{\boldsymbol{x}}_d=\bar{\boldsymbol{x}}\left(\boldsymbol{x}_p\right)$ 的数值解。因为 σ 的值是人为设定的，可以取到任意小的正实数，所以理论上最终得到的数值解可以达到任何精度，相应的计算量也会增加。图 6.7 是迭代流程图。

初值的选取是影响牛顿迭代法收敛性的一个重要因素，应尽量选取远离机构奇异点的位置作为初值 $\boldsymbol{x}_p^{(0)}$，因为在奇异点附近 $\boldsymbol{A}_1$ 的行列式趋向于零而 $\boldsymbol{A}_1^{-1}$ 趋向于无穷大，按照式(6.53)迭代会导致结果失真。

本书介绍的机器人质心运动学模型具有以下优点。

(1)利用质量位移矩阵推导出单腿的质心 POE 公式，将单腿的质心运动等价于一个串联机构，具有明确的物理含义和简洁的数学表达。

(2)使用质心 POE 公式推导单腿的质心雅可比矩阵，避免了对每个部件的质心坐标进行求导计算，提高了质心速度计算的效率。

(3)在整体质心运动学模型中，提出了一种本体姿态的约束方法，消除了速度方程的冗余性，相比现有的姿态规划方法更为简便。

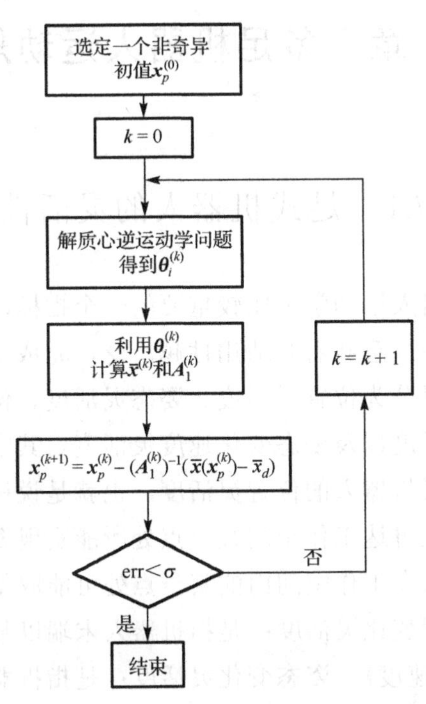

图 6.7　整体质心逆运动学问题的迭代求解流程图

第 7 章　多足机器人运动规划

7.1　足式机器人的灵活性

机器人的灵活性是机器人运动学中比较重要的一个指标，可用灵活度表示机器人的灵活性，机器人的灵活度越高意味着其适用性越广泛，完成工作任务所能采用的方式也越多。机器人的灵活度可以分为位置灵活度、姿态灵活度、位置变化灵活度、姿态变化灵活度、位置变化速度灵活度以及姿态变化速度灵活度。其中位置灵活度：机器人末端可达工作空间的大小表示了机器人的位置灵活度，也就是说机器人末端可达范围。姿态灵活度：是指机器人末端在可达工作空间某一点处所能实现姿态的集合所占空间姿态集合的比例，也就是说机器人在工作空间内的某一点处可能取得位姿解的多少，位姿解越多，机器人就越灵活。位置变化灵活度：是指机器人末端以某一姿态在可达工作空间某一点处位置改变的速度(线速度)。姿态变化灵活度：是指机器人末端以某一姿态在可达工作空间某一点处姿态改变的速度(角速度)。姿态变化速度灵活度：是指机器人末端以某一姿态在可达工作空间某一点处姿态改变的加速度(角加速度)。位置变化速度灵活度：是指机器人末端以某一姿态在可达工作空间某一点处位置改变的加速度(线加速度)。

在之前的研究中，学者主要从两个方面来衡量机构的灵活度。第一个方面是以机构输入和输出的传递关系来研究机构的灵活度。因为当机器人接近奇异位形时，机器人的雅可比行列式趋向于零或者无穷大，机构输入和输出的传递关系失真，可以通过定量地分析这种失真程度来评价机构的灵活度。1982 年，Salisbury[14]提出了雅可比矩阵条件数的概念，用来设计机构手指。1985 年，Yoshikawa[15]提出了基于雅可比矩阵条件数的可操作性的概念。1991 年，Gosselin 和 Angeles[16]对机构操作器的运动最优化设计定义了一个全域性能指标。第二个方面是以末端执行器运动姿态工作空间的大小来衡量机构的灵活度，末端执行器在规定工作点能实现的姿态越多，机构就越灵活。1971 年，Vinogradov 等[17]基于这种思想首先提出了机构操作手工作角的概念。1976 年，Roth 提出了平面机器人末端执行器服务角的概念，用服务角的大小来衡量机器人的灵活度。1981 年，Kumar 和 Waldron[18]提出了灵巧度工作空间的概念。1985 年，Yang 和 Lai[19]将服务角的概念扩展到三维空间，提出了将机器人末端执行器服务角与服务球比值作为灵活度指标。

对于多足机器人来说，机器人本体在某点处所取得的姿态越多，机器人在该点处就能更好地躲避障碍或进行作业。现有的服务球和服务角理论只对机器人末端执行器的进动角和章动角进行了衡量和评价，忽略了末端执行器自转对灵活度的影响，是一个二维的灵活度评价指标，不足以评价多足机器人在三维空间中的运动可能性。本节将现有的服务球和服务角进行扩展，提出扩展服务球的概念，将机器人本体的自转也作为评价灵活度的一个因素，使得灵活度指标更加完整和全面。

对于一个一般的串联机械臂，如图 7.1 所示，W 表示与末端执行器相连的末端关节，P 表示机械臂执行器的末端点。以 P 点为圆心，从 P 点到关节 W 的垂直距离 $r = \|\overline{PW}\|$ 为半径作一个球，这个球定义为机器臂的服务球。末端关节 W 在服务球上的位置称为服务点。若保持 P 点位置不变，末端关节 W 所有可能的服务点的集合称为服务区，如图 7.1 中阴影部分所示。服务区面积越大，表明机械臂到达工作空间中某点的可行姿态越多，机器臂就越灵活。

因此，**基于服务球的机器人灵活度**定义为工作空间中某点服务区面积与服务球表面积的比值，即

$$D_S = \frac{S_R}{S_A} \tag{7.1}$$

式中，D_S 表示基于服务球的灵活度；S_R 表示服务区的表面积；S_A 表示服务球的表面积。

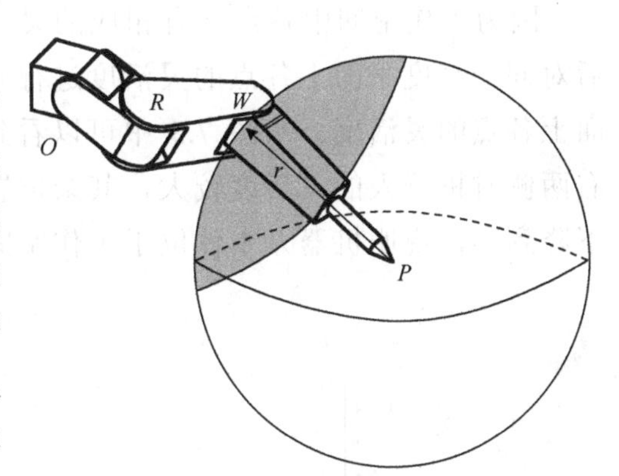

图 7.1　服务球和服务区

由服务球和服务区的定义可知，末端执行器自转的姿态并未考虑在其中。另外，基于式(7.1)的灵活度定义使用的是两个曲面表面积的比值，曲面是一个二维流形，不能涵盖三维以上的几何参数信息。这种灵活度指标对于评价不考虑末端执行器自转的机器人是完全足够的，如铣床和钻床，但对于多足机器人，本体的最大自转角度也是灵活性的一种表现，服务球指标就不够完善了。因此，我们提出了基于扩展服务球的灵活度指标。

同样对于一个串联机械臂，以执行器末端点 P 为圆心、$r = 2\pi$ 为半径作一个球，这个球定义为扩展服务球，如图 7.2 所示。构造一个从 P 点指向 W 点的向量，向量大小为末端执行器绕 $\overline{PW}$ 旋转的最大可能转角，称这个向量为机器臂的服务向量。保持 P 点在工作空间中的位置不变，所有可能的服务向量扫过的区域称为服务区。服务区的体积越大，末端执行器达到 P 点的可行姿态越多，机器臂也就越灵活。所以定义**基于扩展服务球的机器人灵活度**指标为服务区的体积与扩展服务球体积的比值，即

$$D_V = \frac{V_R}{V_A} \tag{7.2}$$

式中，D_V 表示基于扩展服务球的灵活度；V_R 表示服务区的体积；V_A 表示扩展服务球的体积。

因为体积是一个空间三维函数，能够比表面积包含更多的几何参数信息，所以用

式(7.2)来衡量机器人的灵活度比式(7.1)更加全面。

将四足机器人本体看作末端执行器，本体几何中心作为末端点。给定一组机器人各构件的尺寸参数，如表 7.1 所示，可以通过运动学运算求得工作空间中各点基于扩展服务球的灵活度。

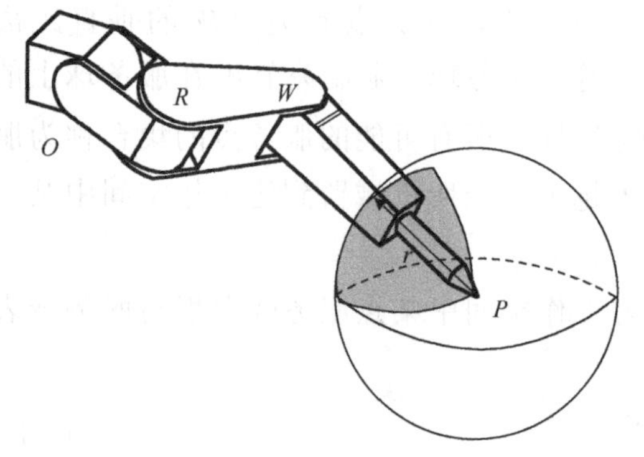

图 7.2　扩展服务球

表 7.1　机器人的尺寸参数

参数	尺寸/mm
左右腿间距	630
前后腿间距	675
髋关节长度	150
大腿长度	300
小腿长度	415

因为工作空间中各点都有相应的灵活度，为了方便分析，先规定本体的高度，然后对同一高度平面上各点的灵活度进行研究。图 7.3 是机器人本体高度在 700mm 时平面上各点的灵活度。从图 7.3 中可以看到，灵活度图像呈元宝形，本体位于中心和左右两侧时机器人的灵活度较大，其余位置灵活度相对较小。在图像边缘，灵活度急剧下降到零，说明机器人本体位于工作空间的边缘时，本体可行姿态很少甚至不存在。

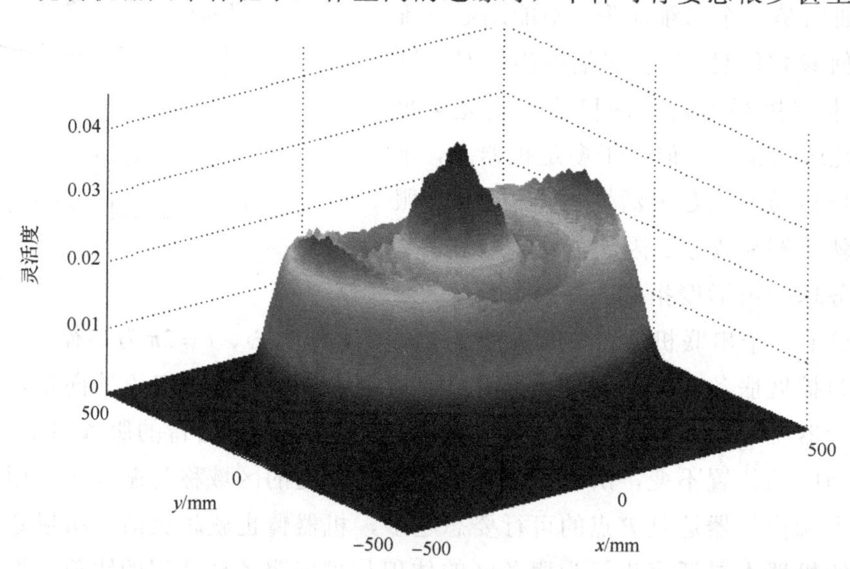

图 7.3　基于扩展服务球的灵活度

图 7.4 是机器人灵活度在 y=0 截面上的曲线，灵活度曲线在中心和两侧各有一个极大值，在两个极大值之间有若干个极小值。选取曲线上的几个特殊点，绘制相应的服务区图形，如图 7.5 所示，(a)表示中心极大值点，(b)表示两侧极大值点，(c)表示中心极大值点和两侧极人值点之间的最小值点。(a)点的服务区形状最为饱满，(b)点

的服务区在某侧有一个缺口，本体在缺口方向上的转动会受到限制，而(c)点服务区的缺口比(b)点更大，本体在(c)点的可运动角度就更小了。

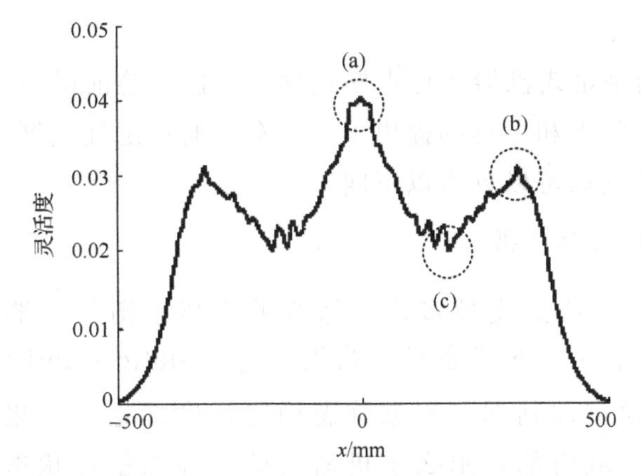

图 7.4　y=0 截面上的灵活度曲线

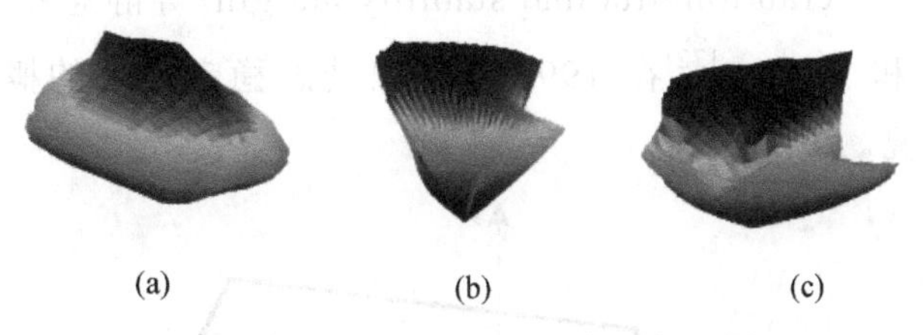

图 7.5　灵活度极值点对应的服务区图形

为了研究机器人本体在不同高度下灵活度的变化，重新计算并给出了上述的(a)、(b)、(c)三个特殊点关于不同高度的灵活度曲线，如图 7.6 所示。从图 7.6 中可以看出，本体高度上升时，(a)点和(b)点的灵活度先增大后减小，(c)点的灵活度一直在减小。(a)点和(b)点的灵活度在[740,760]区间内达到最大值，说明机器人在这一高度进行运动时是最灵活的，可以在机器人行走和轮滑时让本体在这一高度上进行运动。

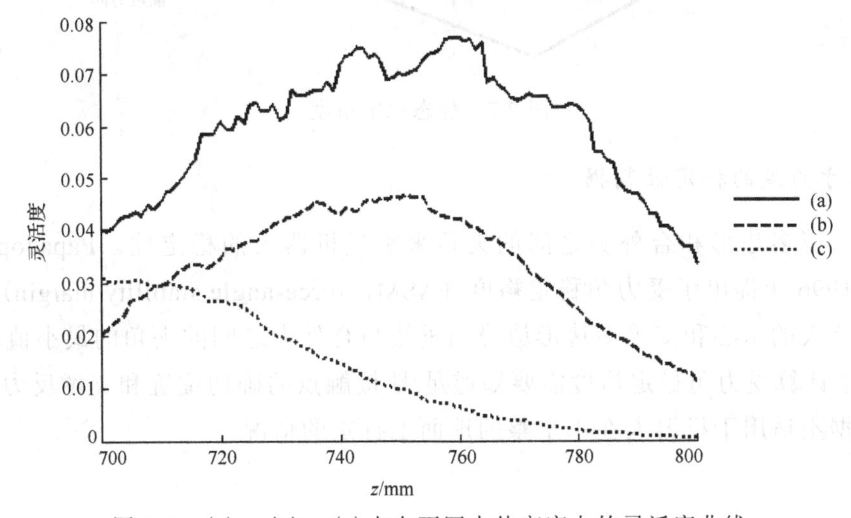

图 7.6　(a)、(b)、(c)点在不同本体高度上的灵活度曲线

7.2 足式机器人的稳定评价分类

步行稳定性判据是足式机器人行走模式规划和控制的前提与基础，为了使足式机器人能够稳定行走，学者和工程师提出了数量众多的稳定性判据。根据稳定性判据的量纲，现有的稳定性判据可以分为以下四类。

1. 基于距离的稳定性判据

通过测量机器人重心到支撑多边形边缘的距离来衡量机器人的稳定性。最早由 McGhee 在 1968 年提出的静态稳定裕度（S_{SM}，static stability margin）就是一个著名的基于距离的稳定性判据。根据静态稳定裕度理论，如果机器人的重心投影在腿部支撑多边形区域内部，那么该机器人处于静态稳定状态。基于静态稳定裕度，学者又提出了纵向稳定裕度[20]（S_{LSM}，longitudinal stability margin）和爬行纵向稳定裕度[21]（S_{CLSM}，crab longitudinal stability margin）等静态稳定性判据，如图 7.7 所示。Sreenivasan 和 Wilcox[22]在 1993 年提出动态稳定裕度的概念，将稳定裕度扩展到动态行走的情况。

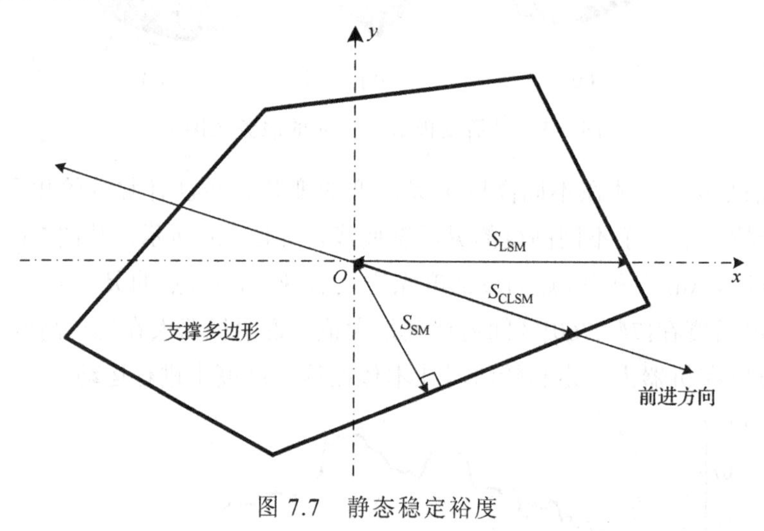

图 7.7　静态稳定裕度

2. 基于角度的稳定性判据

通过支撑多边形和合外力之间的夹角来衡量机器人的稳定性。Papadopoulos 和 Rey[23]在 1996 年提出了受力角稳定裕度（FASM，force-angle stability margin）的概念，定义为机器人的重心和支撑多边形边缘的垂线与合外力之间的夹角的最小值，如图 7.8 所示。由于计算受力角稳定裕度需要知道足/地接触点的确切位置和支撑反力，因此该稳定性判据不适用于机器人在不平整的地面上行走的情况。

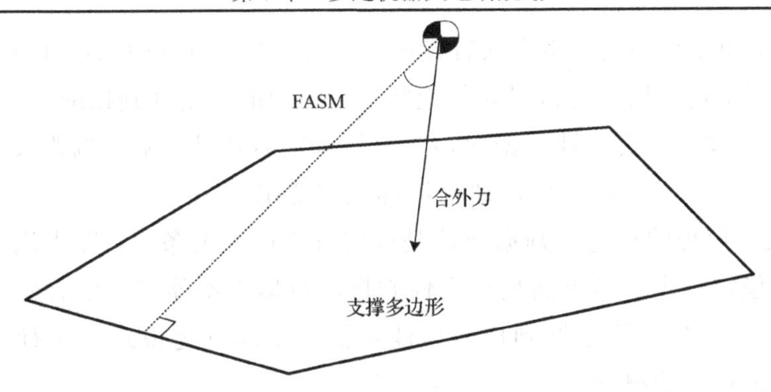

图 7.8　受力角稳定裕度

3. 基于能量的稳定性判据

通过计算机器人在当前状态和将要翻倒状态的能量差值来判断其稳定性。Messuri 和 Klein[24]提出了基于能量的静态稳定性裕度(SESM，statics energy-based stability margin)。Ghasempoor 和 Sepehri[25]则首次提出了基于能量的动态稳定性裕度(DESM，dynamic energy-based stability margin)。

4. 基于力矩的稳定性判据

基于力矩的稳定性判据是使用最为广泛的一类稳定性判据。典型的代表是 Vukobratovic 和 Juricic[26]在 1969 年提出的著名的零力矩点(ZMP，zero moment point)稳定性判据，之后 Vukobratovic 和 Borovac 又在文献[27]中对 ZMP 进行了重新定义。ZMP 是指足/地接触面上的一点，地面反作用力在此点的等效力矩的水平分量为零，如图 7.9 所示。如果机器人在运动过程中，ZMP 始终处于支撑多边形内部(不包括边界)，那么机器人不会出现欠驱动的翻转，这就是 ZMP 稳定性判据。目前世界上大多数足式机器人都采用 ZMP 稳定性判据，但是 ZMP 稳定性判据也存在许多不足。ZMP 稳定性判据既不是机器人稳定行走的充分条件，也不是必要条件，实际上人类和足式动物在快速大步行走时并不遵守 ZMP 稳定性判据。

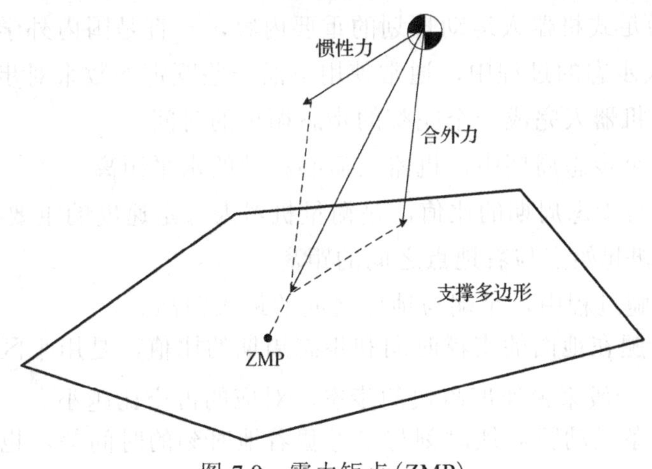

图 7.9　零力矩点(ZMP)

虽然学者提出了很多关于机器人行走的稳定性判据，但每种稳定性判据都存在其缺点和不足，不能适用于所有的机器人行走状况。理想的稳定性判据应该具有以下特点。

(1) 普适性。理想的稳定性判据应该具有极强的普适性，无论机器人具有何种机械结构、采用何种行走步态，该稳定性判据都能够适用。

(2) 充要性。理想的稳定性判据应该是稳定行走的充要条件，即当满足稳定性判据时机器人能够稳定行走，当不满足稳定性判据时机器人不能够稳定行走。

(3) 可比性。理想的稳定性判据应该能够衡量不同行走模式下步行系统的稳定程度，即具有稳定裕度的概念。

(4) 可测性。通过测量相关的状态变量，理想的稳定性判据可以在线计算步行系统的稳定裕度，为实时控制提供依据。

(5) 简便性。理想的稳定性判据应该具有计算简单、使用方便的特点。

遗憾的是，由于足式机器人的高度复杂性，即使仅考虑平面步行，目前也没有一个稳定性判据能够同时满足上面的 5 个要求。稳定性判据仍然是限制足式机器人快速行走的理论瓶颈，特别是对于动态步态和非周期步态，需要进一步研究和寻找更加有效的行走稳定性判定方法。

7.3　四足机器人步态分析

人和足式动物在不同的地面环境和机动要求下会采用不同的腿部动作组合，这些动作组合统称为步态。对于足式机器人而言，步态的研究主要包括两个方面：一是腿部的运动时序，包括步态周期、占空比、相位差等；二是腿部的运动轨迹，包括步长、步距、步高等。这两个方面分别从时间和空间的角度对步态进行描述，根据不同的运动要求可以选择不同的步态参数，以得到最合适的步态。

7.3.1　四足机器人步态分类

步态分析作为足式机器人运动规划的重要内容，一直是国内外学者研究的热点。在研究足式机器人步态的过程中，通常使用下面一些既定参数来对步态进行描述。

步态周期 T：机器人完成一个完整的步态循环的时间。

步长 λ：在一个步态周期中，机器人质心移动的水平距离。

步速 v：步长与步态周期的比值，是衡量机器人行走速度的重要参数。

步距 l：摆动腿起始点与着地点之间的距离。

步高 h：在摆腿过程中，足端与地面之间的最大距离。

占空比 β：单腿在地面的支撑时间和步态周期的比值，是用来区别不同步态的一个重要特征参数，一般来说速度越快的步态，对应的占空比越小。

相位差 φ：某条摆动腿着地时刻与参考腿着地时刻的时间差，也是区别不同步态的一个特征参数。

自然界中动物的行走步态是多种多样、非常复杂的，Tomovic 等[28, 29]在总结前人对动物步态研究成果的基础上，提出当腿部数目为 n 时共有 $(2n-1)!$ 种非奇异步态。以四足动物为例，一个步态周期内，腿部抬起四次落下四次，所以总共有 5040 种可能步态。在研究过程中，学者提出了多种步态分类方法。根据机器人的步态周期是否固定，可分为周期步态和非周期步态(自由步态)。当四足机器人不同的运动部分(腿的抬起、落下，身体的运动)在一个步态周期内同时发生时，称为周期步态。对于机器人来说，其所处的环境比较复杂，如地面崎岖不平或者有障碍物，此时需要根据机器人所处的环境来进行步态的选择和运动的规划，步态运动的周期性被打破，称为非周期步态。有时机器人的步态也分为连续步态和非连续步态。在四足机器人的行走过程中，如果身体始终保持一个恒定的速度运动，则称为连续步态，否则称为非连续步态。另外，根据机器人的行走方向，可以分为直线步行步态、转弯步态和旋转步态。

对于四足机器人的步态，目前大多数学者普遍采用的方法是根据占空比 β 和相位差 φ 的取值范围来分类[30]。按照占空比取值可分为奔跑(gallop，$\beta<0.5$)、小跑(pace 或者 trot，$0.5<\beta<0.75$)以及爬行(crawl，$\beta>0.75$)。按照各腿之间的相位差又可以进一步细分为慢走(amble)、对角小跑(trot)、单侧小跑(pace)、慢跑(canter)、Z 形飞跑(transverse gallop)、O 形飞跑(rotary gallop)、双足跳跃(bound)、四足跳跃(pronking)等步态，如图 7.10 所示。

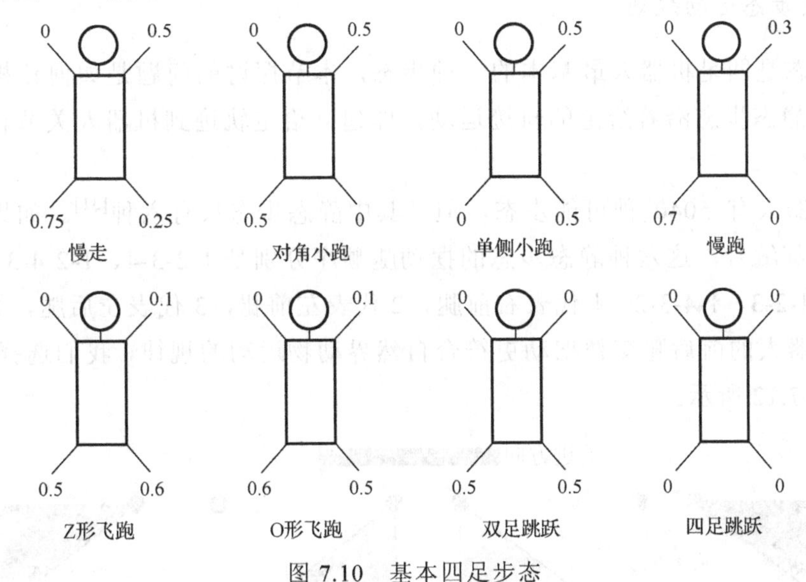

图 7.10　基本四足步态

图中数字表示相位差

从力学的观点分析，四足机器人周期步态又可以分为静态步态(static gait)和动态步态(dynamic gait)。静态步态是指机器人在行走速度较为缓慢时采用的步态，行走过程中的任意时刻机器人都处于静稳定状态，即机器人重心始终位于腿部支撑多边形之内。典型的静态步态包括波形(wave)步态、爬行(crawl)步态等。动态步态是指机器人在快速行走时采用的步态，机器人并非在任意时刻都处于平衡状态，必须在运动中不断改变身体姿态和腿部位形来保持平衡。典型的动态步态包括对角小跑、单侧小跑和双足跳跃等。

四足机器人步态的分类树状图可用图 7.11 表示。

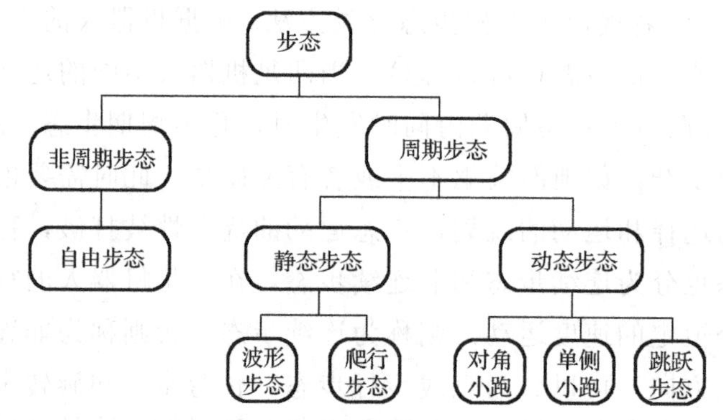

图 7.11　四足机器人步态的分类

7.3.2　典型步态的运动规划

步态规划是多足机器人研究的一个重要方面，是多足机器人实现行走的一个重要环节，在过去的研究中已经取得了大量的成果，然而仍然存在改进的空间。

1. 静态步态运动规划

静态步态是四足机器人最基本的一种步态，本节探讨的问题是如何让机器人在水平地面上以静态步态沿着给定的轨迹运动，即建立给定轨迹到机器人关节轨迹之间的映射关系。

四足机器人有 5040 种可能步态，但是其中静态步态只有六种[31]。如果以逆时针方向定义腿部编号，这六种静态步态的摆动腿顺序分别是 1-2-3-4、1-2-4-3、1-3-2-4、1-3-4-2、1-4-2-3、1-4-3-2。1 代表右前腿，2 代表左前腿，3 代表左后腿，4 代表右后腿。因为机器人的前后腿交替摆动更符合自然界动物运动的规律，我们选择了 1-3-2-4 步态，如图 7.12 所示。

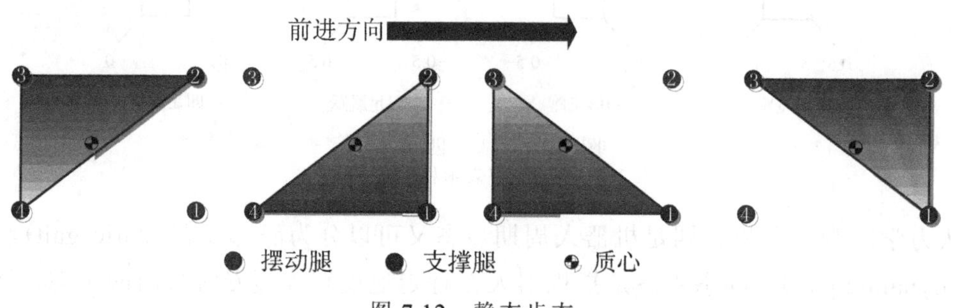

图 7.12　静态步态

机器人采用静态步态行走时，每进行一次腿部摆动需要进行一次质心移动，每个步态周期移动质心四次。图 7.13 表示静态步态的腿部运动时序图，灰色区域表示腿部与地面接触，空白区域表示腿部抬起。

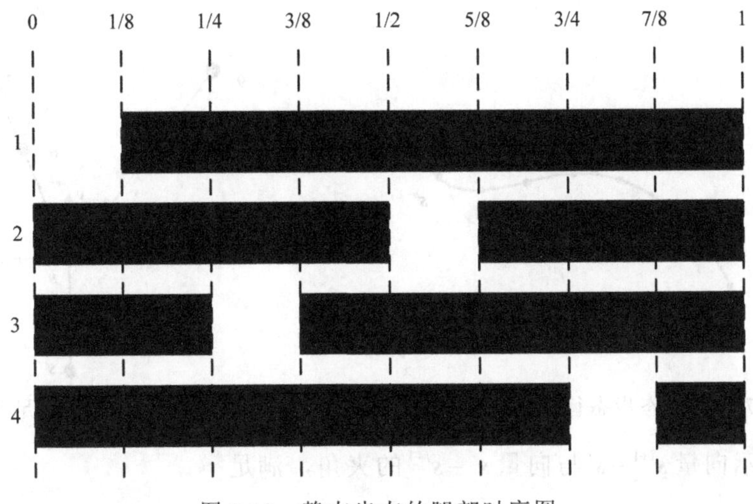

图 7.13　静态步态的腿部时序图

为使机器人质心能够沿着给定的轨迹运动，必须为每条腿选择合适的立足点。由于行走轨迹一般是连续的，而立足点位置是离散的，要由行走轨迹确定立足点必须先对行走轨迹进行离散化处理。

对于一条给定的行走轨迹，轨迹起点为 $\boldsymbol{s}^0 \in \mathbb{R}^2$，以 $\boldsymbol{s}^0$ 为圆心、步长 λ 为半径作圆，可以得到该圆与给定轨迹的交点 $\boldsymbol{s}^1 \in \mathbb{R}^2$，再以 $\boldsymbol{s}^1$ 为圆心、λ 为半径作圆得到下一个交点 $\boldsymbol{s}^2 \in \mathbb{R}^2$。依次类推，可以得到一个交点序列 $\left\{\boldsymbol{s}^n\right\}$，直至当前最后一个交点与轨迹终点位置的距离小于步长 λ，如图 7.14 所示。交点序列 $\left\{\boldsymbol{s}^n\right\}$ 将行走轨迹分割成若干段小位移，机器人只需在一个步态周期内完成一段位移即可。

规定：立足点与当前交点 $\boldsymbol{s}^i$ 的距离不变，且与交点位移向量的距离不变。以腿 2 为例，在当前交点位置 $\boldsymbol{s}^i$ 建立坐标系 i，x 轴垂直于向量 $\boldsymbol{s}^i - \boldsymbol{s}^{i-1}$，在下一交点位置 $\boldsymbol{s}_{i+1}$ 建立坐标系 $i+1$，x 轴垂直于向量 $\boldsymbol{s}^{i+1} - \boldsymbol{s}^i$，$\boldsymbol{q}_2^i \in \mathbb{R}^2$ 表示当前立足点位置，$\boldsymbol{q}_2^{i+1} \in \mathbb{R}^2$ 表示下一个立足点位置，如图 7.15 所示。$\boldsymbol{q}_2^i$ 在坐标系 i 中的坐标应该与 $\boldsymbol{q}_2^{i+1}$ 在坐标系 $i+1$ 中的坐标相等，用向量 $\boldsymbol{p}_2 \in \mathbb{R}^2$ 表示。

若坐标系 i 的齐次变换矩阵为 $\boldsymbol{g}_i \in \mathrm{SE}(2)$，则 $\boldsymbol{s}_{i+1}$ 在坐标系 i 中的齐次坐标为

$$\begin{bmatrix} \boldsymbol{s}'^{i+1} \\ 1 \end{bmatrix} = \boldsymbol{g}_i^{-1} \begin{bmatrix} \boldsymbol{s}^{i+1} \\ 1 \end{bmatrix} \tag{7.3}$$

根据几何关系可以求出坐标系 $i+1$ 相对于坐标系 i 的齐次变换矩阵为

$$\boldsymbol{g}_{i,i+1} = \begin{bmatrix} \cos\theta_{i+1} & -\sin\theta_{i+1} & [1 \quad 0]\boldsymbol{s}'^{i+1} \\ \sin\theta_{i+1} & \cos\theta_{i+1} & [0 \quad 1]\boldsymbol{s}'^{i+1} \\ 0 & 0 & 1 \end{bmatrix} \tag{7.4}$$

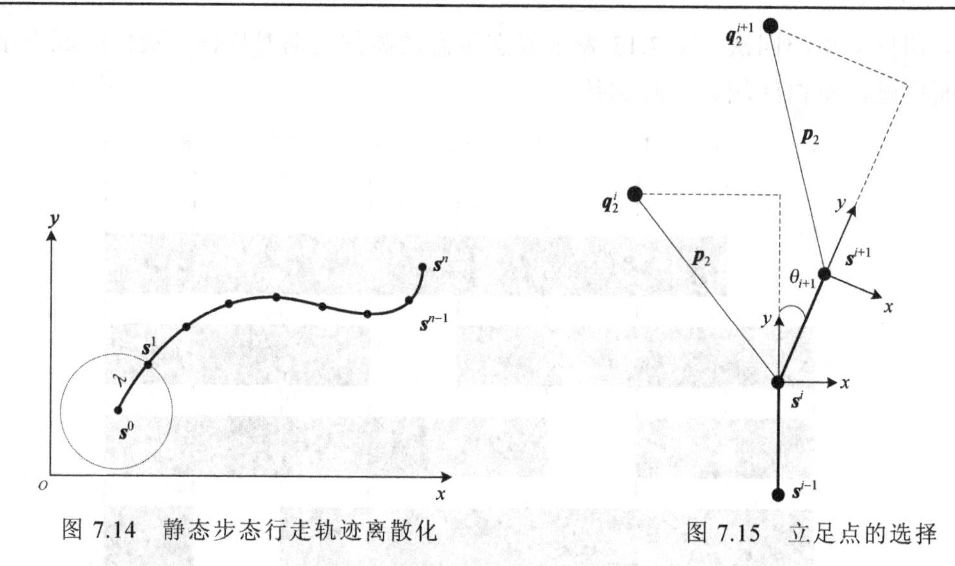

图 7.14　静态步态行走轨迹离散化　　　　图 7.15　立足点的选择

式中，θ_{i+1}表示向量$s^{i+1}-s^i$与向量s^i-s^{i-1}的夹角，满足

$$\theta_{i+1}=-\arctan\frac{[1\quad 0]s'^{i+1}}{[0\quad 1]s'^{i+1}} \tag{7.5}$$

进一步得到坐标系$i+1$的齐次变换矩阵为

$$g_{i+1}=g_i g_{i,i+1} \tag{7.6}$$

如果规定$i=0$时，坐标系的齐次变换矩阵为单位矩阵，即$g_0=I_{3\times 3}$，利用式(7.6)递推可以计算出g_{i+1}，则腿 2 下一个立足点的齐次坐标为

$$\begin{bmatrix} q_2^{i+1} \\ 1 \end{bmatrix}=g_{i+1}\begin{bmatrix} p_2 \\ 1 \end{bmatrix} \tag{7.7}$$

同理，可以求得其他三条腿的立足点位置。

为保证机器人时刻处于静稳定状态，如果机器人需要向前摆动某条腿，那么在抬起该腿之前质心必须移动到另外三条腿的支撑三角形之内，可以基于这一原则对质心位置进行规划。

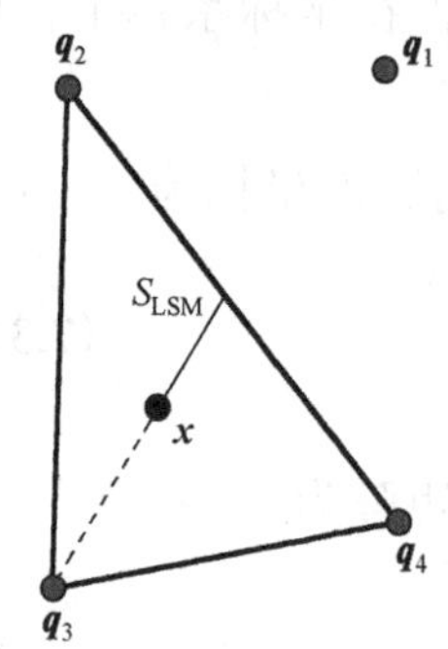

图 7.16　质心位置的选取

如图 7.16 所示，机器人摆动腿为腿 1，支撑腿为腿 2、3、4，q_2、q_3、q_4分别表示相应腿的立足点，x表示机器人质心位置。

为使质心x处于支撑三角形$\triangle q_2q_3q_4$内部且具有一定的稳定裕度，可令质心x位于q_3与线段$\overline{q_2q_4}$的中点连线上，质心x到线段$\overline{q_2q_4}$中点的距离等于纵向稳定裕度$S_{\text{LSM}}\in\mathbb{R}$。根据几何关系，可以求得质心坐标为

$$x=\frac{1}{2}(q_2+q_4)+S_{\text{LSM}}\frac{2q_3-q_2-q_4}{\|2q_3-q_2-q_4\|} \tag{7.8}$$

同理，当抬起腿为另外三条腿之一时，也可以用式(7.8)计算对应的质心位置，只要对下标进行变换即可。如果已经对机器人行走轨迹进行了离散化且得到了所有腿立足点序列$\left\{\boldsymbol{q}_k^n\right\}(k=1,2,3,4)$，那么可以以此类推计算出相应的质心位置序列$\left\{\boldsymbol{x}^n\right\}$。

至此，我们得到了一个质心位置序列$\left\{\boldsymbol{x}^n\right\}$和四个立足点序列$\left\{\boldsymbol{q}_k^n\right\}(k=1,2,3,4)$。由于机器人关节运动轨迹是连续的，必须规划出轨迹以将这些离散序列再连接起来。

对于质心位置序列，采用如下摆线轨迹方程：

$$\boldsymbol{x}^i(t)=\boldsymbol{x}^i+\frac{1}{2\pi}\left(\frac{2\pi t}{T_C}-\sin\frac{2\pi t}{T_C}\right)\left(\boldsymbol{x}^{i+1}-\boldsymbol{x}^i\right) \tag{7.9}$$

式中，$t\in\mathbb{R}$表示当前时间；$T_C\in\mathbb{R}$表示质心从$\boldsymbol{x}^i$运动到$\boldsymbol{x}^{i+1}$的总时间。容易看出，对于式(7.9)给出的轨迹，在起点时刻和终点时刻质心的加速度和速度都为零，有利于减小启动和停止时的冲击。

对于立足点序列，采用与式(7.9)相同的轨迹：

$$\boldsymbol{q}_k^i(t)=\boldsymbol{q}_k^i+\frac{1}{2\pi}\left(\frac{2\pi t}{T_q}-\sin\frac{2\pi t}{T_q}\right)(\boldsymbol{q}_k^{i+1}-\boldsymbol{q}_k^i) \tag{7.10}$$

式中，$T_q\in\mathbb{R}$表示足端从$\boldsymbol{q}_k^i$运动到$\boldsymbol{q}_k^{i+1}$的总时间。考虑到机器人迈腿时足端不仅有水平位移还有垂直位移，所以还必须对足端垂直位移进行规划。足端垂直位移轨迹采用摆线方程的变体形式，同样具有起点时刻和终点时刻的加速度和速度都为零的性质。假设机器人迈腿时最大步高为$h_{\max}\in\mathbb{R}$，足端的垂直位移轨迹方程为

$$h(t)=h_{\max}\sin\left(\frac{\pi t}{T_q}-\frac{1}{2}\sin\frac{2\pi t}{T_q}\right) \tag{7.11}$$

图 7.17 为摆腿步距$l=\|\boldsymbol{q}_k^{i+1}-\boldsymbol{q}_k^i\|=0.1\text{m}$、最大步高$h_{\max}=0.03\text{m}$时机器人摆动腿的足端轨迹。

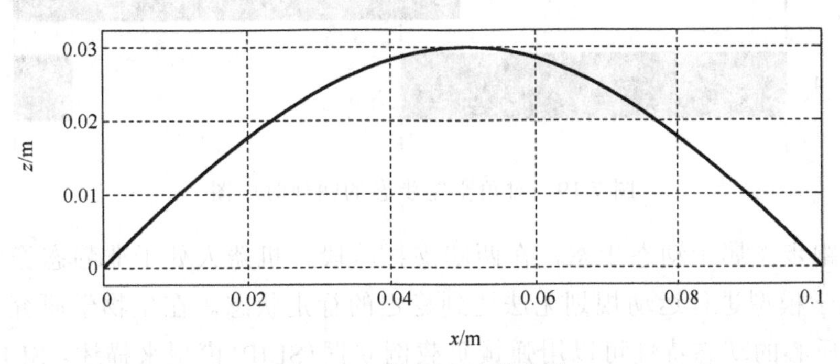

图 7.17　摆动腿足端轨迹

有了质心运动轨迹和足端运动轨迹，通过质心逆运动学可以解出各个关节转角的运动轨迹。至此我们就建立了机器人空间行走轨迹到关节轨迹之间的映射，映射关系图如图 7.18 所示。

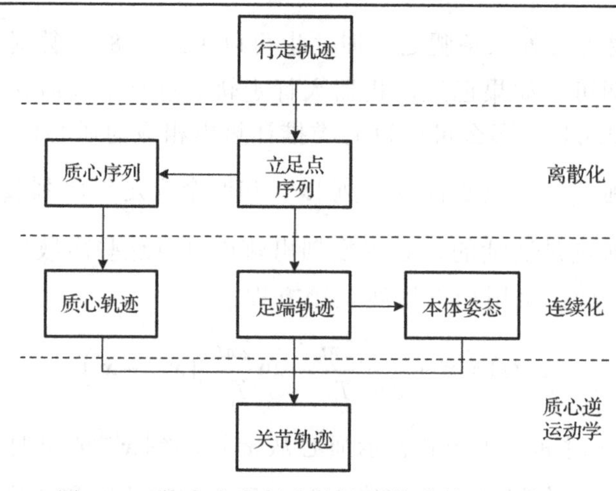

图 7.18　静态步态行走轨迹到关节轨迹的映射

2. 对角小跑步态运动规划

对角小跑步态是自然界四足动物常用的一种步态，行走时处于对角位置的两条腿同时抬起和落下，依次支撑身体前进。图 7.19 为对角小跑步态的腿部时序图，腿部占空比为 0.6，在交换支撑腿时有一小段四足支撑的时间。

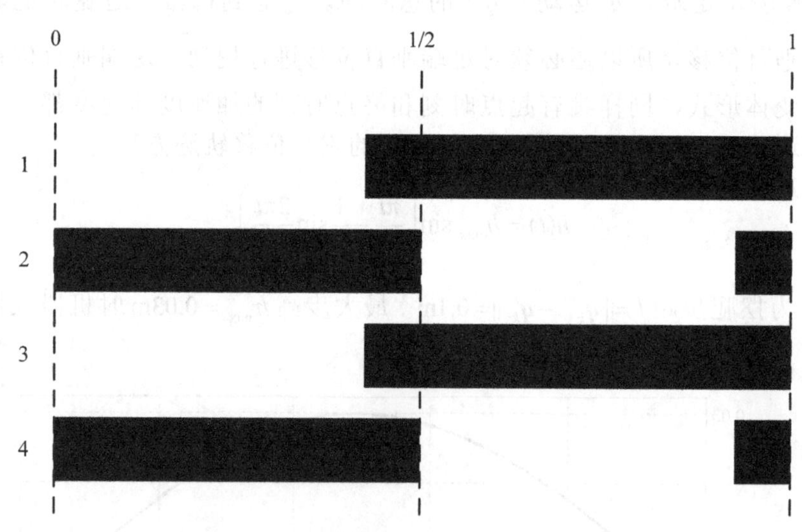

图 7.19　对角小跑步态的腿部时序图

对角小跑步态属于动态步态，在两腿支撑阶段，机器人处于非静态稳定状态，因此仅用运动学模型进行运动规划无法达到稳定的行走状态。在生物学研究中发现，动态行走时，质心的动态特性可以用弹簧负载倒立摆(SLIP)模型来描述。SLIP 模型由代表机器人机体的质点和带有弹性单元的腿部组成，如图 7.20 所示。SLIP 模型的腿部在接触地面时，如果着地点位于整个支撑过程中质点水平位移的中点，质点的最终速度和初始速度相同，机器人保持匀速前进，如图 7.20(a)所示；如果着地点位于质点水平位移的中点之前，质点的最终速度将大于初始速度，机器人加速前进，如图 7.20(b)

所示；如果着地点超过质点水平位移的中点，质点的最终速度将小于初始速度，机器人减速前进，如图 7.20(c)所示。

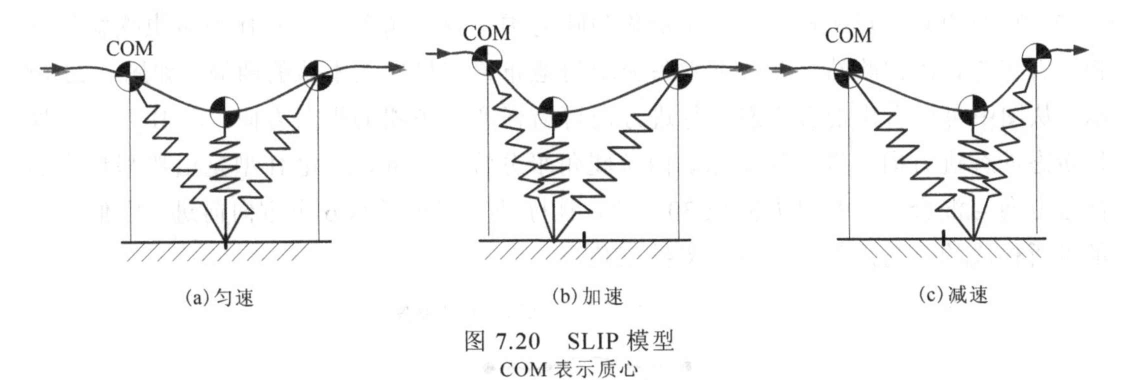

(a)匀速　　(b)加速　　(c)减速

图 7.20　SLIP 模型
COM 表示质心

基于 SLIP 模型的动态特性，Raibert 提出了四足机器人动态行走的立足点选择方法，数学表达式如下：

$$\boldsymbol{x}_F = \frac{(\boldsymbol{v}+\boldsymbol{v}_d)T_{st}}{4} \tag{7.12}$$

式中，$\boldsymbol{x}_F \in \mathbb{R}^2$ 表示足端着地时立足点相对于髋关节的水平位移(图 7.21)；$\boldsymbol{v} \in \mathbb{R}^2$ 表示机器人质心的实际水平速度；$\boldsymbol{v}_d \in \mathbb{R}^2$ 表示机器人质心的期望水平速度；$T_{st} \in \mathbb{R}$ 表示腿部的支撑时长。

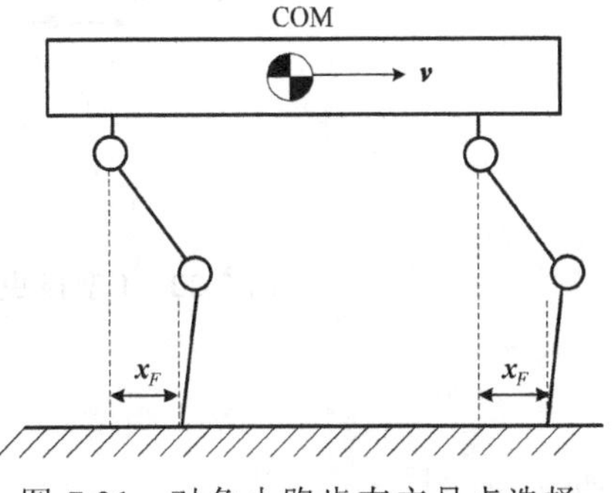

图 7.21　对角小跑步态立足点选择

7.4　六足机器人步态分析

7.4.1　六足机器人步态分类

自然界中，大部分昆虫有 6 条腿，少部分有 8 条腿(蜘蛛)或更多腿(蜈蚣)，步态为摆动步态，即依靠绕垂直于地面的轴(腰关节)横向摆动大腿关节来移动身体，其行走路线为“之”字形。根据常见动物的行走步态，六腿机器人的静态稳定周期性步态可以分为多种，如由迈腿姿态的不同，可将六腿机器人的步态分为 3 种：摆动步态、踢腿步态和混合步态；由支撑腿数目的不同，可以分为 3+3 步态[32](即 3 条腿支撑)、4+2 步态[33]和 5+1 步态[34](行走过程中，各自有 4 条腿和 5 条腿支撑)。

本节针对圆周分布六腿机器人典型的“3+3”三角周期步态：昆虫摆腿步态、哺乳动物踢腿步态和混合步态进行分析，其中昆虫摆腿步态还可分为 I 型昆虫摆腿步态和 II 型昆虫摆腿步态。

上述四种典型“3+3”三角步态根据其初始站立姿态(或支撑三角形)可分为两类：I 型昆虫摆腿步态和哺乳动物踢腿步态，在初始站立姿态下六条腿分为两组分别平行地布置在机器人本体的两侧，如图 7.22 所示。从图中可以看出 I 型昆虫摆腿步态的前进方向与哺乳动物踢腿步态的前进方向垂直，且每种步态可以沿同一直线的两个方向行进。它们的立足点所构成的三角形称为哺乳类支撑三角形。对于 II 型昆虫摆腿步态和混合步态，在初始站立姿态下六条腿均匀地布置在机器人本体的四周，如图 7.23 所示。从图中可以看出混合步态的行进方向可沿任意一条腿的指向方向，而 II 型昆虫摆腿步态的行进方向可以沿任意相邻两条腿角平分线的方向，因此 II 型昆虫摆腿步态的行进方向与混合步态行进方向成 30° 角，且每种步态可以沿 6 个方向前进。它们的立足点所构成的三角形称为混合类支撑三角形。

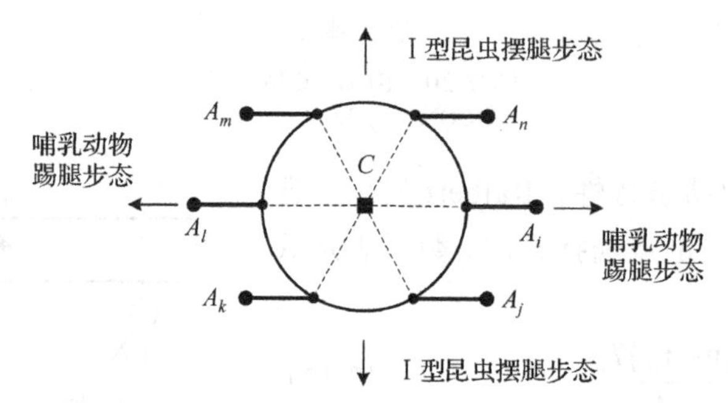

图 7.22　I 型昆虫摆腿步态和哺乳动物踢腿步态初始姿态

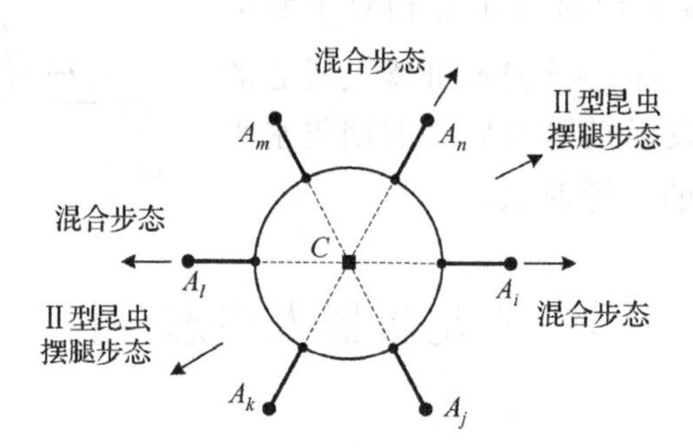

图 7.23　II 型昆虫摆腿步态和混合步态初始姿态

在同一个位置，机器人可以改变立足点的位置，调整自己的站立姿态，从而实现不同步态之间的切换，改变行走步态和前进方向，实现零半径转弯，因此圆周对称的六腿机器人是全向运动的机器人。

机器人的运动过程可以看作一系列不断变换的串并联混合机构[35]。在不同的运动时期，支撑面与机器人构成的系统可以有不同的等效机构。一个步态周期可以分成几个不同的运动时期，在不同的运动时期，系统有其特定的等效机构。图 7.24～图 7.27 展示了前述四种步态的运动序列。其中，图中①为初始站立状态，②③为一个运动时期，三条腿抬起并向前摆动，另外三条腿支撑并向后蹬地，从而使机器人本体向前移动；④为一个中间转(切)换状态，此时摆动腿足端与地面接触，支撑腿还未抬起；⑤⑥为一个运动时期，此时原三条支撑腿抬起向前摆动，原三条摆动腿支撑并向后蹬地，从而使机器人本体向前移动；⑦为一个中间转(切)换状态，此时摆动腿足端与地面接触，支撑腿还未抬起；⑧⑨为一个运动时期，支撑腿和摆动腿相互转换，并协调运动，使机器人本体向前移动。①～⑥为一个起始步态周期；④～⑨为连续行走过程中的一个步态周期，起始步态周期和终止步态周期与连续行走过程中的步态周期有一定的区别。

Song 和 Choi 定义了占空比 β[36]，即一个完整步态周期内，腿的支撑相的时间所占整个步态周期的比例。当占空比 $\beta = 1/2$ 时，六腿机器人静态稳定步态的行进效率最高，也就是说六腿机器人以三角（“3+3”）步态行走时的效率最高。图 7.28 为占空比为 $\beta = 1/2$ 时的“3+3”步态，图 7.29 为占空比 $1/2 < \beta < 1$ 时“3+3”步态。

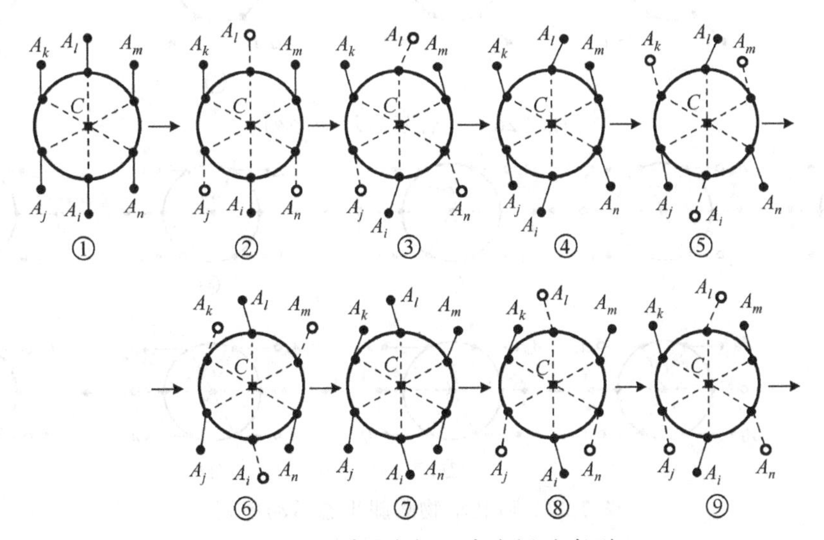

图 7.24　I 型昆虫摆腿步态运动序列

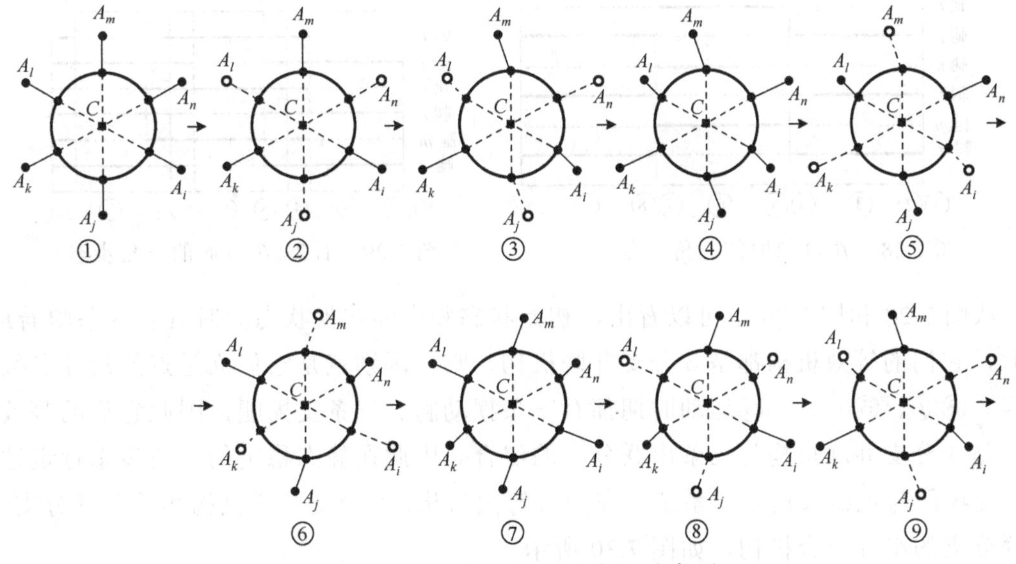

图 7.25　II 型昆虫摆腿步态运动序列

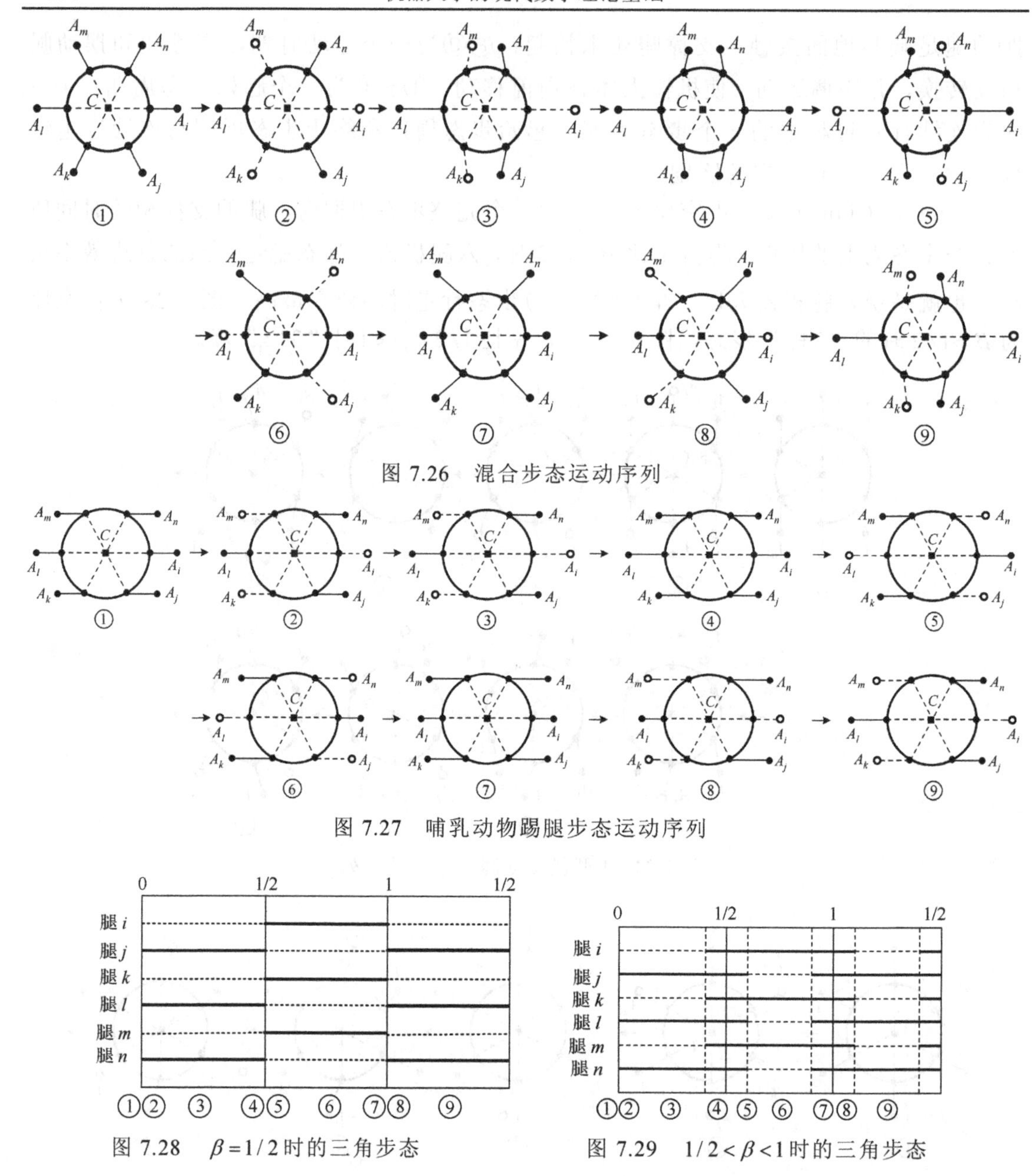

图 7.26　混合步态运动序列

图 7.27　哺乳动物踢腿步态运动序列

图 7.28　$\beta=1/2$ 时的三角步态

图 7.29　$1/2<\beta<1$ 时的三角步态

从图 7.28 和图 7.29 中可以看出，初始状态和中间转换状态同时具有 6 条腿着地，因此，它们的等效机构都是 6 分支并联机构，唯一区别就是它们立足点的尺寸参数不一样。②③、⑤⑥、⑧⑨运动时期都有三条摆动腿、三条支撑腿，因此它们的等效机构都是 3 分支并联机构与三条串联分支的混合。因此在静态稳定的三角步态行走过程中，支撑面与机器人构成的系统存在两种等效机构，6 分支并联机构和 3 并联分支、3 串联分支的串并混合机构，如图 7.30 所示。

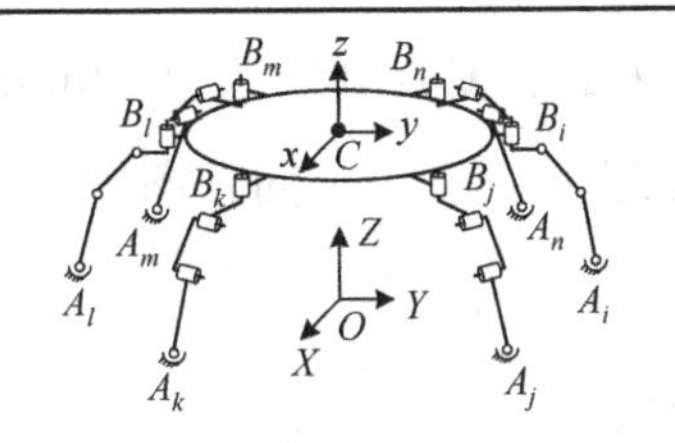

(a) 初始站立姿态及转换时期

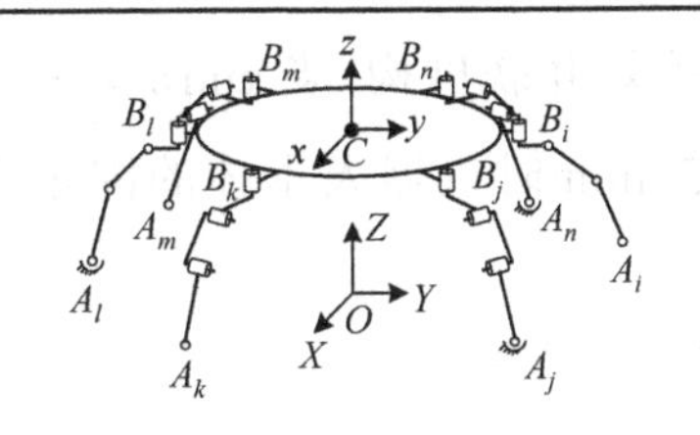

(b) 运动时期 I

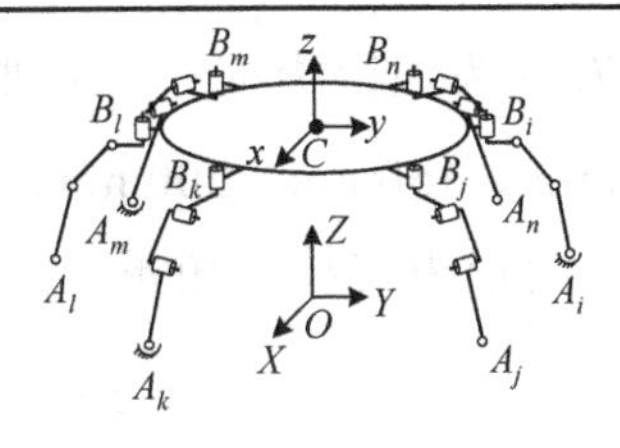

(c) 运动时期 II

图 7.30　等效机构

7.4.2　典型步态的稳定性分析

三角步态是六腿机器人的主要静态稳定步态，在过去对多足机器人静态稳定步态的研究中，定义了几个衡量步态稳定性的标准[37]：静态稳定裕度、纵向稳定裕度和爬行纵向稳定裕度。然而它们都是衡量机器人在空间某一点上的稳定性，并不能从整体空间上衡量机器人的稳定性。静态稳定裕度是指从机器人重心在支撑面的竖直投影到支撑多边形各个边的最小距离。根据静态稳定裕度的概念，假设在机器人本体重心处存在一个半径为稳定裕度 S_{SM} 的球，当这个假想的球体在支撑平面内的竖直投影完全落在支撑多边形内时，机器人的运动就能完全满足稳定裕度 S_{SM} 的要求。此时当这个假想的球体在支撑面竖直方向的投影恰巧与支撑多形边界相切时，机器人的重心投影便构成了稳定裕度多边形。因此对于静态稳定三角步态来说，就存在稳定裕度三角形，如图 7.31 所示。

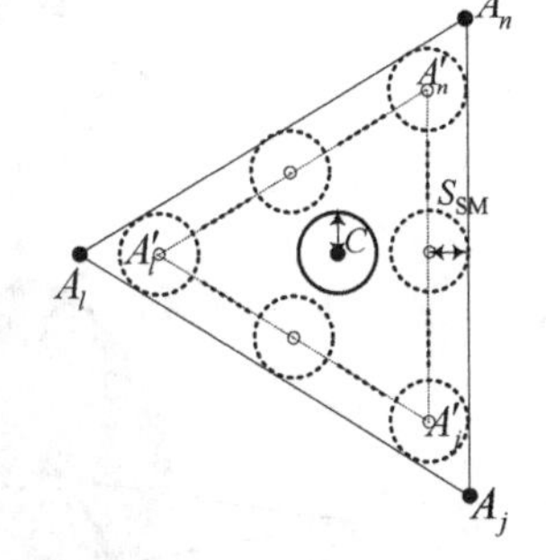

图 7.31　稳定裕度三角形

竖直方向的投影落在稳定裕度多边形内的那部分等效机构的可达工作空间，叫作稳定工作空间。当多足机器人以静态稳定步态行走时，机器人本体重心必须处在稳定工作空间内。稳定工作空间的大小反映了机器人步态的稳定性。

工作空间的求解方法主要有几何法和数值法两种[38]。几何法的基本思路是将每条腿作为一个简单的串联机构，求解各腿单开链子空间，再利用求交技术得到整体的工作空间。数值法的核心算法是，利用位置逆解搜索边界点集。因此可以利用几何法和数值法两种方法来求解机器人本体的工作空间。当机器人在支撑面上行走时，小腿必须站立在支撑面上，因此支撑腿与地面的夹角必须大于某个角度，从而满足机器人行走的可行性，如图 7.32 所示。根据机器人支撑腿的正向运动学，可以得到单腿的工作空间，图 7.33 为小腿与地面所成夹角最小为 0° 和 30° 时的单支链工作空间。

在已知支撑三角形的情况下，利用三分支(支撑腿)的工作空间求交，便可以求得三角步态下机器人本体中心的可达工作空间。对于前面介绍的 4 种典型三角步态所存在的两类支撑三角形，可以分别求得这两类支撑三角形下机器人本体的可达工作空间。图 7.34 为哺乳类支撑三角形等效并联机构，当 $\min\varepsilon_i = 0°$ ，立足点偏置分别为 0mm、50mm、100mm、150mm、200mm、250mm 时机器人本体的固定姿态可达工作空间，

图 7.35 为混合类支撑三角形等效并联机构，当 $\min\varepsilon_i = 0°$，立足点偏置分别为 0、50mm、100mm、150mm、200mm、250mm 时机器人本体的固定姿态可达工作空间，图中显示的三角形为支撑三角形。

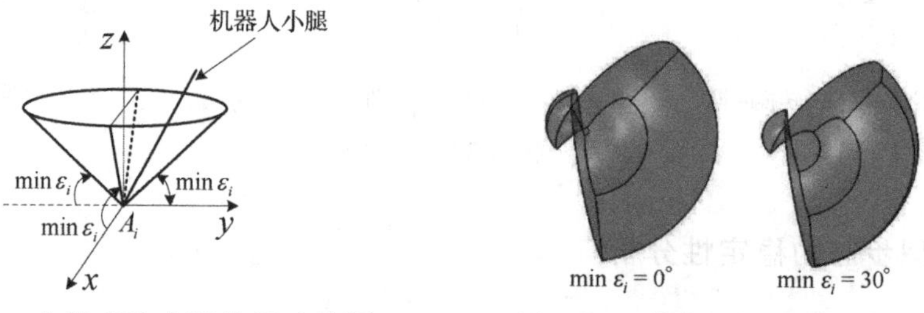

图 7.32　立足点处小腿的运动范围　　图 7.33　单条支撑腿工作空间

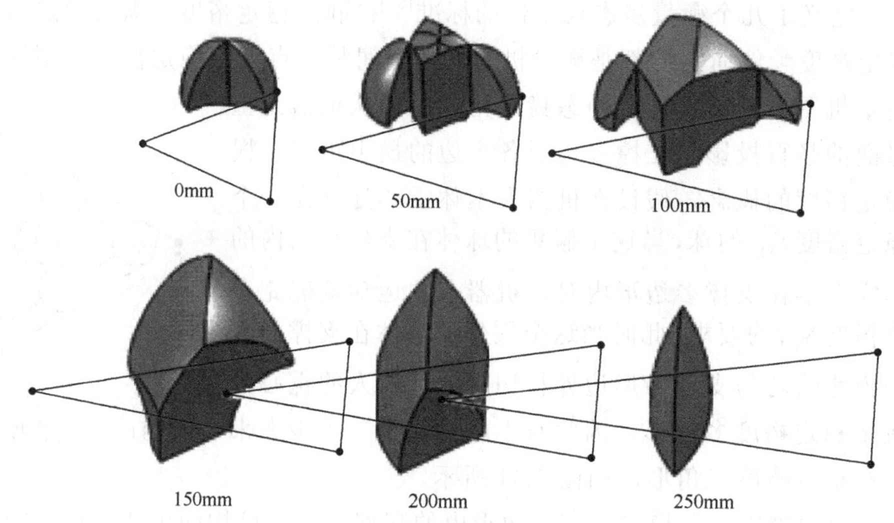

图 7.34　哺乳类支撑三角形等效并联机构固定姿态可达工作空间

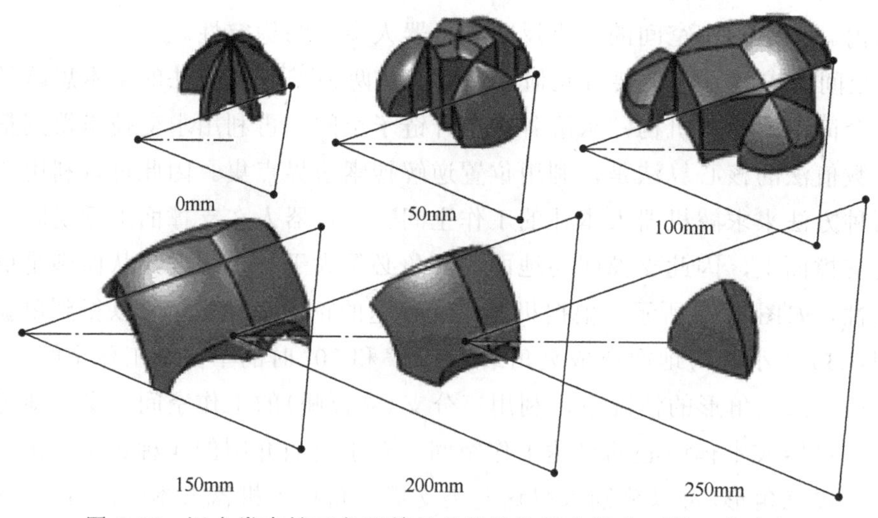

图 7.35　混合类支撑三角形等效并联机构固定姿态可达工作空间

根据稳定工作空间的定义，可求得不同步态中等效机构的本体的稳定工作空间。图 7.36 为哺乳类支撑三角形等效并联机构，当 $\min \varepsilon_i = 0^\circ$，静态稳定裕度 $S_{SM} = 0mm$，立足点偏置分别为 0mm、50mm、100mm、150mm、200mm、250mm 时机器人本体的稳定工作空间；图 7.37 为混合类支撑三角形等效并联机构，当 $\min \varepsilon_i = 0^\circ$，静态稳定裕度 $S_{SM} = 0mm$，立足点偏置分别为 0mm、50mm、100mm、150mm、200mm、250mm 时机器人本体的稳定工作空间；图 7.38 为哺乳类支撑三角形等效并联机构，当 $\min \varepsilon_i = 0^\circ$，静态稳定裕度 $S_{SM} = 30mm$，立足点偏置分别为 0mm、50mm、100mm、150mm、200mm、250mm 时机器人本体的稳定工作空间；图 7.39 为混合类支撑三角形等效并联机构，当 $\min \varepsilon_i = 0^\circ$，静态稳定裕度 $S_{SM} = 30mm$，立足点偏置分别为 0mm、50mm、100mm、150mm、200mm、250mm 时机器人本体的稳定工作空间。

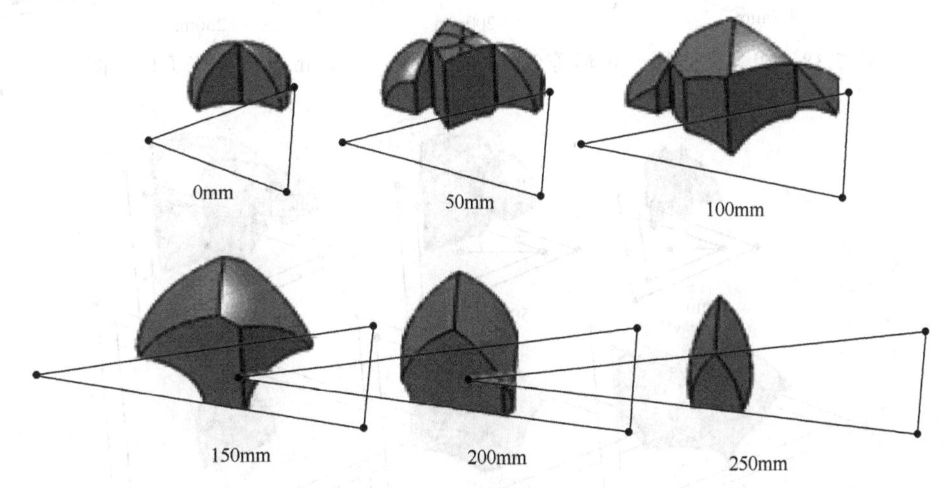

图 7.36　哺乳类支撑三角形等效并联机构 $S_{SM} = 0mm$ 时的稳定工作空间

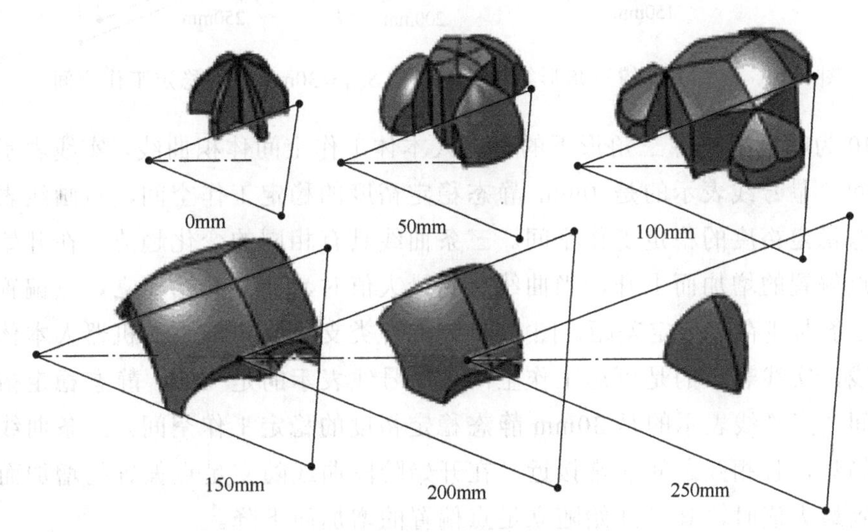

图 7.37　混合类支撑三角形等效并联机构 $S_{SM} = 0mm$ 时的稳定工作空间

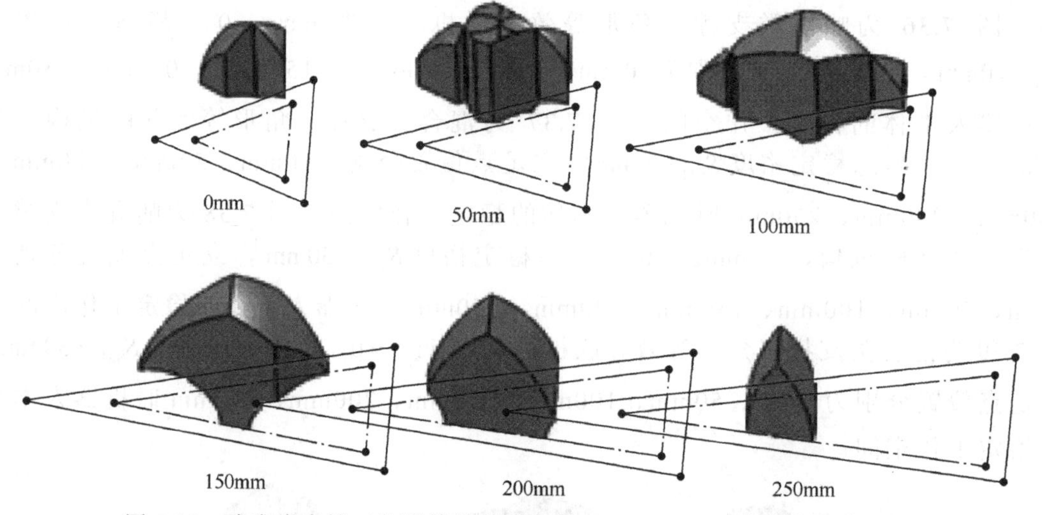

图 7.38　哺乳类支撑三角形等效并联机构 $S_{SM}=30\text{mm}$ 时的稳定工作空间

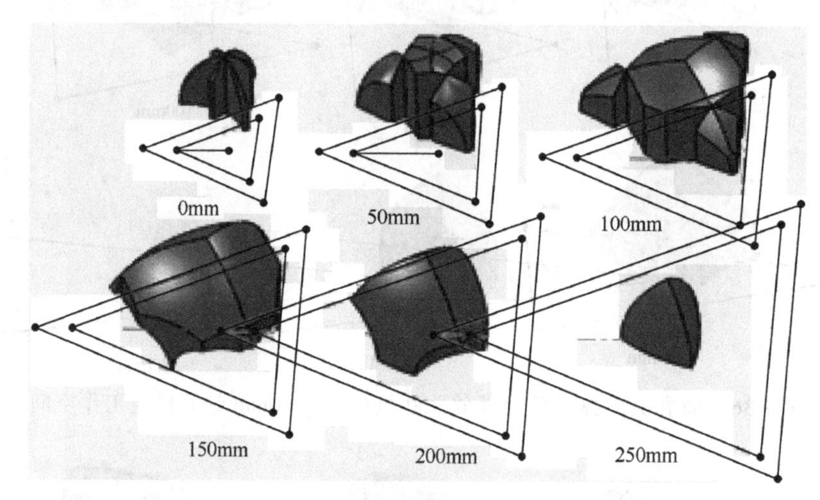

图 7.39　混合类支撑三角形等效并联机构 $S_{SM}=30\text{mm}$ 时的稳定工作空间

图 7.40 为哺乳类支撑三角形下的机器人本体工作空间体积曲线，实线表示的是可达工作空间，星号线表示的是 0mm 静态稳定裕度的稳定工作空间，点画线表示的是 30mm 静态稳定裕度的稳定工作空间。三条曲线具有相同的变化趋势，在开始阶段曲线随立足点偏置的增加而上升，当曲线达到最大值时，其又开始随立足点偏置的增加而下降，三条曲线存在一定差距。图 7.41 为混合类支撑三角形下的机器人本体工作空间体积曲线，实线表示的是可达工作空间，星号线表示的是 0mm 静态稳定裕度的稳定工作空间，点画线表示的是 30mm 静态稳定裕度的稳定工作空间。三条曲线具有相同的变化趋势，且相互之间非常接近，在开始阶段曲线随立足点偏置的增加而上升，当曲线达到最大值时，其又开始随立足点偏置的增加而下降。

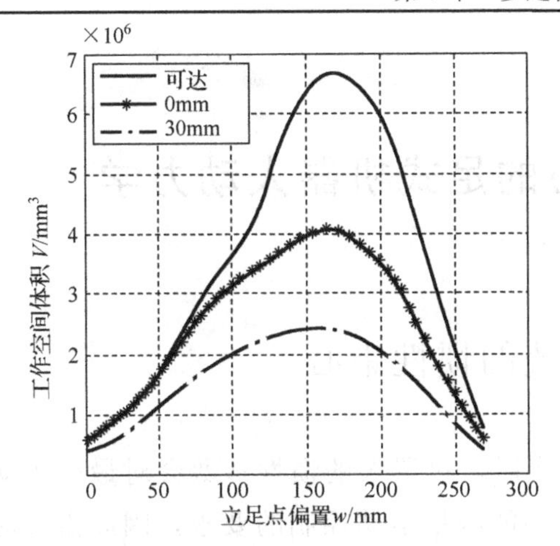

图 7.40　哺乳类支撑三角形下机器人本体工作空间体积曲线

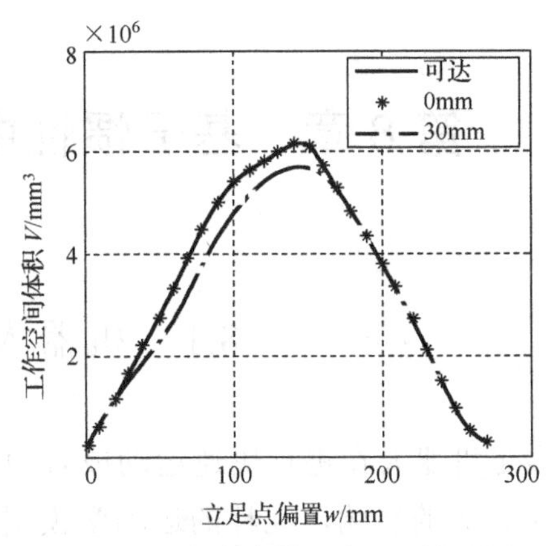

图 7.41　混合类支撑三角形下机器人本体工作空间体积曲线

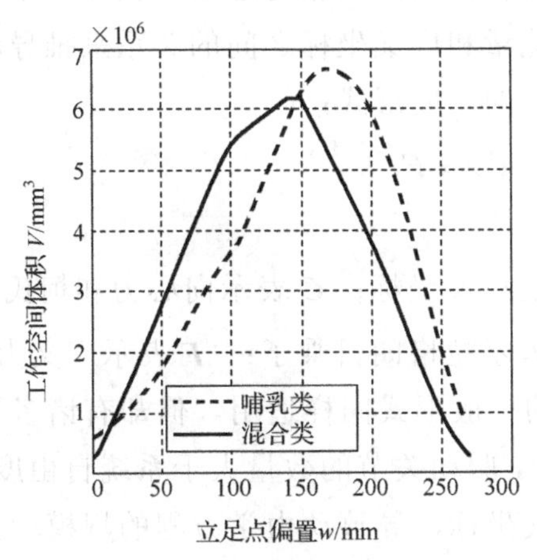

图 7.42　两类支撑三角形下机器人本体可达工作空间体积曲线

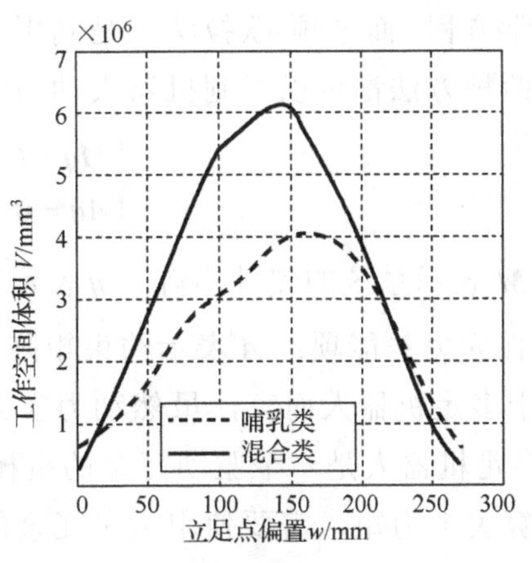

图 7.43　两类支撑三角形下机器人本体工作空间体积曲线 $S_{SM}=0\text{mm}$

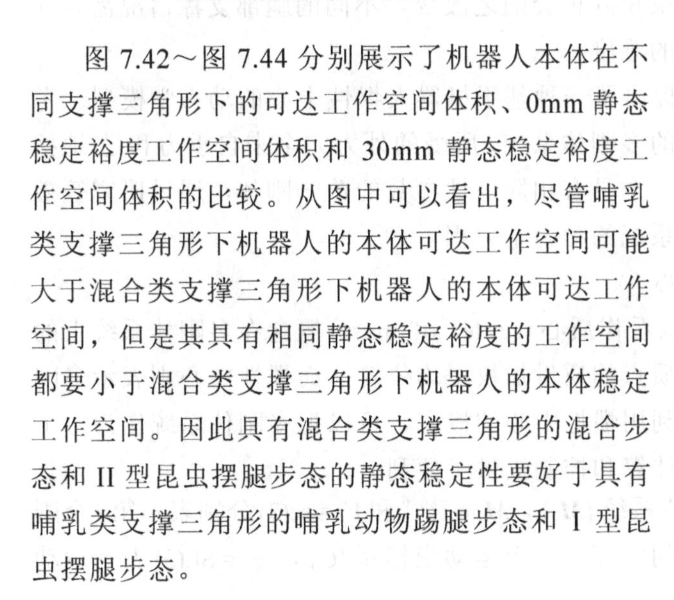

图 7.42～图 7.44 分别展示了机器人本体在不同支撑三角形下的可达工作空间体积、0mm 静态稳定裕度工作空间体积和 30mm 静态稳定裕度工作空间体积的比较。从图中可以看出，尽管哺乳类支撑三角形下机器人的本体可达工作空间可能大于混合类支撑三角形下机器人的本体可达工作空间，但是其具有相同静态稳定裕度的工作空间都要小于混合类支撑三角形下机器人的本体稳定工作空间。因此具有混合类支撑三角形的混合步态和 II 型昆虫摆腿步态的静态稳定性要好于具有哺乳类支撑三角形的哺乳动物踢腿步态和 I 型昆虫摆腿步态。

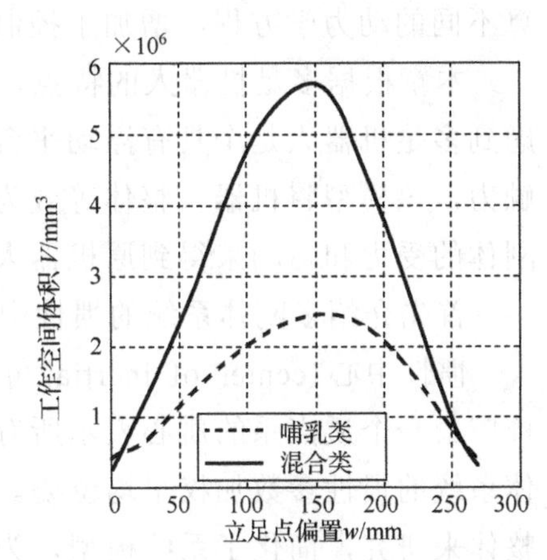

图 7.44　两类支撑三角形下机器人本体工作空间体积曲线 $S_{SM}=30\text{mm}$

第 8 章　基于惯性中心的足式机器人动力学

8.1　机器人系统的惯性中心

多足机器人在进行快速运动或者动态行走时，机器人的惯性参数会对最终运动效果产生很大的影响，纯粹的运动学模型已经不能满足运动控制的要求，因此需要对四足机器人进行动力学建模。建立机器人动力学方程的常用方法主要有两种：牛顿-欧拉法和拉格朗日法。牛顿-欧拉法是通过研究相邻杆件之间的相对运动和相互作用力来建立动力学方程，而牛顿-欧拉法则是利用系统能量和广义坐标之间的关系来推导动力学方程。两种方法都可以得到机器人动力学方程的一般形式：

$$\begin{cases} \boldsymbol{M}\ddot{\boldsymbol{q}} + \boldsymbol{C} + \boldsymbol{N} + \boldsymbol{A}^{\mathrm{T}}\lambda = \boldsymbol{F} \\ \boldsymbol{A}\dot{\boldsymbol{q}} = \boldsymbol{0} \end{cases} \tag{8.1}$$

式中，$\boldsymbol{M}$ 表示系统的惯性矩阵；$\boldsymbol{q}$ 表示系统的广义坐标；$\boldsymbol{C}$ 表示向心力和柯氏力项；$\boldsymbol{N}$ 表示保守力势能项；$\boldsymbol{A}$ 表示约束矩阵；λ 表示拉格朗日乘子；$\boldsymbol{F}$ 表示广义力。

对于多足机器人而言，虽然动力学方程的一般形式同样适用，但却有诸多不便。首先，多足机器人是一个驱动冗余的机械系统，驱动关节的数量大于系统自由度数目，为了计算关节力矩，需要使用大量冗余的广义坐标，导致动力学方程的规模增大、计算效率降低；其次，多足机器人还是一个变约束系统，在行走过程中，腿部不断在支撑腿和摆动腿之间切换，系统的约束矩阵也会随之改变，不同的腿部支撑情况需要计算不同的动力学方程，增加了控制的难度。

本章根据多足机器人的特点，提出了一种基于机器人惯性中心的动力学模型。考虑到多足机器人是个具有浮动平台的多刚体系统，所受的外力完全来自重力和足/地接触力，该模型将机器人整体等效为一个具有相同惯性参数的单一刚体，通过研究等效刚体的受力和运动来得到原机器人系统的动力学方程。

首先介绍多刚体系统的惯性中心。

惯性中心(center of inertia)可以看作质心(center of mass)概念在多刚体系统上的推广。一个质点系的质心表示所有质点的质量加权平均位置，而惯性中心则表示多刚体系统的惯性参数加权平均位姿。利用惯性中心的概念，可以把多刚体系统作为一个整体来研究，简化了系统模型，为计算和控制提供了便利。

对于一个包含 n 个刚体的多刚体系统 $\{\boldsymbol{M}_i\}$，$\boldsymbol{M}_i \in \mathbb{R}^{6\times 6}$ 和 $\boldsymbol{V}_i \in \mathrm{se}(3)$ 分别表示第 i 个刚体的惯性矩阵和广义速度，假设空间中存在一个运动坐标系 $\{C\}$，$\boldsymbol{g}_c \in \mathrm{SE}(3)$ 表示运动

坐标系 $\{C\}$ 的位姿，$V_c \in \mathrm{se}(3)$ 表示坐标系运动的广义速度，如果运动坐标系 $\{C\}$ 满足：①$\left(\sum_{i=1}^{n} M_i\right) V_c = \sum_{i=1}^{n} M_i V_i$；②$\{C\}$ 的原点与系统质心重合。那么，我们称运动坐标系 $\{C\}$ 的原点为多刚体系统的**惯性中心**。

值得注意的是，这里惯性中心的定义是以动量关系的形式给出的，如果要确定惯性中心相对于空间参考坐标系的齐次变换矩阵，需要对惯性中心的广义速度 V_c 进行积分，根据定义，该积分的位置初始值由系统质心位置决定，而姿态初始值在定义中并未规定，可以取任意值。由于姿态初始值的不确定性，多刚体系统的惯性中心并不是唯一的。

Papadopoulos[39]在其博士论文中已经证明，惯性中心的广义速度 V_c 的积分不存在统一的解析表达式，积分结果取决于系统内各刚体的运动轨迹。因此，只能使用数值积分的方法来得到系统惯性中心的位姿 g_c。因为 g_c 的平移分量由系统质心确定，只需计算出旋转矩阵 $R_c \in \mathrm{SO}(3)$ 即可。

为方便描述，令 $L = \sum_{i=1}^{n} M_i V_i$，$M_c = \sum_{i=1}^{n} M_i$，$L \in \mathbb{R}^6$ 表示系统的总动量和动量矩，$M_c \in \mathbb{R}^{6\times 6}$ 表示 $\{M_i\}$ 中所有刚体的惯性矩阵之和。根据惯性中心的定义可以得到

$$M_c V_c = L \tag{8.2}$$

令 $M_c = \begin{bmatrix} M_{11} & M_{12} \\ M_{21} & M_{22} \end{bmatrix}$，$V_c = \begin{bmatrix} v_c \\ \omega_c \end{bmatrix}$，$L = \begin{bmatrix} L_1 \\ L_2 \end{bmatrix}$，其中 $M_{11}, M_{12}, M_{21}, M_{22} \in \mathbb{R}^{3\times 3}$，$v_c, \omega_c, L_1, L_2 \in \mathbb{R}^3$，式(8.2)可以展开为

$$M_{11} v_c + M_{12} \omega_c = L_1 \tag{8.3}$$

$$M_{21} v_c + M_{22} \omega_c = L_2 \tag{8.4}$$

式(8.3)表示系统的动量，式(8.4)表示系统的动量矩。

假设系统的质心为 $x_c \in \mathbb{R}^3$，质心速度和惯性中心广义速度 V_c 的关系为

$$\dot{x}_c = v_c + \hat{\omega}_c x_c \tag{8.5}$$

可以证明式(8.3)和式(8.5)是等价的，但式(8.5)的表达形式比式(8.3)更加简洁。联立式(8.4)和式(8.5)解出 v_c 和 ω_c 为

$$v_c = (\hat{x}_c M_{22}^{-1} M_{21} + I)^{-1} (\dot{x}_c + \hat{x}_c M_{22}^{-1} L_2) \tag{8.6}$$

$$\omega_c = M_{22}^{-1} (L_2 - M_{21} v_c) \tag{8.7}$$

将 ω_c 映射到指数坐标空间中，得到

$$\dot{\varepsilon}_c = \mathrm{dexp}_{\varepsilon_c}^{-1} \omega_c \tag{8.8}$$

式中，$\varepsilon_c \in \mathbb{R}^3$ 表示 g_c 的旋转矩阵 R_c 的指数坐标；“dexp”表示从 $\mathbb{R}^3$ 映射到 $\mathrm{so}(3)$ 的线性算子，具体表达形式可参看文献[40]。

将式(8.8)离散化并写成差分形式可得

$$\boldsymbol{\varepsilon}_c^{(k)} - \boldsymbol{\varepsilon}_c^{(k-1)} = \mathrm{dexp}_{\boldsymbol{\varepsilon}_c^{(k-1)}}^{-1} \boldsymbol{\omega}_c^{(k-1)} \Delta t \tag{8.9}$$

式中，$k \in \mathbb{N}$表示差分迭代序号；$\Delta t \in \mathbb{R}$表示时间间隔。

只要给定一个初始值$\boldsymbol{\varepsilon}_c^{(0)}$，利用式(8.9)迭代运算可得到$\boldsymbol{\varepsilon}_c^{(k)}$为

$$\boldsymbol{\varepsilon}_c^{(k)} = \sum_{i=1}^{k-1} \mathrm{dexp}_{\boldsymbol{\varepsilon}_c^{(i-1)}}^{-1} \boldsymbol{\omega}_c^{(i-1)} \Delta t + \boldsymbol{\varepsilon}_c^{(0)} \tag{8.10}$$

如果时间间隔Δt足够小，可以将$\boldsymbol{\varepsilon}_c^{(k)}$作为$\boldsymbol{\varepsilon}_c$在$k\Delta t$时刻的近似值。当然，采用这种迭代算法来计算$\boldsymbol{\varepsilon}_c$的近似值不可避免地会产生累积误差。

利用指数坐标$\boldsymbol{\varepsilon}_c$可以得到旋转矩阵$\boldsymbol{R}_c = \mathrm{e}^{\hat{\boldsymbol{\varepsilon}}_c}$，进一步得到惯性中心坐标系$\{C\}$的位姿为

$$\boldsymbol{g}_c = \begin{bmatrix} \mathrm{e}^{\hat{\boldsymbol{\varepsilon}}_c} & \boldsymbol{x}_c \\ \boldsymbol{0} & 1 \end{bmatrix} \tag{8.11}$$

假设$\boldsymbol{a}_c \in \mathbb{R}^6$为$\boldsymbol{g}_c$的指数坐标，即$\boldsymbol{g}_c = \mathrm{e}^{\hat{\boldsymbol{a}}_c}$，利用式(8.11)可求得$\boldsymbol{a}_c$为

$$\boldsymbol{a}_c = \begin{bmatrix} \mathrm{dexp}_{\boldsymbol{\varepsilon}_c}^{-1} \boldsymbol{x}_c \\ \boldsymbol{\varepsilon}_c \end{bmatrix} \tag{8.12}$$

8.2　四足机器人动力学

四足机器人是多足机器人中最为常见的一种，如图 8.1 所示。为建立四足机器人的动力学模型，构建相关参考系：在地面上建立空间坐标系$\{S\}$，在机器人本体的几何中心处建立本体坐标系$\{P\}$，在机器人的第i条腿第j个连杆上建立杆件坐标系$\{L_{ij}\}$，在机器人的质心处建立惯性中心坐标系$\{C\}$。在初始时刻，$\{C\}$和$\{P\}$的对应坐标轴互相平行。

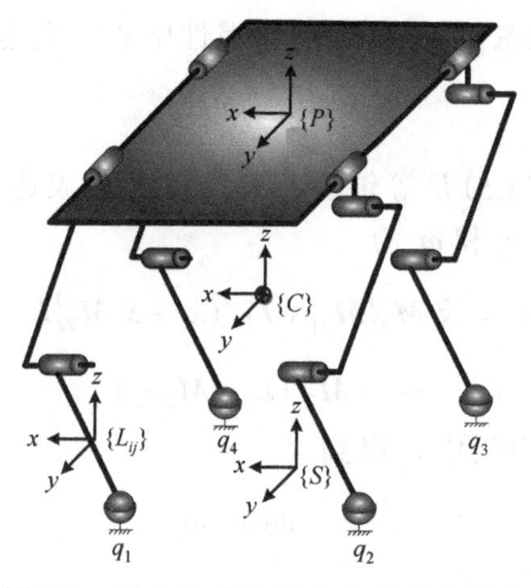

图 8.1　动力学模型相关参考系的建立

8.2.1　动力学模型建立

由于四足机器人在行走过程中受到的外力只有重力和地面接触力，若将机器人系统看作一个整体，由牛顿-欧拉定理可以得到系统的动力学方程为

$$\frac{\mathrm{d}}{\mathrm{d}t}(\boldsymbol{M}_C^S\boldsymbol{V}_C^S)=\boldsymbol{F}^S+\boldsymbol{G}^S \tag{8.13}$$

式中，$\boldsymbol{M}_C^S\in\mathbb{R}^{6\times6}$ 表示机器人本体的惯性矩阵，上标表示该物理量的测量坐标系(下同)；$\boldsymbol{V}_C^S\in\mathrm{se}(3)$ 表示惯性中心坐标系 $\{C\}$ 的广义速度；$\boldsymbol{F}^S\in\mathbb{R}^6$ 表示地面对机器人的六维力旋量；$\boldsymbol{G}^S\in\mathbb{R}^6$ 表示系统所受的重力旋量。

将式(8.13)中的各物理量转换到坐标系 $\{C\}$ 中，有

$$\boldsymbol{M}_C^S=\mathrm{Ad}_{\boldsymbol{g}_C^{-1}}^{\mathrm{T}}\boldsymbol{M}_C^C\mathrm{Ad}_{\boldsymbol{g}_C^{-1}} \tag{8.14}$$

$$\boldsymbol{V}_C^S=\mathrm{Ad}_{\boldsymbol{g}_C}\boldsymbol{V}_C^C \tag{8.15}$$

$$\boldsymbol{F}^S=\mathrm{Ad}_{\boldsymbol{g}_C^{-1}}^{\mathrm{T}}\boldsymbol{F}^C \tag{8.16}$$

$$\boldsymbol{G}^S=\mathrm{Ad}_{\boldsymbol{g}_C^{-1}}^{\mathrm{T}}\boldsymbol{G}^C \tag{8.17}$$

将式(8.14)～式(8.17)代入式(8.13)，整理得

$$\boldsymbol{M}_C^C\dot{\boldsymbol{V}}_C^C+\dot{\boldsymbol{M}}_C^C\boldsymbol{V}_C^C-\mathrm{ad}_{\boldsymbol{V}_C^C}^{\mathrm{T}}\boldsymbol{M}_C^C\boldsymbol{V}_C^C=\boldsymbol{F}^C+\boldsymbol{G}^C \tag{8.18}$$

式中，“ad”表示李代数元素的伴随算子，对于任意一个李代数元素 $\boldsymbol{\xi}=\begin{bmatrix}\boldsymbol{v}^{\mathrm{T}} & \boldsymbol{\omega}^{\mathrm{T}}\end{bmatrix}^{\mathrm{T}}$，$\mathrm{ad}_{\boldsymbol{\xi}}$ 定义为

$$\mathrm{ad}_{\boldsymbol{\xi}}=\begin{bmatrix}\hat{\boldsymbol{\omega}} & \hat{\boldsymbol{v}}\\ \boldsymbol{0} & \hat{\boldsymbol{\omega}}\end{bmatrix} \tag{8.19}$$

式(8.18)给出了惯性中心坐标系 $\{C\}$ 的广义速度 $\boldsymbol{V}_C^C$ 及广义加速度 $\dot{\boldsymbol{V}}_C^C$ 和所受外力之间的关系，我们称其为基于惯性中心的动力学方程。要确定式(8.18)的完整数学形式，还需要对惯性中心的惯性矩阵 $\boldsymbol{M}_C^C$ 及其导数 $\dot{\boldsymbol{M}}_C^C$ 进行计算。

根据惯性中心的定义，$\boldsymbol{M}_C^C$ 等于机器人系统所有刚体惯性矩阵之和，即

$$\boldsymbol{M}_C^C=\boldsymbol{M}_P^C+\sum_{i=1}^{4}\sum_{j=1}^{3}\boldsymbol{M}_{L_{ij}}^C \tag{8.20}$$

式中，$\boldsymbol{M}_P^C\in\mathbb{R}^{6\times6}$ 表示机器人本体的惯性矩阵；$\boldsymbol{M}_{L_{ij}}^C\in\mathbb{R}^{6\times6}$ 表示第 i 条腿上第 j 个连杆的惯性矩阵。

将 $\boldsymbol{M}_C^C$ 的测量坐标系转换到本体坐标系 $\{P\}$ 中，有

$$\boldsymbol{M}_C^C=\mathrm{Ad}_{\boldsymbol{g}_{PC}}^{\mathrm{T}}\boldsymbol{M}_C^P\mathrm{Ad}_{\boldsymbol{g}_{PC}} \tag{8.21}$$

式中，$\boldsymbol{g}_{PC}\in\mathrm{SE}(3)$ 表示坐标系 $\{C\}$ 相对于坐标系 $\{P\}$ 的齐次变换矩阵。

由于惯性中心的惯性矩阵等于机器人系统所有刚体惯性矩阵之和，有

$$\boldsymbol{M}_C^P = \boldsymbol{M}_P^P + \sum_{i=1}^{4}\sum_{j=1}^{3}\boldsymbol{M}_{L_{ij}}^P \tag{8.22}$$

式中，$\boldsymbol{M}_P^P \in \mathbb{R}^{6\times6}$ 表示机器人本体的惯性矩阵；$\boldsymbol{M}_{L_{ij}}^P \in \mathbb{R}^{6\times6}$ 表示第 i 条腿上第 j 个连杆的惯性矩阵。

将 $\boldsymbol{M}_{L_{ij}}^P$ 的测量坐标系转换到杆件坐标系 $\{L_{ij}\}$ 中，有

$$\boldsymbol{M}_{L_{ij}}^P = \mathrm{Ad}_{\boldsymbol{g}_{PL_{ij}}^{-1}}^{\mathrm{T}} \boldsymbol{M}_{L_{ij}}^{L_{ij}} \mathrm{Ad}_{\boldsymbol{g}_{PL_{ij}}^{-1}} \tag{8.23}$$

式中，$\boldsymbol{g}_{PL_{ij}} \in \mathrm{SE}(3)$ 表示从坐标系 $\{L_{ij}\}$ 到坐标系 $\{P\}$ 的齐次变换矩阵。

因为惯性矩阵 $\boldsymbol{M}_P^P$ 和 $\boldsymbol{M}_{L_{ij}}^{L_{ij}}$ 都是常量，$\boldsymbol{g}_{PL_{ij}}$ 可以通过指数积公式写成关于关节转角 $\boldsymbol{\theta}$ 的函数，所以 $\boldsymbol{M}_C^C$ 是关于 $\boldsymbol{\theta}$ 和 $\boldsymbol{g}_{PC}$ 的函数，记作 $\boldsymbol{M}_C^C = \boldsymbol{M}_C^C(\boldsymbol{\theta}, \boldsymbol{g}_{PC})$。

对式(8.21)求导，可以得到 $\boldsymbol{M}_C^C$ 的导数为

$$\dot{\boldsymbol{M}}_C^C = \mathrm{ad}_{\boldsymbol{V}_{PC}^C}^{\mathrm{T}} \boldsymbol{M}_C^C + \mathrm{Ad}_{\boldsymbol{g}_{PC}}^{\mathrm{T}} \dot{\boldsymbol{M}}_C^P \mathrm{Ad}_{\boldsymbol{g}_{PC}} + \boldsymbol{M}_C^C \mathrm{ad}_{\boldsymbol{V}_{PC}^C} \tag{8.24}$$

对式(8.22)求导，可以得到 $\boldsymbol{M}_C^P$ 的导数为

$$\dot{\boldsymbol{M}}_C^P = -\sum_{i=1}^{4}\sum_{j=1}^{3}\left(\mathrm{ad}_{\boldsymbol{V}_{PL_{ij}}^P}^{\mathrm{T}} \boldsymbol{M}_{ij}^P + \boldsymbol{M}_{ij}^P \mathrm{ad}_{\boldsymbol{V}_{PL_{ij}}^P}\right) \tag{8.25}$$

式中，$\boldsymbol{V}_{PL_{ij}}^P \in \mathrm{se}(3)$ 表示坐标系 $\{L_{ij}\}$ 相对于坐标系 $\{P\}$ 的广义速度。从式(8.24)和式(8.25)可以看出，$\dot{\boldsymbol{M}}_C^C$ 是关于 $\boldsymbol{\theta}$、$\dot{\boldsymbol{\theta}}$ 和 $\boldsymbol{g}_{PC}$ 的函数，记作 $\dot{\boldsymbol{M}}_C^C = \dot{\boldsymbol{M}}_C^C(\boldsymbol{\theta}, \dot{\boldsymbol{\theta}}, \boldsymbol{g}_{PC})$。

根据惯性中心的定义，坐标系 $\{C\}$ 相对于坐标系 $\{P\}$ 的广义速度为

$$\boldsymbol{V}_{PC}^P = (\boldsymbol{M}_C^P)^{-1}\left(\sum_{i=1}^{4}\sum_{j=1}^{3}\boldsymbol{M}_{L_{ij}}^P \boldsymbol{V}_{PL_{ij}}^P\right) \tag{8.26}$$

利用雅可比矩阵，$\boldsymbol{V}_{PL_{ij}}^P$ 可以写为关节转角 $\boldsymbol{\theta}$ 和关节转速 $\dot{\boldsymbol{\theta}}$ 的函数，如果已知或者测量出 $\boldsymbol{\theta}$ 和 $\dot{\boldsymbol{\theta}}$，利用 8.1 节的方法可以计算出 $\boldsymbol{g}_{PC} \in \mathrm{SE}(3)$ 及其指数坐标 $\boldsymbol{a}_{PC} \in \mathbb{R}^6$，从而进一步求出 $\boldsymbol{M}_C^C(\boldsymbol{\theta}, \boldsymbol{g}_{PC})$ 和 $\dot{\boldsymbol{M}}_C^C(\boldsymbol{\theta}, \dot{\boldsymbol{\theta}}, \boldsymbol{g}_{PC})$。

8.2.2　摆动腿的力矩控制

四足机器人在行走时，各条腿不断在支撑相和摆动相之间切换。对处于两种不同状态的腿部关节分别采用不同的控制方法。摆动腿可以看作一个简单的三关节串联机械臂，为简化控制算法、提高控制效率，本章采用了基于串联机器人运动学的 PD 控制方法。

假设足端的期望位置为 $\boldsymbol{q}_d \in \mathbb{R}^3$，实际位置为 $\boldsymbol{q} \in \mathbb{R}^3$，定义足端运动误差为

$$\tilde{\boldsymbol{q}} = \boldsymbol{q}_d - \boldsymbol{q} \tag{8.27}$$

根据 PD 控制规律，可令摆动腿的关节力矩 $\boldsymbol{\tau}_{sw} \in \mathbb{R}^3$ 为

$$\boldsymbol{\tau}_{sw} = \boldsymbol{J}_{sw}^{\mathrm{T}}(K_P\tilde{\boldsymbol{q}} + K_D\dot{\tilde{\boldsymbol{q}}}) + \boldsymbol{\tau}_g + \boldsymbol{\tau}_a \tag{8.28}$$

其中，$\boldsymbol{J}_{sw} \in \mathbb{R}^{3\times3}$ 表示摆动腿的雅可比矩阵；$K_P \in \mathbb{R}$ 和 $K_D \in \mathbb{R}$ 分别表示比例系数和微分系数；$\boldsymbol{\tau}_g \in \mathbb{R}^3$ 表示重力补偿力矩；$\boldsymbol{\tau}_a \in \mathbb{R}^3$ 表示惯性力补偿力矩。

因为重力和惯性力可以看作作用在腿部质心上，根据虚功原理可得

$$(\boldsymbol{\tau}_g + \boldsymbol{\tau}_a)^{\mathrm{T}}\delta\boldsymbol{\theta}_{sw} + m(\boldsymbol{g}^P - \boldsymbol{a}^P)^{\mathrm{T}}\delta\bar{\boldsymbol{x}}_{sw}^P = 0 \tag{8.29}$$

其中，$\delta\boldsymbol{\theta}_{sw} \in \mathbb{R}^3$ 表示摆动腿关节转角的虚位移；$\delta\bar{\boldsymbol{x}}_{sw}^P \in \mathbb{R}^3$ 表示摆动腿质心的虚位移；$m \in \mathbb{R}$ 表示腿部的质量；$\boldsymbol{g}^P \in \mathbb{R}^3$ 表示重力加速度；$\boldsymbol{a}^P \in \mathbb{R}^3$ 表示质心处的牵连加速度与科氏加速度之和。

在本体坐标系 $\{P\}$ 中，质心 $\boldsymbol{x}_c^P$ 处的牵连加速度与科氏加速度之和为

$$\begin{bmatrix} \boldsymbol{a}^P \\ 0 \end{bmatrix} = (\hat{\boldsymbol{V}}_P^{P2} + \hat{\dot{\boldsymbol{V}}}_P^P)\begin{bmatrix} \bar{\boldsymbol{x}}_{sw}^P \\ 1 \end{bmatrix} + 2\hat{\boldsymbol{V}}_P^P\begin{bmatrix} \dot{\bar{\boldsymbol{x}}}_{sw}^P \\ 0 \end{bmatrix} \tag{8.30}$$

利用单腿质心运动学模型，摆动腿的质心坐标 $\bar{\boldsymbol{x}}_{sw}^P$ 可以写成关节转角 $\boldsymbol{\theta}_{sw}$ 的函数，即

$$\bar{\boldsymbol{x}}_{sw}^P = \bar{\boldsymbol{x}}_{sw}^P(\boldsymbol{\theta}_{sw}) \tag{8.31}$$

利用质心雅可比矩阵 $\bar{\boldsymbol{J}}_{sw}$，质心运动速度 $\dot{\bar{\boldsymbol{x}}}_{sw}^P$ 可以用关节转速 $\dot{\boldsymbol{\theta}}_{sw}$ 表示，即

$$\dot{\bar{\boldsymbol{x}}}_{sw}^P = \bar{\boldsymbol{J}}_{sw}\dot{\boldsymbol{\theta}}_{sw} \tag{8.32}$$

将式(8.31)和式(8.32)代入式(8.30)可得

$$\begin{bmatrix} \boldsymbol{a}^P \\ 0 \end{bmatrix} = \left(\hat{\boldsymbol{V}}_P^{P2} + \hat{\dot{\boldsymbol{V}}}_P^P\right)\begin{bmatrix} \bar{\boldsymbol{x}}_{sw}^P(\boldsymbol{\theta}_{sw}) \\ 1 \end{bmatrix} + 2\hat{\boldsymbol{V}}_P^P\begin{bmatrix} \bar{\boldsymbol{J}}_{sw} \\ 0 \end{bmatrix}\dot{\boldsymbol{\theta}}_{sw} \tag{8.33}$$

可以在机器人本体上安装惯性测量单元(inertia measurement unit，IMU)测量本体广义速度 $\boldsymbol{V}_P^P$ 和广义加速度 $\dot{\boldsymbol{V}}_P^P$，在腿部关节上安装编码器测量关节转角 $\boldsymbol{\theta}_{sw}$ 和转速 $\dot{\boldsymbol{\theta}}_{sw}$，利用式(8.33)可以求出惯性加速度 $\boldsymbol{a}^P$。

从式(8.32)还可以得到 $\delta\boldsymbol{\theta}_{sw}$ 和 $\delta\bar{\boldsymbol{x}}_{sw}^P$ 的关系为

$$\delta\bar{\boldsymbol{x}}_{sw}^P = \bar{\boldsymbol{J}}_{sw}\delta\boldsymbol{\theta}_{sw} \tag{8.34}$$

将式(8.34)代入式(8.29)得

$$(\boldsymbol{\tau}_g + \boldsymbol{\tau}_a)^{\mathrm{T}}\delta\boldsymbol{\theta}_{sw} + m(\boldsymbol{g}^P - \boldsymbol{a}^P)^{\mathrm{T}}\bar{\boldsymbol{J}}_{sw}\delta\boldsymbol{\theta}_{sw} = 0 \tag{8.35}$$

由虚位移 $\delta\boldsymbol{\theta}$ 的任意性，可得

$$\boldsymbol{\tau}_g + \boldsymbol{\tau}_a = m\bar{\boldsymbol{J}}_{sw}^{\mathrm{T}}(\boldsymbol{a}^P - \boldsymbol{g}^P) \tag{8.36}$$

将式(8.36)代入式(8.28)，得到关节力矩为

$$\boldsymbol{\tau}_{sw} = \boldsymbol{J}_{sw}^{\mathrm{T}}(K_P\tilde{\boldsymbol{q}} + K_D\dot{\tilde{\boldsymbol{q}}}) + m\bar{\boldsymbol{J}}_{sw}^{\mathrm{T}}(\boldsymbol{a}^P - \boldsymbol{g}^P) \tag{8.37}$$

在实际控制摆动腿运动时，可以改变 K_P 和 K_D 的值来调节控制系统的刚度和阻尼，

以达到理想的控制效果。图 8.2 是摆动腿的力矩控制框图。

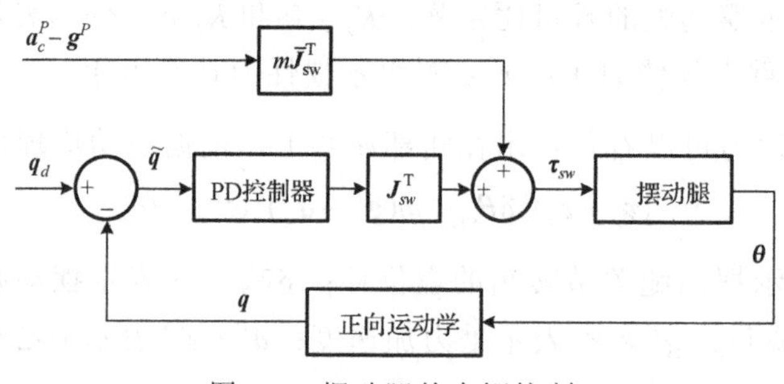

图 8.2　摆动腿的力矩控制

8.2.3　支撑腿的力矩控制

对于支撑腿的力矩控制，本书提出了一种基于惯性中心动力学模型的控制方法。由于惯性中心动力学模型建立了惯性中心的运动和外力之间的关系，需要使用的广义坐标比一般的动力学模型更少，在控制系统中对应的状态变量也更少，缩小了控制系统的规模，提高了运算效率。另外，在控制惯性中心运动时，采用了基于指数坐标的轨迹跟踪法[41]，将惯性中心的移动和转动作为一个整体进行控制，使得机器人的运动更加平滑自然。

基于惯性中心动力学模型的控制方法由两个控制环组成，外环为位姿控制环，内环为力控制环。

1. 位姿控制环

位姿控制环的输入是惯性中心的期望运动轨迹和实际运动轨迹，输出是惯性中心的参考加速度，同时也是力控制环的输入。位姿控制环的控制目标是让实际运动轨迹能够跟随期望运动轨迹。

惯性中心的位姿可以用三维特殊欧氏群 SE(3)中的元素来表示。因为 SE(3)是三维欧几里得空间 $\mathbb{R}^3$ 和特殊正交群 SO(3)的半直积，在 SE(3)中进行轨迹跟踪需要同时控制元素的移动和转动。一种最常用的位姿控制方法是在 $\mathbb{R}^3$ 和 SO(3)中分别定义运动误差，然后根据运动误差对移动和转动分别进行控制。根据不同的参数化方法，特殊正交群 SO(3)中的误差有不同的定义，如四元数法[42, 43]等。第二种方法是利用指数坐标直接在 SE(3)中定义运动误差，将移动和转动作为一个整体来控制，通过最小化指数坐标的误差来达到轨迹跟踪的目的[44-46]。本章采用第二种方法，比第一种方法更符合三维特殊欧氏群 SE(3)的几何特性。

假设惯性中心坐标系 $\{C\}$ 的期望运动轨迹为 $\boldsymbol{g}_d \in \mathrm{SE}(3)$，$\boldsymbol{g}_d$ 是关于时间 t 的函数，即 $\boldsymbol{g}_d = \boldsymbol{g}_d(t)$，实际运动轨迹为 $\boldsymbol{g}_C \in \mathrm{SE}(3)$。定义运动位姿误差为

$$\boldsymbol{g}_e = \boldsymbol{g}_C \boldsymbol{g}_d^{-1} \tag{8.38}$$

用 $\boldsymbol{a}_e \in \mathbb{R}^6$ 表示 $\boldsymbol{g}_e$ 的指数坐标，则 $\boldsymbol{a}_e$ 满足

$$\boldsymbol{g}_e = \mathrm{e}^{\boldsymbol{a}_e} \tag{8.39}$$

为了使实际运动轨迹能够跟随期望运动轨迹，设计一个关于指数坐标 $\boldsymbol{a}_e$ 的 PD 控制规律如下：

$$\ddot{\boldsymbol{a}}_e + k_d \dot{\boldsymbol{a}}_e + k_p \boldsymbol{a}_e = 0 \tag{8.40}$$

式中，$k_p \in \mathbb{R}^+$ 表示比例系数；$k_d \in \mathbb{R}^+$ 表示微分系数。由于 k_p 和 k_d 都是正实数，式(8.40)的特征根必然具有非负实部，按照此规律 $\boldsymbol{a}_e$ 将收敛于零，对应的误差位姿也将趋向于单位矩阵。

从式(8.40)中求出误差指数坐标二阶导数 $\ddot{\boldsymbol{a}}_e$ 为

$$\ddot{\boldsymbol{a}}_e = -k_d \dot{\boldsymbol{a}}_e - k_p \boldsymbol{a}_e \tag{8.41}$$

为了使该 PD 控制规律作用于机器人的惯性中心，还需要建立惯性中心广义加速度 $\dot{\boldsymbol{V}}_C^C$ 和误差指数坐标二阶导数 $\ddot{\boldsymbol{a}}_e$ 之间的联系。

对式(8.38)求导，可以得到 $\boldsymbol{g}_e$ 的广义物体速度为

$$\boldsymbol{V}_e = \mathrm{Ad}_{\boldsymbol{g}_d}(\boldsymbol{V}_C^C - \boldsymbol{V}_d^C) \tag{8.42}$$

$\boldsymbol{V}_e$ 可以写成指数坐标 $\boldsymbol{a}_e$ 及其导数 $\dot{\boldsymbol{a}}_e$ 的函数：

$$\boldsymbol{V}_e = \mathrm{dexp}_{-\boldsymbol{a}_e} \dot{\boldsymbol{a}}_e \tag{8.43}$$

对式(8.43)求导，可得 $\boldsymbol{g}_e$ 的广义物体加速度为

$$\dot{\boldsymbol{V}}_e = \left(\frac{\mathrm{d}}{\mathrm{d}t}\mathrm{dexp}_{-\boldsymbol{a}_e}\right)\dot{\boldsymbol{a}}_e + \mathrm{dexp}_{-\boldsymbol{a}_e}\ddot{\boldsymbol{a}}_e \tag{8.44}$$

另外，对式(8.42)求导可得

$$\dot{\boldsymbol{V}}_e = \mathrm{Ad}_{\boldsymbol{g}_d}(\dot{\boldsymbol{V}}_C^C - \dot{\boldsymbol{V}}_d^C + \mathrm{ad}_{\boldsymbol{V}_d^C}\boldsymbol{V}_C^C) \tag{8.45}$$

联立式(8.44)和式(8.45)，可解出 $\dot{\boldsymbol{V}}_C^C$ 为

$$\dot{\boldsymbol{V}}_C^C = \dot{\boldsymbol{V}}_d^C - \mathrm{ad}_{\boldsymbol{V}_d^C}\boldsymbol{V}_C^C + \mathrm{Ad}_{\boldsymbol{g}_d^{-1}}\left(\left(\frac{\mathrm{d}}{\mathrm{d}t}\mathrm{dexp}_{-\boldsymbol{a}_e}\right)\dot{\boldsymbol{a}}_e + \mathrm{dexp}_{-\boldsymbol{a}_e}\ddot{\boldsymbol{a}}_e\right) \tag{8.46}$$

可以将由式(8.46)确定的惯性中心加速度 $\dot{\boldsymbol{V}}_C^C$ 作为参考加速度 $\dot{\boldsymbol{V}}_{\mathrm{ref}}^C$，即

$$\dot{\boldsymbol{V}}_{\mathrm{ref}}^C = \dot{\boldsymbol{V}}_d^C - \mathrm{ad}_{\boldsymbol{V}_d^C}\boldsymbol{V}_C^C + \mathrm{Ad}_{\boldsymbol{g}_d^{-1}}\left(\left(\frac{\mathrm{d}}{\mathrm{d}t}\mathrm{dexp}_{-\boldsymbol{a}_e}\right)\dot{\boldsymbol{a}}_e + \mathrm{dexp}_{-\boldsymbol{a}_e}\ddot{\boldsymbol{a}}_e\right) \tag{8.47}$$

当惯性中心以参考加速度 $\dot{\boldsymbol{V}}_{\mathrm{ref}}^C$ 运动时，实际运动轨迹将跟随给定运动轨迹。

图 8.3 是 SE(3) 上的两种位姿控制方法的对比。运动的初始位姿为 $\boldsymbol{g}_0 = \boldsymbol{I}_{4\times4}$，终点位姿为 $\boldsymbol{g}_T = \begin{bmatrix} 0 & 1 & 0 & 1 \\ -1 & 0 & 0 & 0.5 \\ 0 & 0 & 1 & 0 \\ 0 & 0 & 0 & 1 \end{bmatrix}$。两种控制方法都使用相同的比例系数 $k_p = 5$ 和微分系数

$k_d = 5$。用移动和转动解耦控制方法得到的轨迹用虚线表示，用移动和转动整体 PD 控制方法得到的轨迹用实线表示。可以看出实线沿一条弧线轨迹运动到终点，轨迹切线方向与坐标轴的夹角变化很小，说明坐标系的移动和转动是同步进行的，运动平滑自然。而虚线则沿一条直线运动到终点，移动和转动没有任何联系。

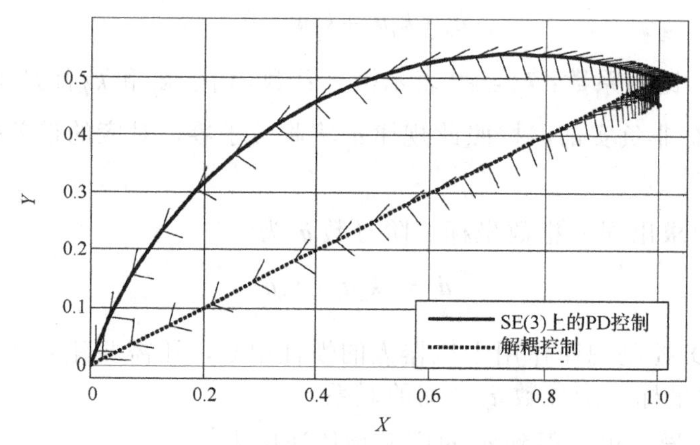

图 8.3　位姿整体 PD 控制和解耦控制的运动轨迹

图 8.4 是两种位姿控制方法的广义加速度大小对比，用向量的模数来衡量加速度的大小，在运动过程中移动、转动整体 PD 控制的加速度模数明显小于解耦控制的加速度模数。根据牛顿第二定律(物体加速度和所受外力成正比)，加速度越小说明所需的控制力越小，控制效率也越高。

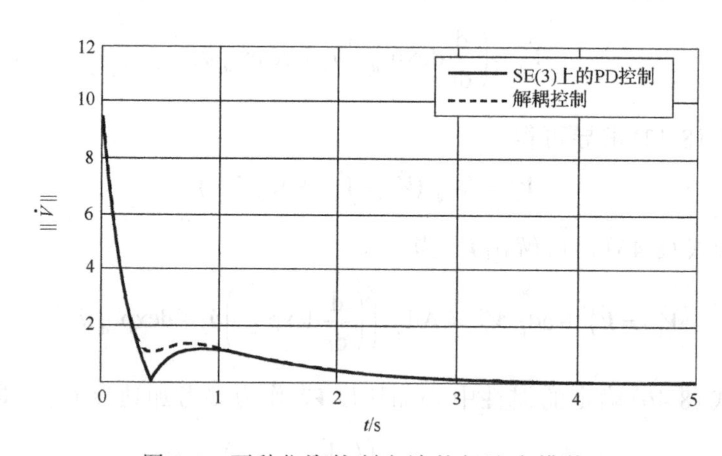

图 8.4　两种位姿控制方法的加速度模数

在 8.2.1 节中，规定惯性中心坐标系 $\{C\}$ 的坐标轴初始方向与本体坐标系 $\{P\}$ 平行。随着机器人的运动，这种平行关系会发生改变，这将直接导致一个问题：如果控制惯性中心坐标系 $\{C\}$ 沿给定轨迹运动，机器人本体坐标系 $\{P\}$ 的方向会随机变化、不可控制。为了同时控制机器人质心的运动和机器人本体的方向，在机器人质心处再建立一个坐标系 $\{E\}$，该坐标系的原点与质心重合，方向与本体坐标系 $\{P\}$ 平行，我们称坐标系 $\{E\}$ 为虚拟本体坐标系，在图 8.5 中用虚线坐标系表示。

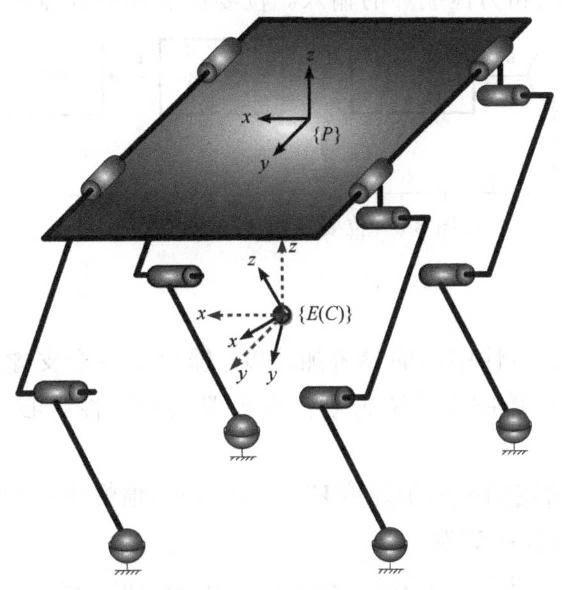

图 8.5 虚拟本体坐标系

虚拟本体坐标系 $\{E\}$ 的位姿 $\boldsymbol{g}_E \in \mathrm{SE}(3)$ 和惯性中心坐标系 $\{C\}$ 的位姿 $\boldsymbol{g}_C$ 的关系为

$$\boldsymbol{g}_C = \boldsymbol{g}_E \cdot \boldsymbol{g}_{EC} \tag{8.48}$$

式中，$\boldsymbol{g}_{EC}$ 表示从坐标系 $\{C\}$ 到坐标系 $\{E\}$ 的齐次变换，满足

$$\boldsymbol{g}_{EC} = \begin{bmatrix} \mathrm{e}^{\hat{\boldsymbol{\varepsilon}}_{PC}} & \boldsymbol{0} \\ \boldsymbol{0} & 1 \end{bmatrix}$$

如果给定虚拟本体坐标系的轨迹为 $\boldsymbol{g}_E = \boldsymbol{g}_E(t)$，那么惯性中心坐标系 $\{C\}$ 的期望运动轨迹 $\boldsymbol{g}_d$ 为

$$\boldsymbol{g}_d = \boldsymbol{g}_E \cdot \boldsymbol{g}_{EC} \tag{8.49}$$

对 $\boldsymbol{g}_d$ 求一阶导数和二阶导数可以得到惯性中心坐标系 $\{C\}$ 的期望广义速度 $\boldsymbol{V}_d^C$ 和广义加速度 $\dot{\boldsymbol{V}}_d^C$ 为

$$\boldsymbol{V}_d^C = \mathrm{Ad}_{\boldsymbol{g}_{EC}^{-1}} \boldsymbol{V}_E^E + \boldsymbol{V}_{EC}^C \tag{8.50}$$

$$\dot{\boldsymbol{V}}_d^C = \mathrm{Ad}_{\boldsymbol{g}_{EC}^{-1}} \dot{\boldsymbol{V}}_E^E + \dot{\boldsymbol{V}}_{EC}^C - \mathrm{ad}_{\boldsymbol{V}_{EC}^C} \mathrm{Ad}_{\boldsymbol{g}_{EC}^{-1}} \boldsymbol{V}_E^E \tag{8.51}$$

$\boldsymbol{V}_E^E$ 和 $\dot{\boldsymbol{V}}_E^E$ 可以通过对 $\boldsymbol{g}_E$ 求一阶导数和二阶导数计算得到，$\boldsymbol{V}_{EC}^C$ 可以通过测量关节转角和转速间接得到，$\dot{\boldsymbol{V}}_{EC}^C$ 可以对 $\boldsymbol{V}_{EC}^C$ 进行伪微分运算得到近似值，该伪微分器的传递函数如下：

$$G(s) = \frac{\omega_c^2 s}{s^2 + 2\delta\omega_c + \omega_c^2} \tag{8.52}$$

式中，$\omega_c = 50$ 为截止频率；$\delta = 1.414$ 为阻尼因子。

通过式(8.50)和式(8.51)可以求出 $\boldsymbol{V}_d^C$ 和 $\dot{\boldsymbol{V}}_d^C$。再将 $\boldsymbol{V}_d^C$ 和 $\dot{\boldsymbol{V}}_d^C$ 代入式(8.47)求出 $\dot{\boldsymbol{V}}_{\mathrm{ref}}^C$，

作为位姿控制环的输出和力控制环的输入。位姿控制环的控制框图如图 8.6 所示。

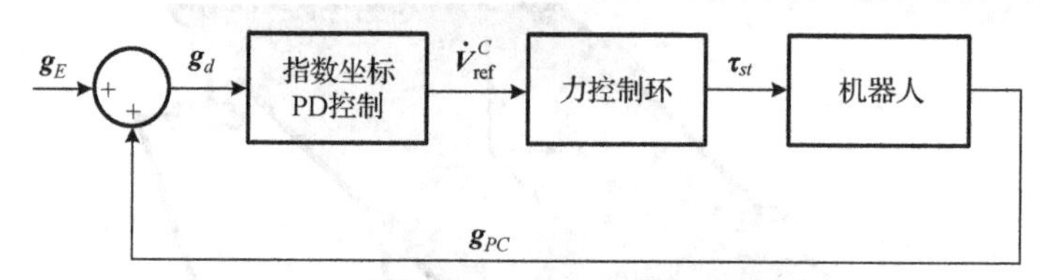

图 8.6　位姿控制环的控制框图

2. 力控制环

力控制环的输入是惯性中心的参考加速度，输出是各个支撑腿的关节力矩。力控制环的控制目标是通过控制支撑腿力矩使得机器人的惯性中心以给定的参考加速度运动。

要使惯性中心以给定的参考加速度 $\dot{\boldsymbol{V}}_{\text{ref}}^C$ 运动，根据惯性中心的动力学方程式(8.18)可得期望的参考外力 $\boldsymbol{F}_{\text{ref}}^C \in \mathbb{R}^6$ 为

$$\boldsymbol{F}_{\text{ref}}^C = \boldsymbol{M}_C^C \dot{\boldsymbol{V}}_{\text{ref}}^C + \dot{\boldsymbol{M}}_C^C \boldsymbol{V}_C^C - \text{ad}_{\boldsymbol{V}_C^C}^{\text{T}} \boldsymbol{M}_C^C \boldsymbol{V}_C^C - \boldsymbol{G}^C \tag{8.53}$$

将 $\boldsymbol{F}_{\text{ref}}^C$ 转换到本体坐标系 $\{P\}$ 下可得

$$\boldsymbol{F}_{\text{ref}}^P = \text{Ad}_{g_{PC}^{-1}}^{\text{T}} \boldsymbol{F}_{\text{ref}}^C \tag{8.54}$$

参考虚拟模型控制(virtual model control)法[47]的思想，可以把 $\boldsymbol{F}_{\text{ref}}^P$ 当作作用在机器人惯性中心上的虚拟力(virtual force)。因为 $\boldsymbol{F}_{\text{ref}}^P$ 由所有支撑腿接触力的合力来实现，有

$$\boldsymbol{F}_{\text{ref}}^P = \begin{bmatrix} \boldsymbol{F}_1^P \\ \boldsymbol{q}_1 \times \boldsymbol{F}_1^P \end{bmatrix} + \begin{bmatrix} \boldsymbol{F}_2^P \\ \boldsymbol{q}_2 \times \boldsymbol{F}_2^P \end{bmatrix} + \cdots + \begin{bmatrix} \boldsymbol{F}_n^P \\ \boldsymbol{q}_n \times \boldsymbol{F}_n^P \end{bmatrix} \tag{8.55}$$

式中，$n \in \mathbb{N}$ 表示支撑腿的数量；$\boldsymbol{q}_i \in \mathbb{R}^3 (i = 1, 2, \cdots, n)$ 表示第 i 条支撑腿的立足点在坐标系 $\{P\}$ 中的坐标；$\boldsymbol{F}_i^P \in \mathbb{R}^3 (i = 1, 2, \cdots, n)$ 表示第 i 条支撑腿的接触力。

将式(8.55)写成矩阵形式可得

$$\boldsymbol{A}\boldsymbol{x} = \boldsymbol{b} \tag{8.56}$$

式中

$$\boldsymbol{A} = \begin{bmatrix} \boldsymbol{I} & \boldsymbol{I} & \cdots & \boldsymbol{I} \\ \hat{\boldsymbol{q}}_1 & \hat{\boldsymbol{q}}_2 & \cdots & \hat{\boldsymbol{q}}_n \end{bmatrix}$$

$$\boldsymbol{x} = \begin{bmatrix} \boldsymbol{F}_1^P \\ \boldsymbol{F}_2^P \\ \vdots \\ \boldsymbol{F}_n^P \end{bmatrix}$$

$$\boldsymbol{b} = \boldsymbol{F}_{\text{ref}}^P$$

式(8.56)可以看作关于腿部接触力向量$\boldsymbol{x}$的维数n_x、$\boldsymbol{b}$的维数n_b与矩阵$\boldsymbol{A}$的秩$\mathrm{rank}(\boldsymbol{A})$之间的关系。这里引入过约束和欠约束的概念来描述三者之间的关系。如果$\boldsymbol{x}$的维数n_x大于矩阵$\boldsymbol{A}$的秩$\mathrm{rank}(\boldsymbol{A})$，我们称机器人是一个过约束系统；如果$\boldsymbol{b}$的维数$n_b$大于矩阵$\boldsymbol{A}$的秩$\mathrm{rank}(\boldsymbol{A})$，我们称机器人是一个欠约束系统。

当$3 \leqslant n \leqslant 4$时，$\mathrm{rank}(\boldsymbol{A})=6$，$n_x = 3n > \mathrm{rank}(\boldsymbol{A})$，$n_b = 6 = \mathrm{rank}(\boldsymbol{A})$，此时机器人是一个过约束系统。方程(8.56)必定有解且解不唯一，足/地接触力存在$n_x - \mathrm{rank}(\boldsymbol{A}) = 3n-6$个方向上无法确定的内力，如图 8.7(a)中双箭头线所示。

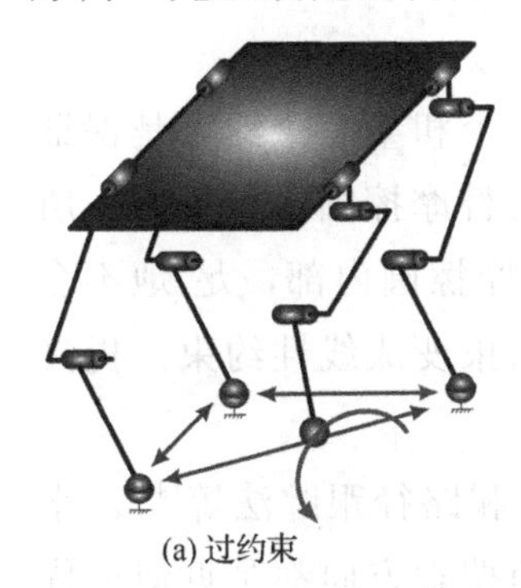
(a) 过约束

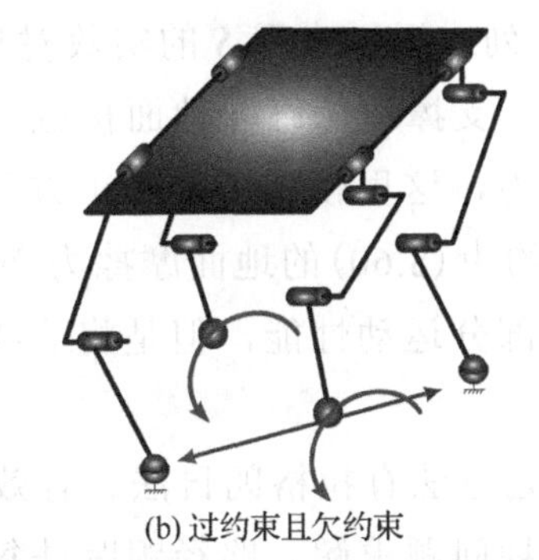
(b) 过约束且欠约束

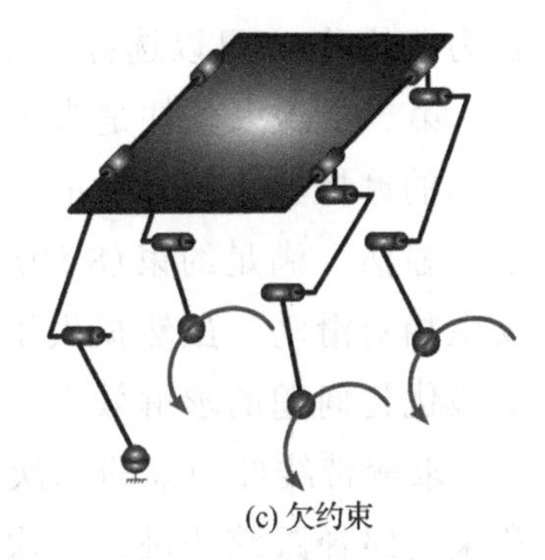
(c) 欠约束

图 8.7　不同数目支撑腿的足/地约束

当$n=2$时，$\mathrm{rank}(\boldsymbol{A})=5$，$n_x = 6 > \mathrm{rank}(\boldsymbol{A})$，$n_b = 6 > \mathrm{rank}(\boldsymbol{A})$，此时机器人既是一个过约束系统又是一个欠约束系统。方程(8.56)无解，足/地接触力存在$n_x - \mathrm{rank}(\boldsymbol{A}) = 1$个方向上无法确定的内力，如图 8.7(b)中双箭头线所示。

当$n=1$时，$\mathrm{rank}(\boldsymbol{A})=3$，$n_x = 3 = \mathrm{rank}(\boldsymbol{A})$，$n_b = 6 > \mathrm{rank}(\boldsymbol{A})$，此时机器人也是一个欠约束系统。方程(8.56)无解，如图 8.7(c)所示。

为了在不同的约束条件下都能解算出一组合理的足/地接触力$\{\boldsymbol{F}_i^P\}$，将方程(8.56)的求解问题转换为一个二次型最优化问题，用最优化问题的解来近似代替方程(8.56)的解。

构造二次规划问题如下：

$$\text{Minimize} \quad (\boldsymbol{A}\boldsymbol{x}-\boldsymbol{b})^{\mathrm{T}}\boldsymbol{S}(\boldsymbol{A}\boldsymbol{x}-\boldsymbol{b})+\boldsymbol{x}^{\mathrm{T}}\boldsymbol{W}\boldsymbol{x} \tag{8.57}$$

$$\text{Subject to} \quad \boldsymbol{F}_{i,z}^S \geqslant \boldsymbol{F}_{\min,z}^S \tag{8.58}$$

$$-\frac{\sqrt{2}}{2}\mu\boldsymbol{F}_{i,z}^S \leqslant \boldsymbol{F}_{i,x}^S \leqslant \frac{\sqrt{2}}{2}\mu\boldsymbol{F}_{i,z}^S \tag{8.59}$$

$$-\frac{\sqrt{2}}{2}\mu\boldsymbol{F}_{i,z}^S \leqslant \boldsymbol{F}_{i,y}^S \leqslant \frac{\sqrt{2}}{2}\mu\boldsymbol{F}_{i,z}^S \tag{8.60}$$

式中，$\boldsymbol{S} \in \mathbb{R}^{6\times 6}$和$\boldsymbol{W} \in \mathbb{R}^{3n\times 3n}$为两个权重矩阵；$\boldsymbol{F}_{i,x}^S, \boldsymbol{F}_{i,y}^S, \boldsymbol{F}_{i,z}^S \in \mathbb{R}$分别表示在空间坐标系$\{S\}$下第$i$条支撑腿与地面的接触力$\boldsymbol{F}_i^S \in \mathbb{R}^3$沿$x$、$y$、$z$轴方向的分量；$\boldsymbol{F}_{\min,z}^S \in \mathbb{R}^+$表示接触力沿$z$轴方向分量的最小值；$\mu \in \mathbb{R}^+$表示地面最大静摩擦系数。$\boldsymbol{F}_i^S$与$\boldsymbol{F}_i^P$满足线

性关系 $\boldsymbol{F}_i^S = \boldsymbol{R}_P \boldsymbol{F}_i^P$，$\boldsymbol{R}_P \in \mathrm{SO}(3)$ 表示本体的转动矩阵。

目标函数的第一项 $(\boldsymbol{Ax}-\boldsymbol{b})^{\mathrm{T}}\boldsymbol{S}(\boldsymbol{Ax}-\boldsymbol{b})$ 是主要优化目标，矩阵 $\boldsymbol{S}$ 用来调整目标函数中力和力矩的权重比例，可以写成一个对角矩阵的形式，即 $\boldsymbol{S}=\mathrm{diag}(s_1,s_2,\cdots,s_6)$，其中 $s_i \in \mathbb{R}^+$。根据不同的步态可以对 $\boldsymbol{S}$ 进行不同的取值，以达到理想的控制效果。例如，在静态行走时，对机器人质心的位姿精度要求较高，可以增大 s_1,s_2,s_3 以增加控制力的权重；在动态行走时，对机器人本体姿态的要求较高，可以增大 s_4,s_5,s_6 以增加控制力矩的权重。目标函数的第二项 $\boldsymbol{x}^{\mathrm{T}}\boldsymbol{Wx}$ 用来限制接触力向量 $\boldsymbol{x}$ 的大小，避免出现过大的接触力，矩阵 $\boldsymbol{W}$ 可以选择一个行列式远远小于 $\boldsymbol{S}$ 的实数对角矩阵。

第一个约束条件是为了保证支撑腿始终与地面接触。第二个和第三个约束是保证实际的摩擦力小于最大静摩擦力，这里使用了一个正方形来代替摩擦圆，如图 8.8 所示。显然，满足约束(8.59)和约束(8.60)的地面摩擦力必定在摩擦圆内部，足/地不会发生相对滑动。虽然损失了一部分运动性能，但是将非线性约束变成线性约束，提高了最优化问题的求解效率。

求解带线性约束的二次规划方法有拉格朗日法、有效集法和路径跟踪法等[48]。本章采用路径跟踪法进行二次规划问题求解，路径跟踪法每次的搜索方向都是近似最优方向，它通过引入中心路径的概念，将求最优解转化为中心路径问题。

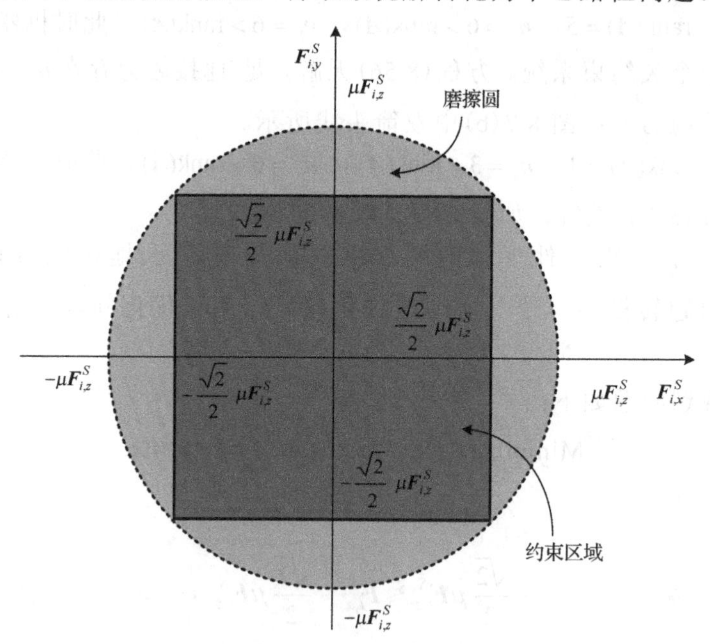

图 8.8 足/地摩擦力约束

求解二次规划问题得出足/地接触力 $\boldsymbol{F}_i^P$ 后，代入公式 $\boldsymbol{\tau}_{st,i} = -\boldsymbol{J}_i^{\mathrm{T}}\boldsymbol{F}_i^P$ 求出对应支撑腿的关节力矩，其中 $\boldsymbol{J}_i$ 表示第 i 条支撑腿的雅可比矩阵。力控制环的控制框图如图 8.9 所示。

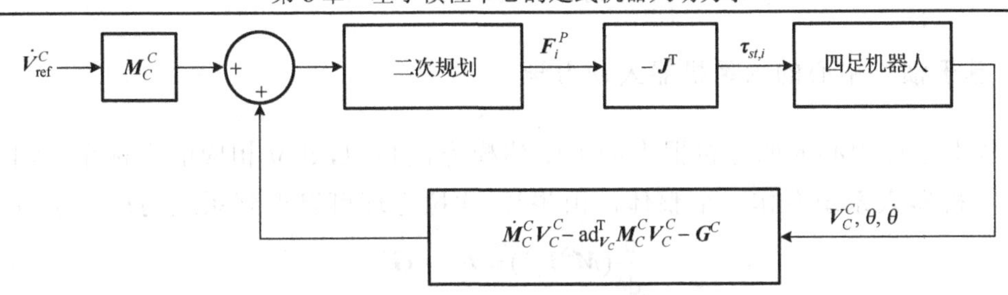

图 8.9　力控制环的控制框图

本节提出的基于惯性中心动力学模型的控制方法相对于完整的动力学控制方法具有以下优点：①仅使用惯性中心的 6 个指数坐标作为控制变量，降低了控制系统的维数，提高了模型的计算效率；②本方法将机器人腿部的动态响应集中于惯性中心上，并借鉴了虚拟模型控制法的思想，在避免求解关节加速度的同时也具有较好的动态特性；③引入了在 SE(3) 上的 PD 控制法，能够将机器人的移动和转动结合在一起控制，运动轨迹更平滑自然；④直接控制机器人质心的运动，有利于保证机器人行走的稳定性。

8.3　六足机器人动力学

相对于四足机器人，六足机器人的运动腿数目更多，机器人的冗余性也更高，控制起来更加复杂。典型的六足机器人按照本体形状可以分为两种：矩形本体和六边形(圆周对称)本体，如图 8.10、图 8.11 所示。矩形本体的六足机器人六条腿对称安装在机器人本体的两侧，每侧三条腿；六边形本体六足机器人的六条腿圆周对称布置在本体四周，本体为六边形或圆形。由于圆周对称分布的六足机器人比矩形本体六足机器人拥有更多的对称轴(或对称面)，这种对称优势使圆周对称分布的六足机器人可以拥有更多的前进方向，可实现零半径转弯，比矩形本体的六足机器人有更好的转向灵活性，所以本章采用圆周对称分布的六足机器人进行动力学分析，根据机器人系统完整的动力学模型可以继续求解机器人各个结构参数、运动参数对关节力矩的影响，从而完成结构优化和运动优化。

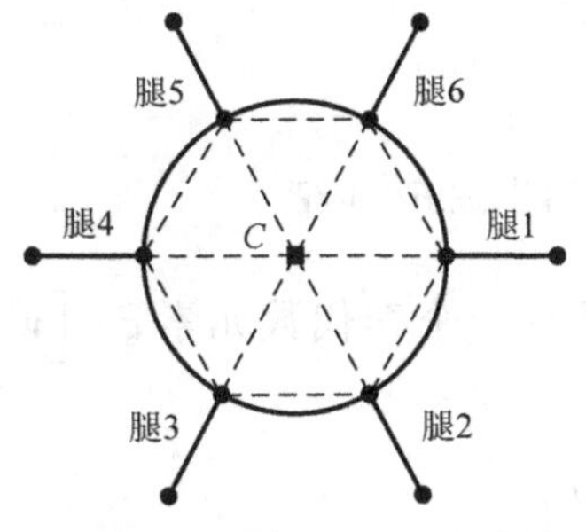

图 8.10　圆周对称本体结构

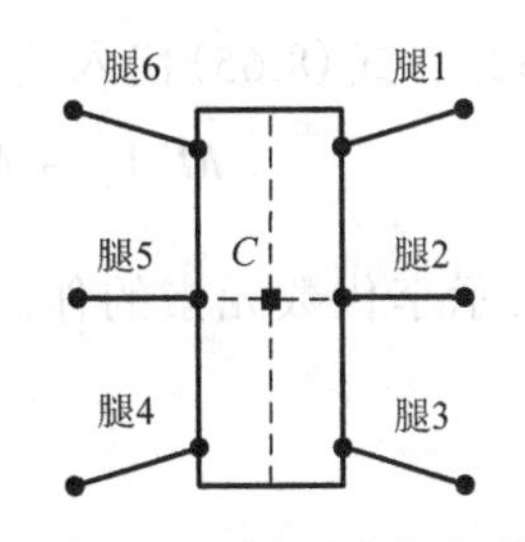

图 8.11　矩形本体结构

8.3.1　基于惯性中心的六足机器人动力学

和基于惯性中心的四足机器人动力学建模方法相似，建立相应的坐标系，如图 8.12 所示，将机器人系统看作一个整体，由牛顿-欧拉定理可以得到系统的动力学方程为

$$\frac{\mathrm{d}}{\mathrm{d}t}(\boldsymbol{M}_C^S\boldsymbol{V}_C^S)=\boldsymbol{F}^S+\boldsymbol{G}^S \tag{8.61}$$

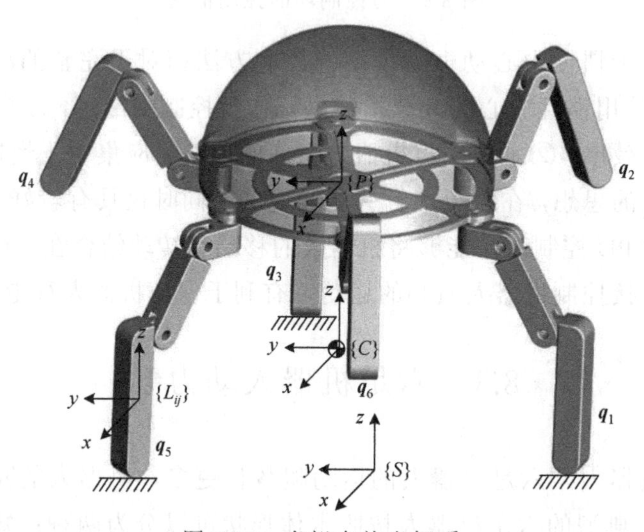

图 8.12　虚拟本体坐标系

式中，$\boldsymbol{M}_C^S\in\mathbb{R}^{6\times6}$ 表示机器人本体的惯性矩阵，上标表示该物理量的测量坐标系（下同）；$\boldsymbol{V}_C^S\in\mathrm{se}(3)$ 表示惯性中心坐标系 $\{C\}$ 的广义速度；$\boldsymbol{F}^S\in\mathbb{R}^6$ 表示地面对机器人的六维力旋量；$\boldsymbol{G}^S\in\mathbb{R}^6$ 表示系统所受的重力旋量。

将式(8.61)中的各物理量转换到坐标系 $\{C\}$ 中：

$$\boldsymbol{M}_C^S=\mathrm{Ad}_{g_C^{-1}}^{\mathrm{T}}\boldsymbol{M}_C^C\mathrm{Ad}_{g_C^{-1}} \tag{8.62}$$

$$\boldsymbol{V}_C^S=\mathrm{Ad}_{g_C}\boldsymbol{V}_C^C \tag{8.63}$$

$$\boldsymbol{F}^S=\mathrm{Ad}_{g_C^{-1}}^{\mathrm{T}}\boldsymbol{F}^C \tag{8.64}$$

$$\boldsymbol{G}^S=\mathrm{Ad}_{g_C^{-1}}^{\mathrm{T}}\boldsymbol{G}^C \tag{8.65}$$

将式(8.62)～式(8.65)代入式(8.61)：

$$\boldsymbol{M}_C^C\dot{\boldsymbol{V}}_C^C+\dot{\boldsymbol{M}}_C^C\boldsymbol{V}_C^C-\mathrm{ad}_{\boldsymbol{V}_C^C}^{\mathrm{T}}\boldsymbol{M}_C^C\boldsymbol{V}_C^C=\boldsymbol{F}^C+\boldsymbol{G}^C \tag{8.66}$$

式中，"ad"表示李代数元素的伴随算子，对于任意一个李代数元素 $\boldsymbol{\xi}=\begin{bmatrix}\boldsymbol{v}^{\mathrm{T}} & \boldsymbol{\omega}^{\mathrm{T}}\end{bmatrix}^{\mathrm{T}}$，$\mathrm{ad}_{\boldsymbol{\xi}}$ 定义为

$$\mathrm{ad}_{\xi}=\begin{bmatrix}\hat{\boldsymbol{\omega}} & \hat{\boldsymbol{v}}\\ \boldsymbol{0} & \hat{\boldsymbol{\omega}}\end{bmatrix} \tag{8.67}$$

式(8.66)为基于惯性中心的动力学方程。要确定式(8.66)的完整数学形式，还需要对惯性中心的惯性矩阵 $\boldsymbol{M}_C^C$ 及其导数 $\dot{\boldsymbol{M}}_C^C$ 进行计算。

根据惯性中心的定义，$\boldsymbol{M}_C^C$ 等于机器人系统所有刚体惯性矩阵之和，即

$$\boldsymbol{M}_C^C = \boldsymbol{M}_P^C + \sum_{i=1}^{6}\sum_{j=1}^{3}\boldsymbol{M}_{L_{ij}}^C \tag{8.68}$$

式中，$\boldsymbol{M}_P^C \in \mathbb{R}^{6\times 6}$ 表示机器人本体的惯性矩阵；$\boldsymbol{M}_{L_{ij}}^C \in \mathbb{R}^{6\times 6}$ 表示第 i 条腿上第 j 个连杆的惯性矩阵。

将 $\boldsymbol{M}_C^C$ 的测量坐标系转换到本体坐标系 $\{P\}$ 中：

$$\boldsymbol{M}_C^C = \mathrm{Ad}_{\boldsymbol{g}_{PC}}^{\mathrm{T}} \boldsymbol{M}_C^P \mathrm{Ad}_{\boldsymbol{g}_{PC}} \tag{8.69}$$

式中，$\boldsymbol{g}_{PC} \in SE(3)$ 表示坐标系 $\{C\}$ 相对于坐标系 $\{P\}$ 的齐次变换矩阵。

由于惯性中心的惯性矩阵等于机器人系统所有刚体惯性矩阵之和，则

$$\boldsymbol{M}_C^P = \boldsymbol{M}_P^P + \sum_{i=1}^{6}\sum_{j=1}^{3}\boldsymbol{M}_{L_{ij}}^P \tag{8.70}$$

式中，$\boldsymbol{M}_P^P \in \mathbb{R}^{6\times 6}$ 表示机器人本体的惯性矩阵；$\boldsymbol{M}_{L_{ij}}^P \in \mathbb{R}^{6\times 6}$ 表示第 i 条腿上第 j 个连杆的惯性矩阵。

将 $\boldsymbol{M}_{L_{ij}}^P$ 的测量坐标系转换到杆件坐标系 $\{L_{ij}\}$ 中：

$$\boldsymbol{M}_{L_{ij}}^P = \mathrm{Ad}_{\boldsymbol{g}_{PL_{ij}}^{-1}}^{\mathrm{T}} \boldsymbol{M}_{L_{ij}}^{L_{ij}} \mathrm{Ad}_{\boldsymbol{g}_{PL_{ij}}^{-1}} \tag{8.71}$$

式中，$\boldsymbol{g}_{PL_{ij}} \in SE(3)$ 表示从坐标系 $\{L_{ij}\}$ 到坐标系 $\{P\}$ 的齐次变换矩阵。

因为惯性矩阵 $\boldsymbol{M}_P^P$ 和 $\boldsymbol{M}_{L_{ij}}^{L_{ij}}$ 都是常量，$\boldsymbol{g}_{PL_{ij}}$ 可以通过指数积公式写成关于关节转角 $\boldsymbol{\theta}$ 的函数，所以 $\boldsymbol{M}_C^C$ 是关于 $\boldsymbol{\theta}$ 和 $\boldsymbol{g}_{PC}$ 的函数，记作 $\boldsymbol{M}_C^C = \boldsymbol{M}_C^C(\boldsymbol{\theta}, \boldsymbol{g}_{PC})$。

对式(8.69)求导，可以得到 $\boldsymbol{M}_C^C$ 的导数为

$$\dot{\boldsymbol{M}}_C^C = \mathrm{ad}_{\boldsymbol{V}_{PC}^C}^{\mathrm{T}} \boldsymbol{M}_C^C + \mathrm{Ad}_{\boldsymbol{g}_{PC}}^{\mathrm{T}} \dot{\boldsymbol{M}}_C^P \mathrm{Ad}_{\boldsymbol{g}_{PC}} + \boldsymbol{M}_C^C \mathrm{ad}_{\boldsymbol{V}_{PC}^C} \tag{8.72}$$

对式(8.70)求导，可以得到 $\boldsymbol{M}_C^P$ 的导数为

$$\dot{\boldsymbol{M}}_C^P = -\sum_{i=1}^{6}\sum_{j=1}^{3}\left(\mathrm{ad}_{\boldsymbol{V}_{PL_{ij}}^P}^{\mathrm{T}} \boldsymbol{M}_{ij}^P + \boldsymbol{M}_{ij}^P \mathrm{ad}_{\boldsymbol{V}_{PL_{ij}}^P}\right) \tag{8.73}$$

式中，$\boldsymbol{V}_{PL_{ij}}^P \in se(3)$ 表示坐标系 $\{L_{ij}\}$ 相对于坐标系 $\{P\}$ 的广义速度。从式(8.72)和式(8.73)中可以看出，$\dot{\boldsymbol{M}}_C^C$ 是关于 $\boldsymbol{\theta}$、$\dot{\boldsymbol{\theta}}$ 和 $\boldsymbol{g}_{PC}$ 的函数，记作 $\dot{\boldsymbol{M}}_C^C = \dot{\boldsymbol{M}}_C^C(\boldsymbol{\theta}, \dot{\boldsymbol{\theta}}, \boldsymbol{g}_{PC})$。

根据惯性中心的定义，坐标系 $\{C\}$ 相对于坐标系 $\{P\}$ 的广义速度为

$$\boldsymbol{V}_{PC}^P = (\boldsymbol{M}_C^P)^{-1}\left(\sum_{i=1}^{6}\sum_{j=1}^{3}\boldsymbol{M}_{L_{ij}}^P \boldsymbol{V}_{PL_{ij}}^P\right) \tag{8.74}$$

利用雅可比矩阵，$\boldsymbol{V}_{PL_{ij}}^P$ 可以写为关节转角 $\boldsymbol{\theta}$ 和关节转速 $\dot{\boldsymbol{\theta}}$ 的函数，如果已知或者测量出 $\boldsymbol{\theta}$ 和 $\dot{\boldsymbol{\theta}}$，利用 8.1 节的方法可以计算出 $\boldsymbol{g}_{PC} \in SE(3)$ 及其指数坐标 $\boldsymbol{a}_{PC} \in \mathbb{R}^6$，从而进一步求出 $\boldsymbol{M}_C^C(\boldsymbol{\theta}, \boldsymbol{g}_{PC})$ 和 $\dot{\boldsymbol{M}}_C^C(\boldsymbol{\theta}, \dot{\boldsymbol{\theta}}, \boldsymbol{g}_{PC})$。

【例 8.1】　当六足机器人以“3+3”I 型昆虫摆腿步态进行行走时，如图 8.13 所示，机器人沿指定方向行走，该方向垂直于腿 3 和腿 6 髋关节连线，腿 1、3、5 一组，腿 2、4、6 一组。设定惯性坐标系 $OXYZ$ 的 Y 轴平行于机器人的行走方向，Z 轴为机器

人的高度方向；在身体重心处建立相对坐标系 $O_bX_bY_bZ_b$，令相对坐标系和惯性坐标系的初始姿态相同。机器人身体的半径为 R_b；髋关节、大腿、小腿的长度分别为 L_1、L_2、L_3，它们的质心分别为 $\boldsymbol{P}_{i1c}$、$\boldsymbol{P}_{i2c}$、$\boldsymbol{P}_{i3c}$，其中 i=1,2,…,6 为腿的编号；各条腿横摆髋关节、纵摆髋关节、膝关节的转角值为 $\boldsymbol{q}_{i1}$、$\boldsymbol{q}_{i2}$、$\boldsymbol{q}_{i3}$，i=1,2,…,6。

首先根据“3+3”Ⅰ型昆虫摆腿步态进行足端轨迹规划。

足端坐标 ${}^b x_{if}$ 为

$$ {}^b x_{if} = s $$

式中，s 为支撑宽度，即足端与机体的横向距离保持为固定值，足端在一个竖直平面内运动，注意这里 s 的值根据腿的布置位置不同有两种，并且相差 $\frac{1}{2}R_b$。

足端坐标 ${}^b y_{if}$ 的确定过程如下。

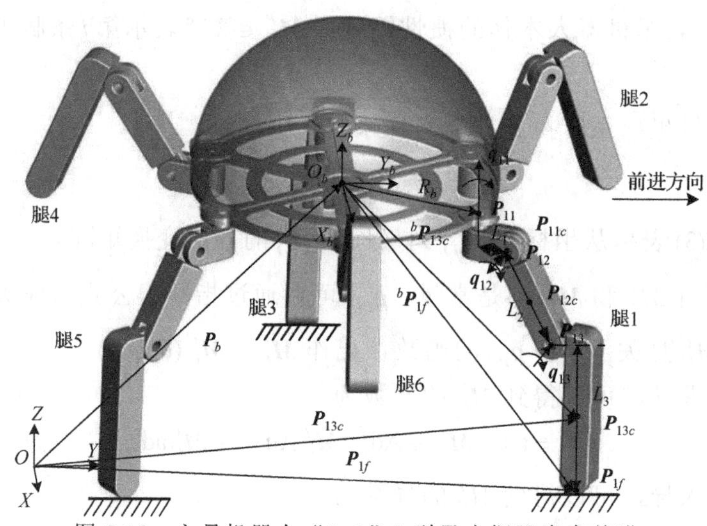

图 8.13　六足机器人“3+3”Ⅰ型昆虫摆腿步态前进

$\boldsymbol{P}_{1f}$ 表示腿 1 足端在{O}坐标系中的位置；$\boldsymbol{P}_{11}$ 表示腿 1 髋关节转轴在机身平面的投影点

当 $t\in\left(0,\dfrac{T}{2}\right)$ 时，单腿处于摆动相，令 y、$\dot{y}$、$\ddot{y}$ 分别表示足端在 ${}^b y_{if}$ 方向的位置、速度和加速度，需要满足以下约束条件：

$$ \begin{cases} \ddot{y}(0)=\ddot{y}\left(\dfrac{T}{2}\right)=0 \\ \dot{y}(0)=\dot{y}\left(\dfrac{T}{2}\right)=0 \\ y(0)=-\dfrac{\lambda}{2} \\ y\left(\dfrac{T}{2}\right)=\dfrac{\lambda}{2} \end{cases} $$

式中，T 为周期；λ 为步长。令

$$ \ddot{y}(t)=c_1\sin(\omega_1 t) $$

式中，c_1为常数；ω_1为角频率。对上式进行两次积分有

$$\dot{y}(t) = -\frac{c_1}{\omega_1}\cos(\omega_1 t) + c_2$$

$$y(t) = -\frac{c_1}{\omega_1^2}\sin(\omega_1 t) + c_2 t + c_3$$

式中，c_2、c_3为常数。将上面两式代入约束条件可求出

$$c_1 = 2\lambda\omega_1 / T，c_2 = 2\lambda / T，c_3 = -\lambda / 2$$

$$\omega_1 = 2n\pi / T, \quad n = 2,4,\cdots$$

为了避免足端的加减速过于频繁，取$n=2$。所以处于摆动相的足端坐标${}^b y_{if}$的轨迹方程$y(t)$为

$${}^b y_{if} = y(t) = -\frac{\lambda}{2\pi}\sin\left(\frac{4\pi}{T}t\right) + \frac{2\lambda}{T}t - \frac{\lambda}{2}, \quad t \in \left(0, \frac{T}{2}\right)$$

当$t \in \left(\frac{T}{2}, T\right)$时，单腿转换为支撑相，足端在${}^b y_{if}$方向的运动为处于摆动相时的逆运动，故将$t$换成$T-t$，则单腿处于支撑相时有

$${}^b y_{if} = y(t) = -\frac{\lambda}{2\pi}\sin\left(4\pi - \frac{4\pi}{T}t\right) - \frac{2\lambda}{T}t + \frac{3\lambda}{2}, \quad t \in \left(\frac{T}{2}, T\right)$$

足端坐标${}^b z_{if}$的确定过程如下。

当$t \in \left(0, \frac{T}{4}\right)$时，处于摆动相的足端从地面升至最高点，令$z$、$\dot{z}$、$\ddot{z}$分别表示足端在${}^b z_{if}$方向的位置、速度和加速度，须满足

$$\begin{cases} \ddot{z}(0) = 0 \\ \dot{z}(0) = \dot{z}\left(\frac{T}{4}\right) = 0 \\ z(0) = -H \\ z\left(\frac{T}{4}\right) = h_{\max} - H \end{cases}$$

式中，$h_{\max}$为足端抬起的最大高度；H为机身高度。令

$$\ddot{z}(t) = c_1'\sin(\omega_1' t)$$

式中，c_1'为常数；ω_1'为角频率。对上式进行两次积分有

$$\dot{z}(t) = -\frac{c_1'}{\omega_1'}\cos(\omega_1' t) + c_2'$$

$$z(t) = -\frac{c_1'}{\omega_1'^2}\sin(\omega_1' t) + c_2' t + c_3'$$

同理，可以求出：

$$c_1' = 4h_{\max}\omega_1' / T；\quad c_2' = 4h_{\max} / T，\quad c_3' = -H$$

$$\omega_1' = 2n\pi / T, \quad n = 4,8,\cdots$$

取 $n=4$，则足端 ${}^b z_{if}$ 的轨迹方程为

$${}^b z_{if} = z(t) = -\frac{h_{\max}}{2\pi}\sin\left(\frac{8\pi}{T}t\right) + \frac{4h_{\max}}{T}t - H, \quad t \in \left(0, \frac{T}{4}\right)$$

当 $t \in \left(\frac{T}{4}, \frac{T}{2}\right)$ 时，处于摆动相的足端回落地面，其在 ${}^b z_{if}$ 方向的运动为 $t \in \left(0, \frac{T}{4}\right)$ 时的逆运动，将 t 换成 $T/2-t$，则回落阶段有

$${}^b z_{if} = z(t) = -\frac{h_{\max}}{2\pi}\sin\left(4\pi - \frac{8\pi}{T}t\right) - \frac{4h_{\max}}{T}t + 2h_{\max} - H, \quad t \in \left(\frac{T}{4}, \frac{T}{2}\right)$$

当 $t \in \left(\frac{T}{2}, T\right)$ 时，单腿处于支撑相：

$${}^b z_{if} = -H$$

这里设定 L_1=0.3m，L_2=L_3=1.5m，λ=0.9m，T=2s，$h_{\max}$=1.2m，H=2.4m，可以绘制出足端的轨迹曲线，如图 8.14 所示。

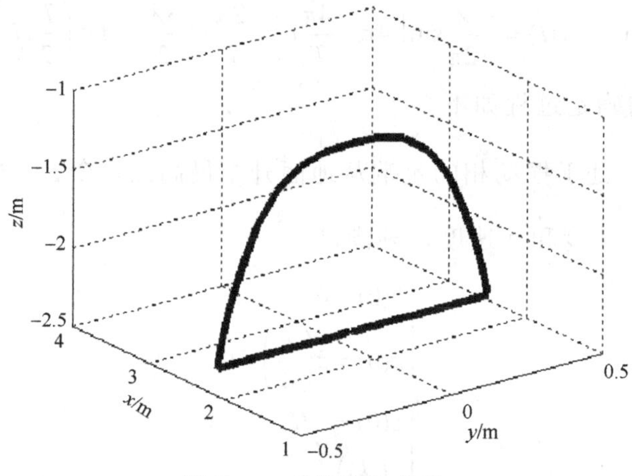

图 8.14　足端轨迹曲线

所以足端在相对坐标系中的轨迹 ${}^b \boldsymbol{p}_{if}$ 为

$${}^b \boldsymbol{p}_{if} = \begin{bmatrix} {}^b x_{if} & {}^b y_{if} & {}^b z_{if} \end{bmatrix}^{\mathrm{T}}, \quad i = 1,2,\cdots,6$$

根据各条腿在 X_bY_b 平面上的投影关系，可以建立足端在相对坐标系 $O_bX_bY_bZ_b$ 中的轨迹 ${}^b \boldsymbol{p}_{if}$ 和该腿各关节转角 $\boldsymbol{q}_i$ 的关系[49]：

$$\begin{cases} L_2 \mathrm{c} q_{i2} + L_3 \mathrm{c}(q_{i2} + q_{i3}) = \sqrt{{}^b x_{if}^2 + {}^b y_{if}^2} - L_1 \\ L_2 \mathrm{s} q_{i2} + L_3 \mathrm{s}(q_{i2} + q_{i3}) = -{}^b z_{if} \\ \tan(q_{i1} + \pi / 2) = {}^b y_{if} / {}^b x_{if} \end{cases} \quad i = 1,2,\cdots,6$$

式中，c、s 分别代表 cos() 和 sin() 函数。

以上根据足端轨迹函数和逆运动学分析结果，可以求出一个步态周期内各个关节的转角、转速及角加速度。

由于步长和周期已知且本体为移动，所以机器人本体在惯性坐标系下的轨迹 ${}^{o}\boldsymbol{p}_b$ 已知，并且步行过程中，机器人本体姿态和惯性坐标系相同，则机器人本体的位姿 $\boldsymbol{g}_b \in \mathrm{SE}(3)$ 是已知的，所以各足端在惯性坐标系中的位置也可以求得 ${}^{o}\boldsymbol{p}_{if} \in \mathbb{R}^3$。利用单腿质心运动学公式 (6.33) 可以求出每条腿在惯性坐标系下的质心位置 ${}^{o}\boldsymbol{p}_{ic}$，代入式 (6.37) 便可计算出机器人整体的质心位置 ${}^{o}\boldsymbol{p}_c \in \mathbb{R}^3$，以 ${}^{o}\boldsymbol{p}_c$ 为原点建立运动坐标系 $\{C\}$，即为机器人的惯性中心坐标系。

根据 8.1 节的方法可以求出惯性中心坐标系 $\{C\}$ 在惯性坐标系下的位姿 $\boldsymbol{g}_c \in \mathrm{SE}(3)$：

$$\boldsymbol{g}_c = \begin{bmatrix} \mathrm{e}^{\hat{\boldsymbol{\varepsilon}}_c} & {}^{o}\boldsymbol{p}_c \\ \boldsymbol{0} & 1 \end{bmatrix}$$

综合机器人本体的位姿 $\boldsymbol{g}_b$ 可以求出惯性中心坐标系相对于本体坐标系的齐次变换矩阵 $\boldsymbol{g}_{bc} \in \mathrm{SE}(3)$。所以 $\boldsymbol{q}_{ij}$、$\dot{\boldsymbol{q}}_{ij}$ 及 $\boldsymbol{g}_{bc}$ 均已知，结合本节的六足机器人动力学建模内容可以求出 $\boldsymbol{M}_C^C(\boldsymbol{q}_{ij}, \boldsymbol{g}_{bc})$ 和 $\dot{\boldsymbol{M}}_C^C(\boldsymbol{q}_{ij}, \dot{\boldsymbol{q}}_{ij}, \boldsymbol{g}_{bc})$。

结合式 (8.6) 和式 (8.7) 可以求出测量坐标系为其本身的惯性中心坐标系 $\{C\}$ 的广义速度 $\boldsymbol{V}_C^C \in \mathrm{se}(3)$，对其求导便可得到 $\dot{\boldsymbol{V}}_C^C$。再根据式 (8.65)，已知的惯性坐标系下的重力旋量可以转换到坐标系 $\{C\}$ 中。

至此，便可求出式 (8.66) 的完整数学形式，得出 $\{C\}$ 下的六维力旋量 $\dot{\boldsymbol{F}}^C$，根据式 (8.64) 即可转换为惯性坐标系下的 $\boldsymbol{F}^S$，由已知运动求出了作用在足端的广义力。

8.3.2　基于拉格朗日方法的六足机器人动力学

如果把六足机器人足/地之间的约束用约束力矢量代替，则六足机器人可以被看作一个具有六个支链的浮动刚体。它的动力学建模问题可以利用拉格朗日方法解决，为了建立六足机器人的动力学模型，可以基于例 8.1 完成的逆运动学问题求解进行机器人系统的动能分析，再应用拉格朗日方程建立动力学微分方程。

机器人身体重心在惯性坐标系中的位置由矢量 $\boldsymbol{p}_b$ 表示：

$$\boldsymbol{p}_b = [x_b \ y_b \ z_b]^{\mathrm{T}} \tag{8.75}$$

则机器人身体的广义坐标 $\boldsymbol{q}_b$ 为

$$\boldsymbol{q}_b = [\boldsymbol{p}_b \ \boldsymbol{\theta}_b]^{\mathrm{T}} \tag{8.76}$$

式中，$\boldsymbol{\theta}_b = [\alpha \ \ \beta \ \ \gamma]^{\mathrm{T}}$，$\alpha, \beta, \gamma$ 为身体相对于坐标系 $O_bX_bY_bZ_b$ 的欧拉角。

腿 i 的 $\boldsymbol{q}_i$ 广义坐标为

$$\boldsymbol{q}_i = [q_{i1} \ q_{i2} \ q_{i3}]^{\mathrm{T}}, \quad i = 1, 2, \cdots, 6 \tag{8.77}$$

机器人身体的旋转变化矩阵为 $\boldsymbol{R}'$：

$$\boldsymbol{R}'=\begin{bmatrix} \mathrm{c}\gamma\mathrm{c}\alpha-\mathrm{c}\beta\mathrm{s}\alpha\mathrm{c}\gamma & -\mathrm{s}\gamma\mathrm{c}\alpha-\mathrm{c}\beta\mathrm{s}\alpha\mathrm{c}\gamma & \mathrm{s}\beta\mathrm{s}\alpha \\ \mathrm{c}\gamma\mathrm{s}\alpha+\mathrm{c}\beta\mathrm{c}\alpha\mathrm{s}\gamma & -\mathrm{s}\gamma\mathrm{s}\alpha+\mathrm{c}\beta\mathrm{c}\alpha\mathrm{c}\gamma & -\mathrm{s}\beta\mathrm{c}\alpha \\ \mathrm{s}\beta\mathrm{s}\gamma & \mathrm{s}\beta\mathrm{c}\gamma & \mathrm{c}\beta \end{bmatrix} \tag{8.78}$$

假设机器人身体和足端在惯性坐标系中的轨迹 $\boldsymbol{p}_b$ 和 $\boldsymbol{p}_{if}$ 是已知的，整个机器人系统的动能为机器人身体的动能和六条腿动能之和。基于机器人身体的广义坐标 $\boldsymbol{q}_b$，其身体的动能可以表示为

$$E_{kb}=\frac{1}{2}\dot{\boldsymbol{q}}_b^{\mathrm{T}}\boldsymbol{M}_b\dot{\boldsymbol{q}}_b \tag{8.79}$$

式中

$$\boldsymbol{M}_b=\begin{bmatrix} m_b & & & & & \\ & m_b & & & & \\ & & m_b & & & \\ & & & I_{bx} & & \\ & & & & I_{by} & \\ & & & & & I_{bz} \end{bmatrix}$$

$\boldsymbol{M}_b$ 是机器人身体的惯性矩阵；m_b 为身体的质量；I_{bx}，I_{by}，I_{bz} 为绕各坐标轴的转动惯量。

机器人各条腿的动能为髋关节、大腿、小腿三个杆件质心的移动动能和绕其各自质心的转动动能之和。当给定机器人的运动轨迹之后，腿部三个杆件质心在惯性坐标系中的运动轨迹为

$$\boldsymbol{p}_{ijc}=\boldsymbol{p}_b+\boldsymbol{R}'\,{}^{b}\boldsymbol{p}_{ijc}\,,\ i=1,2,\cdots,6,\ j=1,2,3 \tag{8.80}$$

式中，$\begin{cases} {}^{b}\boldsymbol{p}_{i1c}=\dfrac{{}^{b}\boldsymbol{p}_{i2}-{}^{b}\boldsymbol{p}_{i1}}{2}+{}^{b}\boldsymbol{p}_{i1} \\ {}^{b}\boldsymbol{p}_{i2c}=\dfrac{{}^{b}\boldsymbol{p}_{i3}-{}^{b}\boldsymbol{p}_{i2}}{2}+{}^{b}\boldsymbol{p}_{i2} \\ {}^{b}\boldsymbol{p}_{i3c}=\dfrac{{}^{b}\boldsymbol{p}_{if}-{}^{b}\boldsymbol{p}_{i3}}{2}+{}^{b}\boldsymbol{p}_{i3} \end{cases}$ 是腿 i 各个杆件的质心在相对坐标系中的位置矢量。

腿 i 在相对坐标系中的姿态是由其各个关节及足端在该坐标系中的位置矢量 ${}^{b}\boldsymbol{p}_{ij}$ 决定的：

$$\begin{aligned} {}^{b}\boldsymbol{p}_{i1}&=(-R_b\mathrm{s}\varphi\quad R_b\mathrm{c}\varphi\quad 0)^{\mathrm{T}} \\ {}^{b}\boldsymbol{p}_{i2}&={}^{b}\boldsymbol{p}_{i1}+(-L_1\mathrm{s}q'_{i1}\quad L_1\mathrm{c}q'_{i1}\quad 0)^{\mathrm{T}} \\ {}^{b}\boldsymbol{p}_{i3}&={}^{b}\boldsymbol{p}_{i2}+(-L_2\mathrm{c}q_{i2}\mathrm{s}q'_{i1}\quad L_2\mathrm{c}q_2\mathrm{c}q'_{i1}\quad -L_2\mathrm{s}q_{i2})^{\mathrm{T}} \\ {}^{b}\boldsymbol{p}_{if}&={}^{b}\boldsymbol{p}_{i3}+(-L_3\mathrm{c}q_{i3}\mathrm{s}q'_{i1}\quad L_3\mathrm{c}q_{i3}\mathrm{c}q'_{i1}\quad -L_2\mathrm{s}q_{i2}-L_3\mathrm{s}q_{i23})^{\mathrm{T}} \end{aligned} \tag{8.81}$$

式中，$q'_{i1}=q_{i1}+\varphi$；$\varphi=(i-1)\dfrac{\pi}{3}$；$q_{i23}=q_{i2}+q_{i3}$。

腿 i 的第 j 根杆件的质心速度通过式(8.80)对时间求导可得

$$\boldsymbol{v}_{ijc}=\dot{\boldsymbol{p}}_{ijc}=\dot{\boldsymbol{p}}_b-\boldsymbol{R}'\,{}^b\hat{\boldsymbol{p}}_{ijc}\boldsymbol{G}\dot{\boldsymbol{\theta}}+\boldsymbol{R}'\boldsymbol{J}_{ij}\dot{\boldsymbol{q}}_i \tag{8.82}$$

式中

$${}^b\hat{\boldsymbol{p}}_{ijc}=\begin{bmatrix}0 & -{}^b\boldsymbol{p}_{ijcz} & {}^b\boldsymbol{p}_{ijcy}\\ {}^b\boldsymbol{p}_{ijcz} & 0 & -{}^b\boldsymbol{p}_{ijcx}\\ -{}^b\boldsymbol{p}_{ijcy} & {}^b\boldsymbol{p}_{ijcx} & 0\end{bmatrix},\quad \boldsymbol{G}=\begin{bmatrix}\mathrm{s}\beta\mathrm{s}\gamma & \mathrm{c}\gamma & 0\\ \mathrm{s}\beta\mathrm{c}\gamma & -\mathrm{s}\gamma & 0\\ \mathrm{c}\beta & 0 & 1\end{bmatrix}$$

$$\boldsymbol{J}_{ij}=\frac{\partial({}^b\boldsymbol{p}_{ijc})}{\partial(\boldsymbol{q}_i)},\quad i=1,2,\cdots,6,\quad j=1,2,3$$

${}^b\hat{\boldsymbol{p}}_{ijc}$ 是矢量 ${}^b\boldsymbol{p}_{ijc}$ 的反对称矩阵；$\boldsymbol{G}$ 是旋转影响矩阵[50]；$\boldsymbol{J}_{ij}$ 是矢量 ${}^b\boldsymbol{p}_{ijc}$ 的雅可比矩阵。对式(8.82)进行整理可得

$$\boldsymbol{v}_{ijc}=[\boldsymbol{I}_{3\times3}\quad -\boldsymbol{R}'\,{}^b\hat{\boldsymbol{p}}_{ijc}\boldsymbol{G}\quad \boldsymbol{R}'\boldsymbol{J}_{ij}][\dot{\boldsymbol{q}}_b\ \ \dot{\boldsymbol{q}}_i]^{\mathrm{T}} \tag{8.83}$$

腿 i 的第 j 根杆件的动能为

$$E_{kij}=\frac{1}{2}m_{ij}\boldsymbol{v}_{ijc}^{\mathrm{T}}\boldsymbol{v}_{ijc}+\frac{1}{2}j_{ij}\dot{q}_{ij}\dot{q}_{ij},\quad i=1,2,\cdots,6,\quad j=1,2,3 \tag{8.84}$$

将式(8.83)代入式(8.84)整理可得

$$E_{kij}=\frac{1}{2}\left([\dot{\boldsymbol{q}}_b\ \ \dot{\boldsymbol{q}}_i]\boldsymbol{M}_{ij}\begin{bmatrix}\dot{\boldsymbol{q}}_b\\ \dot{\boldsymbol{q}}_i\end{bmatrix}+j_{ij}\dot{q}_{ij}^2\right)\quad i=1,2,\cdots,6,\ j=1,2,3 \tag{8.85}$$

式中

$$\boldsymbol{M}_{ij}=\begin{bmatrix}m_{ij}\boldsymbol{I} & -\boldsymbol{R}'m_{ij}\boldsymbol{G}' & \boldsymbol{R}'m_{ij}\boldsymbol{J}_{ij}\\ -\boldsymbol{R}'m_{ij}\boldsymbol{G}' & (\boldsymbol{G}')^{\mathrm{T}}m_{ij}\boldsymbol{G}' & \boldsymbol{G}^{\mathrm{T}}m_{ij}\,{}^b\hat{\boldsymbol{p}}_{ijc}\boldsymbol{J}_{ij}\\ \boldsymbol{R}'m_{ij}\boldsymbol{J}_{ij} & \boldsymbol{G}^{\mathrm{T}}m_{ij}\,{}^b\hat{\boldsymbol{p}}_{ijc}\boldsymbol{J}_{ij} & m_{ij}\boldsymbol{J}_{ij}^{\mathrm{T}}\boldsymbol{J}_{ij}\end{bmatrix}$$

$$\boldsymbol{G}'={}^b\hat{\boldsymbol{p}}_{ijc}\boldsymbol{G}$$

$\boldsymbol{M}_{ij}$ 是腿 i 的第 j 根杆件的惯性矩阵；m_{ij} 和 j_{ij} 分别是腿 i 的第 j 根杆件的质量和转动惯量。

至此，腿 i 的动能为

$$E_{ki}=\sum_{j=1}^{3}E_{kij},\quad i=1,2,\cdots,6 \tag{8.86}$$

机器人系统的总动能为

$$E_k=E_{kb}+\sum_{i=1}^{6}E_{ki} \tag{8.87}$$

当六足机器人采用“3+3”Ⅰ型昆虫摆腿步态行走时，支撑腿和摆动腿在腿 1,3,5

和腿 2,4,6 两组之间相互切换。当支撑腿为 1,3,5 时，机器人系统的拉格朗日方程为

$$\frac{\mathrm{d}}{\mathrm{d}t}\left(\frac{\partial E_k}{\partial \dot{\boldsymbol{q}}_0}\right)^{\mathrm{T}}-\left(\frac{\partial E_k}{\partial \boldsymbol{q}_0}\right)^{\mathrm{T}}=\sum_{i=1}^{3}\boldsymbol{Q}_{q_b}^{2i-1}+\boldsymbol{Q}_b+\sum_{i=1}^{3}(\boldsymbol{C}_{q_0}^{i})^{\mathrm{T}}\boldsymbol{F}_c^{2i-1} \tag{8.88}$$

$$\frac{\mathrm{d}}{\mathrm{d}t}\left(\frac{\partial E_k}{\partial \dot{\boldsymbol{q}}_i}\right)^{\mathrm{T}}-\left(\frac{\partial E_k}{\partial \boldsymbol{q}_i}\right)^{\mathrm{T}}=\boldsymbol{\tau}_i+\boldsymbol{Q}_{q_i}^{i}+(\boldsymbol{C}_{q_i}^{i})^{\mathrm{T}}\boldsymbol{F}_c^{i},\quad i=1,3,5 \tag{8.89}$$

$$\frac{\mathrm{d}}{\mathrm{d}t}\left(\frac{\partial E_k}{\partial \dot{\boldsymbol{q}}_i}\right)^{\mathrm{T}}-\left(\frac{\partial E_k}{\partial \boldsymbol{q}_i}\right)^{\mathrm{T}}=\boldsymbol{Q}_{q_i}^{i}+\boldsymbol{\tau}_i,\quad i=2,4,6 \tag{8.90}$$

式中，约束雅可比矩阵 $\boldsymbol{C}_{q_0}^{i}=[\boldsymbol{I}\ -\boldsymbol{A}^{b}\hat{\boldsymbol{p}}_{if}\boldsymbol{G}]$，${}^{b}\hat{\boldsymbol{p}}_{if}$ 为足端在相对坐标系中的位置矢量 ${}^{b}\boldsymbol{p}_{if}$ 的反对称矩阵；$\boldsymbol{C}_{q_i}^{i}=\boldsymbol{A}\boldsymbol{J}_{if}$，$\boldsymbol{J}_{if}$ 为足端的雅可比矩阵。

式(8.88)～式(8.90)分别为机器人身体、支撑腿和摆动腿在行走过程中的动力学方程。其中，$\boldsymbol{Q}_{q_b}^{i},\boldsymbol{Q}_{q_i}^{i}$ 为腿 i 重力的广义力；$\boldsymbol{Q}_b$ 是机器人身体重力的广义力[51]；$\boldsymbol{F}_c^{i}$ 是支撑腿足端和地面之间的约束力，它可由力分布的优化方法确定，本节将足端模型进行了简化，将其当作球铰处理。

当机器人的支撑腿抬起、摆动腿变为支撑腿的时候，机器人系统的动力学方程有所改变。式(8.88)中的 $\sum_{i=1}^{3}\boldsymbol{Q}_{q_b}^{2i-1},\sum_{i=1}^{3}\boldsymbol{F}_c^{2i-1}$ 变为 $\sum_{i=1}^{3}\boldsymbol{Q}_{q_b}^{2i},\sum_{i=1}^{3}\boldsymbol{F}_c^{2i}$，式(8.89)和式(8.90)中 i 的数值互换即可。

此外，$\boldsymbol{q}_b$ 和 $\boldsymbol{q}_i$ 由于受到足/地之间的碰撞约束而相互依赖。当足端轨迹给定以后，足端和身体之间的约束方程为

$${}^{b}\boldsymbol{p}_{if}=\boldsymbol{R}^{\mathrm{T}}(\boldsymbol{p}_{if}-\boldsymbol{p}_b),\quad i=1,2,\cdots,6,\ j=1,2,3 \tag{8.91}$$

对式(8.91)进行整理并将其对时间求导，得到由 $\boldsymbol{q}_b$ 表示的各关节的转动速度 $\dot{\boldsymbol{q}}_i$ 和加速度 $\ddot{\boldsymbol{q}}_i$。至此，将 $\dot{\boldsymbol{q}}_i,\ddot{\boldsymbol{q}}_i$ 的表达式代入式(8.88)～式(8.90)中即可得到六足机器人步行时完整的动力学方程。

第 9 章　柔性机器人机构学

9.1　变 形 旋 量

空间柔性梁的构形可由变形旋量$\boldsymbol{\xi}(\mu)$描述，$\boldsymbol{\xi}(\mu)$给出了梁的无穷小单元相对于自由状态时的位置和姿态。变形旋量可以认为是局部坐标系从参考构形到当前构形的微小刚体运动。空间柔性梁的坐标系描述如图 9.1 所示。

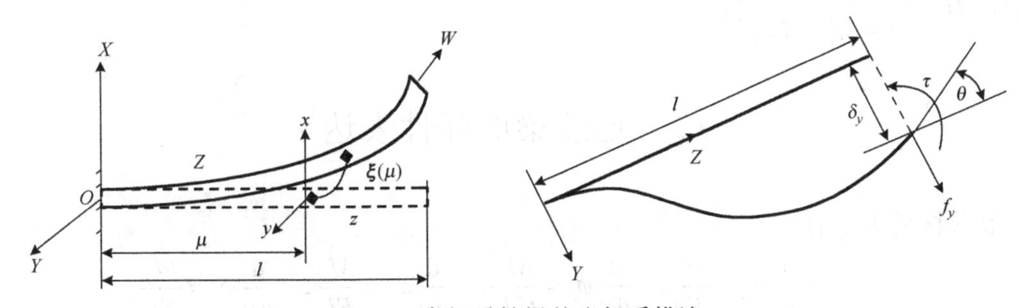

图 9.1　空间柔性梁的坐标系描述

变形旋量在物体坐标系下表示成以 μ 为参数的分量形式：

$$\boldsymbol{\xi}(\mu)=\begin{pmatrix}\boldsymbol{\varphi}\\ \boldsymbol{\upsilon}\end{pmatrix}=\begin{pmatrix}\varphi_x(\mu)\\ \varphi_y(\mu)\\ \varphi_z(\mu)\\ \upsilon_x(\mu)\\ \upsilon_y(\mu)\\ \upsilon_z(\mu)\end{pmatrix} \tag{9.1}$$

式中，$\boldsymbol{\varphi}$ 为当前构形下的瞬时转动矢量；$\boldsymbol{\upsilon}$ 为平移矢量，描述变形引起的刚体位移。

经过主动变换把$\boldsymbol{\xi}(\mu)$变换到空间坐标系中得到

$$\bar{\boldsymbol{\xi}}=\boldsymbol{H}^{-1}\boldsymbol{\xi}=\begin{pmatrix}\boldsymbol{I}_{3\times3} & \boldsymbol{0}\\ \mu\boldsymbol{T}_k & \boldsymbol{I}_{3\times3}\end{pmatrix}\begin{pmatrix}\boldsymbol{\varphi}\\ \boldsymbol{\upsilon}\end{pmatrix}=\begin{pmatrix}\boldsymbol{\varphi}\\ \boldsymbol{\upsilon}+\mu\boldsymbol{k}\times\boldsymbol{\varphi}\end{pmatrix} \tag{9.2}$$

式中，$\boldsymbol{T}_k$ 为沿 z 方向平移 μ 的 3×3 反对称矩阵。

梁的中心线形成一个曲线 $\boldsymbol{p}(\mu)$：

$$\boldsymbol{p}(\mu)=\mu\boldsymbol{k}\times\boldsymbol{\varphi}+\boldsymbol{\delta}(\mu)=\boldsymbol{p}_0\times\boldsymbol{\varphi}+\boldsymbol{\delta}(\mu) \tag{9.3}$$

式中，$\boldsymbol{p}_0=(0\ 0\ \mu)^{\mathrm{T}}=\mu\boldsymbol{k}$；$\mu$ 为自由状态(参考构形)下梁中心线的长度参数；$\boldsymbol{k}$ 为 z 方向的单位矢量。

对于变形旋量的导数计算，需要在空间坐标系中求导，在物体坐标系中表示。首先，用式(9.2)将物体坐标系下的运动旋量$\boldsymbol{\xi}$变换到空间坐标系中，然后，对参数μ求导得到

$$\frac{\mathrm{d}}{\mathrm{d}\mu}\bar{\boldsymbol{\xi}}=\begin{pmatrix}\boldsymbol{\varphi}'\\ \boldsymbol{\delta}'+\boldsymbol{k}\times\boldsymbol{\varphi}+\mu\boldsymbol{k}\times\boldsymbol{\varphi}'\end{pmatrix} \tag{9.4}$$

式中，$\boldsymbol{\varphi}'=\frac{\mathrm{d}}{\mathrm{d}\mu}\boldsymbol{\varphi}$；$\boldsymbol{\delta}'=\frac{\mathrm{d}}{\mathrm{d}\mu}\boldsymbol{\delta}$。

最后，通过一个被动变换将空间坐标系下的运动旋量变换到物体坐标系中得到

$$\boldsymbol{\xi}'=\boldsymbol{H}^{-1}\frac{\mathrm{d}}{\mathrm{d}\mu}\bar{\boldsymbol{\xi}}=\begin{pmatrix}\boldsymbol{\varphi}'\\ -\mu\boldsymbol{T}_k\boldsymbol{\varphi}'+\boldsymbol{\delta}'+\boldsymbol{k}\times\boldsymbol{\varphi}+\mu\boldsymbol{k}\times\boldsymbol{\varphi}'\end{pmatrix}=\begin{pmatrix}\boldsymbol{\varphi}'\\ \boldsymbol{\delta}'+\boldsymbol{k}\times\boldsymbol{\varphi}\end{pmatrix} \tag{9.5}$$

式中，$\boldsymbol{H}^{-1}=\begin{pmatrix}\boldsymbol{I}_{3\times3} & \boldsymbol{0}_{3\times3}\\ -\mu\boldsymbol{T}_k & \boldsymbol{I}_{3\times3}\end{pmatrix}$。

9.2　连续梁的弹性表达

根据材料力学有

$$\frac{\mathrm{d}}{\mathrm{d}\mu}\upsilon_z=\frac{F_z}{EA},\quad \frac{\mathrm{d}}{\mathrm{d}\mu}\varphi_z=\frac{M_z}{GJ_z},\quad \frac{\mathrm{d}}{\mathrm{d}\mu}\varphi_x=\frac{M_x}{EI_x},\quad \frac{\mathrm{d}}{\mathrm{d}\mu}\varphi_y=\frac{M_y}{EI_y}$$

在矢量空间中，上面的公式可以写成如下形式：

$$\boldsymbol{\xi}'=\boldsymbol{c}\boldsymbol{W} \tag{9.6}$$

式中

$$\boldsymbol{c}=\begin{pmatrix}\frac{1}{EI_x} & & & & & \\ & \frac{1}{EI_y} & & & & \\ & & \frac{1}{GJ_z} & & & \\ & & & 0 & & \\ & & & & 0 & \\ & & & & & \frac{1}{EA}\end{pmatrix}$$

$\boldsymbol{\xi}'=\mathrm{d}\boldsymbol{\xi}/\mathrm{d}\mu$；$\boldsymbol{c}$为柔度密度矩阵。

将柔度密度矩阵$\boldsymbol{c}$从当前位置z平移到梁的中点：

$$\boldsymbol{c}_d(z)=\bar{\boldsymbol{H}}^{-1}\boldsymbol{c}\bar{\boldsymbol{H}}^{-\mathrm{T}} \tag{9.7}$$

式中

$$\bar{H}=\begin{bmatrix} I_{3\times3} & \mathbf{0} \\ \bar{T} & I_{3\times3} \end{bmatrix}=\begin{bmatrix} 1 & 0 & 0 & 0 & 0 & 0 \\ 0 & 1 & 0 & 0 & 0 & 0 \\ 0 & 0 & 1 & 0 & 0 & 0 \\ 0 & -(l/2-z) & 0 & 1 & 0 & 0 \\ l/2-z & 0 & 0 & 0 & 1 & 0 \\ 0 & 0 & 0 & 0 & 0 & 1 \end{bmatrix}$$

变换矩阵 $\bar{H}\in \mathrm{SE}(3)$ 是 SE(3) 的伴随表达。

从 $-l/2$ 积分到 $l/2$，可以得到在梁中点处坐标系中表示的变形旋量：

$$\bar{\xi}=\int_{-l/2}^{l/2}c_d\mathrm{d}\mu W=\bar{C}W \tag{9.8}$$

式中

$$\bar{C}=\mathrm{diag}\begin{bmatrix} \frac{l}{EI_x} & \frac{l}{EI_y} & \frac{l}{GJ_z} & \frac{l^3}{12EI_y} & \frac{l^3}{12EI_x} & \frac{l}{EA} \end{bmatrix}$$

1. 变形旋量对应的李群

变形旋量是李代数的一个元素，即 $\xi(\mu)\in \mathrm{se}(3)$，可以写成一般的 4×4 矩阵形式：

$$\hat{\xi}(\mu)=\begin{pmatrix} \hat{\varphi} & \upsilon \\ \mathbf{0} & 0 \end{pmatrix} \tag{9.9}$$

式中，$\hat{\varphi}=\begin{pmatrix} 0 & -\varphi_z & \varphi_y \\ \varphi_z & 0 & -\varphi_x \\ -\varphi_y & \varphi_x & 0 \end{pmatrix}$是一个 3×3 反对称矩阵。

变形旋量与其对应的李群的关系是一个指数映射：

$$\mathrm{e}^{\hat{\xi}}=\mathrm{e}^{\Lambda\hat{\zeta}}=\begin{bmatrix} \mathrm{e}^{\Lambda\hat{\psi}} & (I_{3\times3}-\mathrm{e}^{\Lambda\hat{\psi}})(\psi\times\upsilon)+\Lambda\psi\psi^{\mathrm{T}}\upsilon \\ \mathbf{0}_{1\times3} & 1 \end{bmatrix} \tag{9.10}$$

式中，ζ 为单位变形旋量，$\zeta=\begin{pmatrix} \psi \\ \upsilon \end{pmatrix}$，$\|\psi\|=1$，$\hat{\psi}=\frac{1}{\sqrt{\varphi_x^2+\varphi_y^2+\varphi_z^2}}\hat{\varphi}$；$\Lambda\neq0$，是对应于单位变形旋量 ζ 的连杆变形大小。

2. 主旋量

Ball 提出势能场主旋量[52]。对于势能场主旋量，变形旋量和力旋量具有相同的作用线和节距。将式(9.8)给出的梁变形平衡方程中的变形旋量 $\bar{\xi}$ 表示为 $\gamma\cdot Q_0W$，得到

$$\bar{C}W=\gamma\cdot Q_0W \tag{9.11}$$

式中，γ 为特征柔度；$Q_0=\begin{bmatrix} \mathbf{0}_{3\times3} & I_{3\times3} \\ I_{3\times3} & \mathbf{0}_{3\times3} \end{bmatrix}$，$I_{3\times3}$ 为 3×3 单位矩阵。

势能场主旋量间是互易的，满足互易积为 0，$W_i^{\mathrm{T}}Q_0W_j=0$，主旋量作为势能场共

轭旋量，满足 $\boldsymbol{W}_i^{\mathrm{T}}\bar{\boldsymbol{C}}\boldsymbol{W}_j = 0$。式(9.11)可以改写为

$$(\bar{\boldsymbol{C}} - \boldsymbol{\gamma} \cdot \boldsymbol{Q}_0)\boldsymbol{W} = \mathbf{0} \tag{9.12}$$

主旋量 $\boldsymbol{W}$ 存在的充分必要条件可以写成如下形式：

$$\det(\bar{\boldsymbol{C}} - \boldsymbol{\gamma} \cdot \boldsymbol{Q}_0) = 0 \tag{9.13}$$

式(9.13)给出了力平衡的特征方程，并给出了特征柔度及柔度矩阵 $\bar{\boldsymbol{C}}$ 的势能场主旋量 $\boldsymbol{W}$。

9.3 串联弹性机构的刚度分析

9.3.1 含空间柔性构件的串联操作器的旋量理论

对于多连杆操作器的任一柔性连杆 i，基于 9.1 节的结果有

$$\boldsymbol{w}_i^L = \boldsymbol{K}_i^L \boldsymbol{\xi}_i \tag{9.14}$$

式中，$\boldsymbol{w}_i^L = \begin{Bmatrix} \boldsymbol{\tau}_i^L \\ \boldsymbol{f}_i^L \end{Bmatrix}$ 表示连杆 i 受到的力旋量；$\boldsymbol{\xi}_i = \begin{Bmatrix} \boldsymbol{\varphi}_i^L \\ \boldsymbol{\upsilon}_i^L \end{Bmatrix}$ 表示连杆 i 由于柔性变形产生的变形旋量；在连杆 i 中点处建立坐标系，连杆刚度矩阵可以表示为

$$\boldsymbol{K}_i^L = \mathrm{diag}[k_1^L \quad k_2^L \quad k_3^L \quad k_4^L \quad k_5^L \quad k_6^L] \tag{9.15}$$

式中，$\boldsymbol{K}_i^L$ 中元素的具体表达详见 Von Mises 的著作[53]以及 Selig 和 Ding 的论文[54]。

把式(9.15)写为如下的分块形式：

$$\boldsymbol{K}_i^L = \begin{bmatrix} \boldsymbol{k}_{\mathrm{rota}}^c & \mathbf{0} \\ \mathbf{0} & \boldsymbol{k}_{\mathrm{trans}}^c \end{bmatrix}$$

经过刚体变换后，旋量 $\boldsymbol{s} = (\boldsymbol{\omega}^{\mathrm{T}}, \boldsymbol{v}^{\mathrm{T}})^{\mathrm{T}}$ 的一般表达可以写为如下形式：

$$\bar{\boldsymbol{s}} = \boldsymbol{H}\boldsymbol{s} = \begin{pmatrix} \boldsymbol{R} & \mathbf{0} \\ \boldsymbol{T}\boldsymbol{R} & \boldsymbol{R} \end{pmatrix} \begin{pmatrix} \boldsymbol{\omega} \\ \boldsymbol{v} \end{pmatrix} \tag{9.16}$$

式中，$\boldsymbol{H}_{6\times6} = \begin{bmatrix} \boldsymbol{R} & \mathbf{0} \\ \boldsymbol{T}\boldsymbol{R} & \boldsymbol{R} \end{bmatrix}$，$\boldsymbol{H} \in \mathrm{SE}(3)$ 是刚体变换矩阵 $\boldsymbol{G} = (\boldsymbol{R}, \boldsymbol{T})$ 的伴随表达，$\boldsymbol{R} \in \mathrm{SO}(3)$ 是旋转矩阵，$\boldsymbol{T} \in \mathrm{so}(3)$ 是平移矢量 $\boldsymbol{t} \in \mathbb{R}^3$ 的反对称矩阵表示，对于任一矢量 $\boldsymbol{x} \in \mathbb{R}^3$，满足 $\boldsymbol{T}\boldsymbol{x} = \boldsymbol{t} \times \boldsymbol{x}$。

如图 9.2 所示，通过刚体变换进行从连杆 i 中点到关节的刚体变换，可以得到刚度矩阵(9.15)分块形式的一般表达如下：

$$\boldsymbol{K}_i = \boldsymbol{H}^{\mathrm{T}} \boldsymbol{K}_i^L \boldsymbol{H} = \begin{bmatrix} \boldsymbol{\varXi} & \boldsymbol{\varGamma} \\ \boldsymbol{\varGamma}^{\mathrm{T}} & \boldsymbol{Y} \end{bmatrix} \tag{9.17}$$

式中，$\boldsymbol{\varXi} = \boldsymbol{R}^{\mathrm{T}} \boldsymbol{k}_{\mathrm{rota}} \boldsymbol{R} - \boldsymbol{R}^{\mathrm{T}} \boldsymbol{T} \boldsymbol{k}_{\mathrm{trans}} \boldsymbol{T} \boldsymbol{R}$；$\boldsymbol{\varGamma} = -\boldsymbol{R}^{\mathrm{T}} \boldsymbol{T} \boldsymbol{k}_{\mathrm{trans}} \boldsymbol{R}$；$\boldsymbol{Y} = \boldsymbol{R}^{\mathrm{T}} \boldsymbol{k}_{\mathrm{trans}} \boldsymbol{R}$。

可以看出，刚度矩阵 $\boldsymbol{K}_i$ 在关节 i 的局部坐标系下的表达是一个 6×6 的对称矩阵。

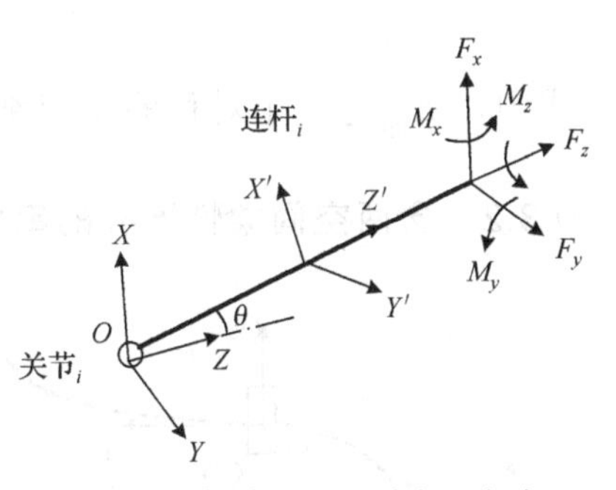

图 9.2　串联机器人连杆 i 在未变形时的运动学描述

下面，我们基于上面的理论建立整个机器人系统的柔性行为和各连杆间的关系，从机器人系统的末端执行器到基坐标系的刚体主动坐标变换可以表示为

$$\boldsymbol{A}(\boldsymbol{\theta}) = \mathrm{e}^{\theta_1 \hat{\boldsymbol{s}}_1} \mathrm{e}^{\theta_2 \hat{\boldsymbol{s}}_2} \cdots \mathrm{e}^{\theta_6 \hat{\boldsymbol{s}}_6} \tag{9.18}$$

式中，$\hat{\boldsymbol{s}}_i$ 表示第 i 个关节旋量 $(i=1,2,\cdots,6)$；θ_i 表示第 i 个关节变量 $(i=1,2,\cdots,6)$。因此，考虑连杆的弹性变形，可以给出对应的坐标变换：

$$\boldsymbol{A}^c(\boldsymbol{\theta},\boldsymbol{\Lambda}) = \mathrm{e}^{\theta_1 \hat{\boldsymbol{s}}_1} \mathrm{e}^{\Lambda_1 \hat{\boldsymbol{\zeta}}_1} \mathrm{e}^{\theta_2 \hat{\boldsymbol{s}}_2} \mathrm{e}^{\Lambda_2 \hat{\boldsymbol{\zeta}}_2} \cdots \mathrm{e}^{\theta_6 \hat{\boldsymbol{s}}_6} \mathrm{e}^{\Lambda_6 \hat{\boldsymbol{\zeta}}_6} \tag{9.19}$$

式中，$\hat{\boldsymbol{\zeta}}_i = \begin{pmatrix} \boldsymbol{\psi}_i \\ \boldsymbol{\upsilon}_i \end{pmatrix}$ $(i=1,2,\cdots,6)$ 是在式(9.10)中定义的由连杆 i 变形引起的微小位移旋量；Λ_i 是连杆 i 对应于变形旋量 $\boldsymbol{\zeta}_i$ 的变形大小。

连杆的柔度矩阵是刚度矩阵的逆，由式(9.17)可以得到

$$\boldsymbol{C}_i = (\boldsymbol{K}_i)^{-1} \tag{9.20}$$

给定末端执行器由柔性位移产生的运动旋量 $\boldsymbol{s}_{\mathrm{tip}} = (\boldsymbol{\omega}_{\mathrm{tip}}^{\mathrm{T}}, \boldsymbol{v}_{\mathrm{tip}}^{\mathrm{T}})^{\mathrm{T}}$，作用于末端的外力载荷是一个力旋量 $\boldsymbol{w}_{\mathrm{tip}} = (\boldsymbol{\tau}_{\mathrm{tip}}^{\mathrm{T}}, \boldsymbol{f}_{\mathrm{tip}}^{\mathrm{T}})^{\mathrm{T}}$，那么可以得到整个系统由连杆变形引起的静态变形的表达如下：

$$\sum_{i=1}^{n} \boldsymbol{B}_i \boldsymbol{C}_i \boldsymbol{B}_i^{\mathrm{T}} \boldsymbol{W}_i = \boldsymbol{C}_{\mathrm{tip}} \boldsymbol{W}_{\mathrm{tip}} \tag{9.21}$$

式中，$\boldsymbol{B}_i = \prod_{j=1}^{i} \hat{\boldsymbol{H}}_j$，$\boldsymbol{B}_i \in \mathrm{SE}(3)$ 是从关节 i 到基参考系的刚体变换矩阵，$\hat{\boldsymbol{H}}_j = \begin{bmatrix} \hat{\boldsymbol{R}}_j & \boldsymbol{0} \\ \hat{\boldsymbol{T}}_j \hat{\boldsymbol{R}}_j & \hat{\boldsymbol{R}}_j \end{bmatrix}$，$\hat{\boldsymbol{R}}_j = \begin{bmatrix} \cos\theta_j & 0 & -\sin\theta_j \\ 0 & 1 & 0 \\ \sin\theta_j & 0 & \cos\theta_j \end{bmatrix}$，$\hat{\boldsymbol{T}}_j = \begin{bmatrix} 0 & -l_{j-1} & 0 \\ l_{j-1} & 0 & 0 \\ 0 & 0 & 0 \end{bmatrix}$，$l_j$ 是连杆长度，$l_0 = 0$。

在 $|\boldsymbol{K}_{\mathrm{tip}}| \neq 0$ 的条件下，机器人的总柔度矩阵 $\boldsymbol{C}_{\mathrm{tip}}$ 是系统刚度矩阵 $\boldsymbol{K}_{\mathrm{tip}}$ 的逆，即 $\boldsymbol{C}_{\mathrm{tip}} = \boldsymbol{K}_{\mathrm{tip}}^{-1}$。

正如我们所知，$\boldsymbol{W}_i = \boldsymbol{W}_{\mathrm{tip}}$，因此，式(9.21)可以进一步简化为

$$\sum_{i=1}^{n} \boldsymbol{B}_i \boldsymbol{C}_i (\boldsymbol{B}_i)^{\mathrm{T}} = \boldsymbol{C}_{\mathrm{tip}} \tag{9.22}$$

那么，力旋量 $\boldsymbol{w}_{\mathrm{tip}}$ 和运动旋量 $\boldsymbol{s}_{\mathrm{tip}}$ 间的映射关系可以写成如下紧凑的形式：

$$\boldsymbol{w}_{\text{tip}} = \boldsymbol{K}_{\text{tip}}\boldsymbol{s}_{\text{tip}} \tag{9.23}$$

式中，$\boldsymbol{K}_{\text{tip}}$是一个对称的空间刚度矩阵，满足$\boldsymbol{K}_{\text{tip}} = \boldsymbol{C}_{\text{tip}}^{-1}$[55]。

9.3.2 含两空间柔性连杆的串联机器人的特征柔度分析

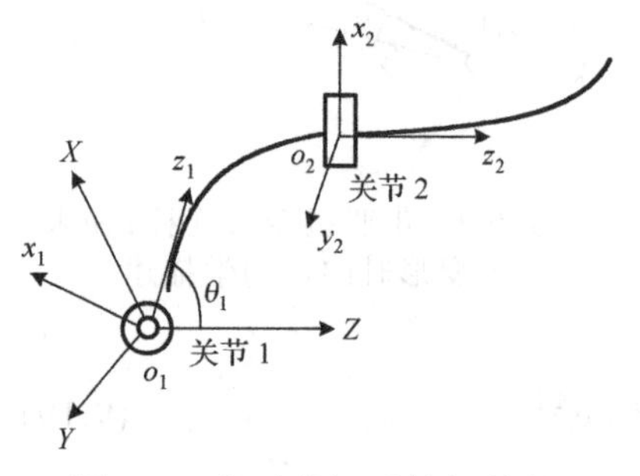

图 9.3　含两空间柔性杆件的串联机器人的运动学描述

如图 9.3 所示，给定一个由两个均质圆柱形连杆串联构成的机器人，在未变形状态下，第一个关节轴与第二个关节轴相互垂直。

$OXYZ$是参考坐标系，在每个关节上建立共转坐标架$o_i x_i y_i z_i$，$l_1 = l_2 = 2\text{m}$，$r_1 = r_2 = 0.005\text{m}$分别给出了各连杆的长度和横截面半径。

按照式(9.22)，机器人的总柔度矩阵给出如下形式：

$$\boldsymbol{C}_{\text{tip}} = \boldsymbol{B}_1\boldsymbol{C}_1(\boldsymbol{B}_1)^{\text{T}} + \boldsymbol{B}_2\boldsymbol{C}_2(\boldsymbol{B}_2)^{\text{T}} \tag{9.24}$$

式中，$\boldsymbol{B}_1 = \text{Ad}_{e^{\theta_1\hat{\xi}_1}}$，$\boldsymbol{B}_1 = \begin{bmatrix} \hat{\boldsymbol{R}}_1 & \boldsymbol{0} \\ \boldsymbol{0} & \hat{\boldsymbol{R}}_1 \end{bmatrix}$，$\hat{\boldsymbol{R}}_1 = \begin{bmatrix} \cos\theta_1 & 0 & -\sin\theta_1 \\ 0 & 1 & 0 \\ \sin\theta_1 & 0 & \cos\theta_1 \end{bmatrix}$；$\boldsymbol{B}_2 = \begin{bmatrix} \hat{\boldsymbol{R}}_1 & \boldsymbol{0} \\ \boldsymbol{0} & \hat{\boldsymbol{R}}_1 \end{bmatrix}\begin{bmatrix} \hat{\boldsymbol{R}}_2 & \boldsymbol{0} \\ \hat{\boldsymbol{T}}_2\hat{\boldsymbol{R}}_2 & \hat{\boldsymbol{R}}_2 \end{bmatrix} = \begin{bmatrix} \hat{\boldsymbol{R}}_1\hat{\boldsymbol{R}}_2 & \boldsymbol{0} \\ \hat{\boldsymbol{R}}_1\hat{\boldsymbol{T}}_2\hat{\boldsymbol{R}}_2 & \hat{\boldsymbol{R}}_1\hat{\boldsymbol{R}}_2 \end{bmatrix}$，$\hat{\boldsymbol{R}}_2 = \begin{bmatrix} 1 & 0 & 0 \\ 0 & \cos\theta_2 & -\sin\theta_2 \\ 0 & \sin\theta_2 & \cos\theta_2 \end{bmatrix}$，$\hat{\boldsymbol{T}}_2 = \begin{bmatrix} 0 & -l_1 & 0 \\ l_1 & 0 & 0 \\ 0 & 0 & 0 \end{bmatrix}$。

材料选为钢，$E = 2.1\times10^{11}\text{N/m}^2$，$\upsilon_s = 0.3$，$\rho = 7.8\times10^3\text{kg/m}^3$。

连杆横截面关于中轴的惯性参数由下面的公式给出：

$$A = \pi\cdot r^2,\quad I_x = \frac{1}{4}\pi\cdot r^4,\quad I_y = \frac{1}{4}\pi\cdot r^4,\quad J_z = \frac{1}{2}\pi\cdot r^4$$

将式(9.24)代入式(9.13)，得到如下的特征方程来计算机器人的特征柔度：

$$\det(\boldsymbol{C}_{\text{tip}} - \boldsymbol{\gamma}\cdot\boldsymbol{Q}_0) = 0 \tag{9.25}$$

当$\theta_1 = \pi/2$，$\theta_2 = \pi/2$时，得到末端柔度矩阵为

$$\boldsymbol{C}_{\text{tip}} = \begin{bmatrix} 0.044624 & 0 & 0 & 0 & 0 & 0.0194017 \\ 0 & 0.044624 & 0 & 0 & 0 & -0.0698463 \\ 0 & 0 & 0.0388035 & -0.0194017 & 0.0582052 & 0 \\ 0 & 0 & -0.0194017 & 0.0258691 & -0.0388035 & 0 \\ 0 & 0 & 0.0582052 & -0.0388035 & 0.103476 & 0 \\ 0.0194017 & -0.0698463 & 0 & 0 & 0 & 0.152627 \end{bmatrix}$$

对应的特征值和特征向量分别计算如下：

$$\begin{aligned}\boldsymbol{\gamma} &= (\gamma_1\quad \gamma_2\quad \gamma_3\quad \gamma_4\quad \gamma_5\quad \gamma_6) \\ &= (0.0370353\quad -0.0370353\quad -0.0339762\quad 0.0339762\quad 0.0168723\quad -0.0168723)\end{aligned}$$

$$\boldsymbol{\xi}=(\xi_1\quad \xi_2\quad \xi_3\quad \xi_4\quad \xi_5\quad \xi_6)$$

$$=\begin{bmatrix} 0.241322 & -0.241322 & 0.284556 & -0.284556 & 0.188742 & -0.188742 \\ -0.691541 & 0.691541 & -0.284556 & 0.284556 & 0.276628 & -0.276628 \\ -0.491597 & -0.491597 & -0.747465 & -0.747465 & -0.530609 & -0.530609 \\ 0.0464197 & 0.491597 & -0.373733 & -0.373733 & 0.549716 & 0.549716 \\ 0.0464197 & 0.0464197 & 0.373733 & 0.373733 & 0.549716 & 0.549716 \\ -0.466431 & 0.466431 & 1.50049\times10^{-15} & 1.45505\times10^{-15} & 0.0439432 & -0.0439432 \end{bmatrix}$$

当 $\theta_1=\pi/2$，$\theta_2=\pi$ 时，得到末端柔度矩阵为

$$\boldsymbol{C}_{\text{tip}}=\begin{bmatrix} 0.0504445 & 0 & 0 & 0 & 0 & 0 \\ 0 & 0.0388035 & 0 & 0 & 0 & -0.0388035 \\ 0 & 0 & 0.0388035 & 0 & 0.0388035 & 0 \\ 0 & 0 & 0 & 2.42522\times10^{-7} & 0 & 0 \\ 0 & 0 & 0.0388035 & 0 & 0.051738 & 0 \\ 0 & -0.0388035 & 0 & 0 & 0 & 0.051738 \end{bmatrix}$$

对应的特征值和特征向量分别计算如下：

$$\boldsymbol{\gamma}=(\gamma_1\quad \gamma_2\quad \gamma_3\quad \gamma_4\quad \gamma_5\quad \gamma_6)$$

$$=(0.0224032\quad -0.0224032\quad 0.0224032\quad -0.0224032\quad 0.000110607\quad -0.000110607)$$

$$\boldsymbol{\xi}=(\xi_1\quad \xi_2\quad \xi_3\quad \xi_4\quad \xi_5\quad \xi_6)$$

$$=\begin{bmatrix} 0 & 0 & 0 & 0 & 0.00219264 & 0.00219264 \\ 0.654654 & 0.654654 & 0.377964 & -0.689593 & 0 & 0 \\ 0.377964 & -0.377964 & -0.654654 & -0.309662 & 0 & 0 \\ 0 & 0 & 0 & 0 & 0.999998 & -0.999998 \\ 0 & 0 & 0.654654 & 0.530849 & 0 & 0 \\ 0.654654 & 0.654654 & 0 & -0.383107 & 0 & 0 \end{bmatrix}$$

如图 9.4、图 9.5 所示，当 $\theta_1=0$ 固定时，得到机器人的特征柔度随第二个关节变量 θ_2 从 0 运动到 2π 的变化曲线。

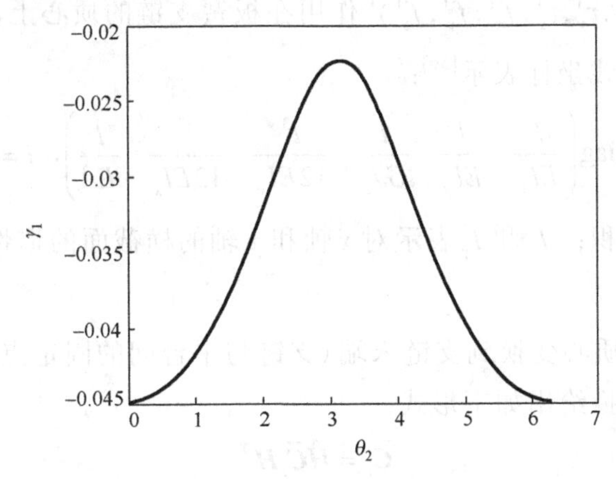

图 9.4　第一个特征柔度随第二个关节刚体运动的变化曲线

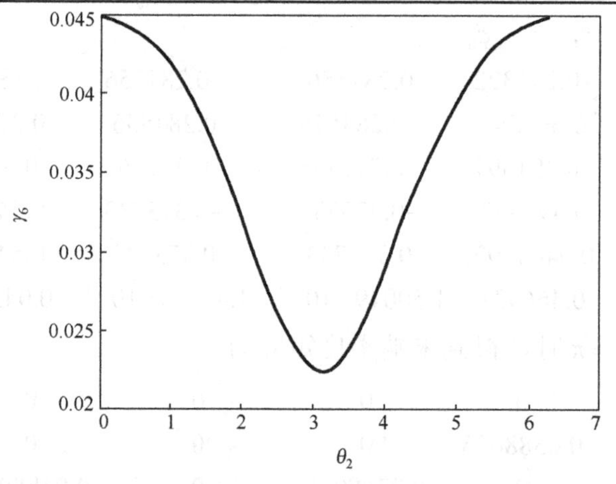

图 9.5　第六个特征柔度随第二个关节刚体运动的变化曲线

从上面的仿真可以看出，当 $\theta_2=0$，$\theta_2=\pi$，$\theta_2=2\pi$ 时，特征柔度达到极值，也就是两个连杆完全折叠和完全竖直的构形。当 $\theta_2=\pi/2$ 时，机器人的特征柔度随第一个关节变量 θ_1 从 0 运动到 2π 时的变化曲线用 MATHEMATICA 计算得到。忽略计算机计算误差的影响，当关节变量 θ_2 固定时，通过计算结果可以看出，特征柔度不随关节变量 θ_1 变化。很容易看出，因为机器人构形仅随关节变量 θ_2 变化，一旦 θ_2 固定，机器人的构形就确定了，所以系统的特征柔度是刚体变换下的不变量(不随坐标变换而变化)。

9.4　并联弹性机构的刚度分析

9.4.1　运动学和柔性分析

本章以工业装置——碗状振动进料器为例，给出并联弹性机构的运动学和柔性分析，该空间弹性装置具有并联机构形式，由碗状平台、基座和三条板簧支链组成。

首先研究该三分支并联机构的一条支链，在每条支链的质心(几何中心)处建立坐标系，力旋量 $\boldsymbol{w}_i=(\tau_x^{\mathrm{T}},\tau_y^{\mathrm{T}},\tau_z^{\mathrm{T}},f_x^{\mathrm{T}},f_y^{\mathrm{T}},f_z^{\mathrm{T}})^{\mathrm{T}}$ 作用在板簧支链的质心上，可以得到一条支链的空间柔度矩阵的射线坐标表示[56]：

$$\bar{\boldsymbol{C}}_i=\mathrm{diag}\left(\frac{l}{EI_x}\quad\frac{l}{EI_y}\quad\frac{l}{GJ_z}\quad\frac{l^3}{12EI_y}\quad\frac{l^3}{12EI_x}\quad\frac{l}{EA}\right),\ i=1,2,3 \tag{9.26}$$

式中，A 表示横截面积；I_x 和 I_y 表示对 x 轴和 y 轴的横截面的惯性矩；J_z 表示横截面的极惯性矩。

将坐标系从板簧质心变换到支链末端(支链与平台间的固定点)，第 i 条支链的柔度矩阵可以通过伴随变换给出如下形式：

$$\boldsymbol{C}_i=\hat{\boldsymbol{H}}\bar{\boldsymbol{C}}_i\hat{\boldsymbol{H}}^{\mathrm{T}} \tag{9.27}$$

式中，$\hat{\boldsymbol{H}} \in \mathrm{SE}(3)$，$\hat{\boldsymbol{H}} = \begin{bmatrix} \boldsymbol{I} & \boldsymbol{0} \\ \hat{\boldsymbol{T}} & \boldsymbol{I} \end{bmatrix}$，$\hat{\boldsymbol{T}} = \begin{bmatrix} 0 & l/2 & 0 \\ -l/2 & 0 & 0 \\ 0 & 0 & 0 \end{bmatrix}$。

因此，各支链在外力旋量作用下均产生一个微小变形旋量 $\boldsymbol{\xi}_i$，微小变形旋量与对应的力旋量之间可以通过柔度矩阵建立如下关系：

$$\boldsymbol{\xi}_i = \boldsymbol{C}_i \boldsymbol{W}_i \tag{9.28}$$

式中，$\boldsymbol{W}_i$ 是作用在第 i 条支链上与微小变形旋量 $\boldsymbol{\xi}_i$ 对应的力旋量。

如图 9.6 所示，对于弹性并联平台装置的支链 1，在支链与平台的安装点处建立局部坐标系$\{x_1, y_1, z_1\}$，轴 x_1 垂直于板簧，轴 z_1 沿板簧支链的轴线方向，轴 y_1 满足右手螺旋定则。板簧支链安装在半径为 r 的圆周上，θ 和 φ 分别表示板簧支链在平台上的安装角，其中，θ 为绕 y_1 轴的旋转角度，φ 为绕 z_1 轴的旋转角度。板簧支链末端的局部坐标系$\{x_1, y_1, z_1\}$与固定在平台中心处的全局坐标系$\{x, y, z\}$间的伴随变换矩阵为

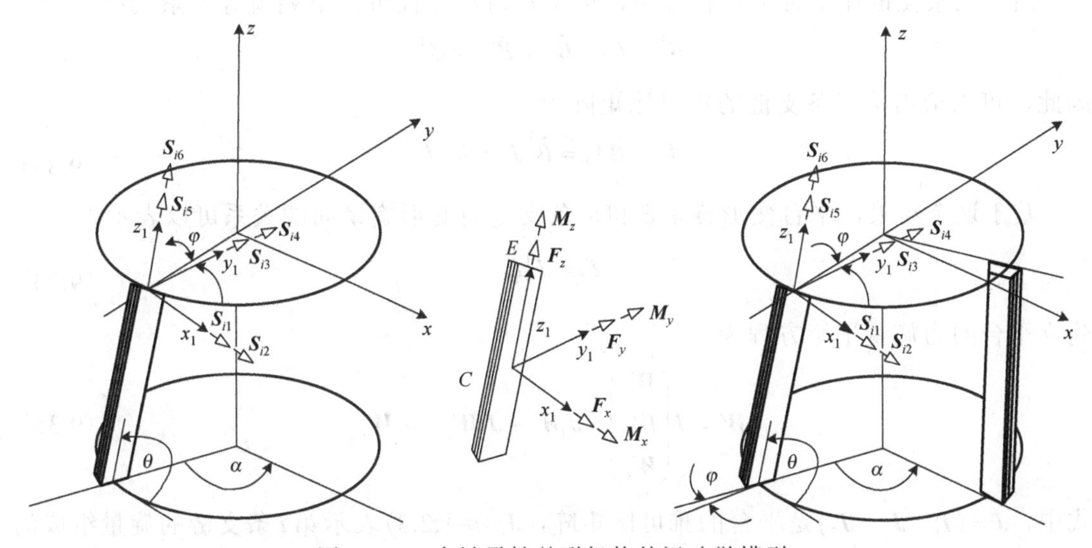

图 9.6 三支链柔性并联机构的运动学模型

$$\boldsymbol{H}_1 = \begin{bmatrix} \boldsymbol{R}_1 & \boldsymbol{0} \\ \boldsymbol{T}_1\boldsymbol{R}_1 & \boldsymbol{R}_1 \end{bmatrix} \tag{9.29}$$

式中，$\boldsymbol{H}_1 \in \mathrm{SE}(3)$；$\boldsymbol{R}_1 = \boldsymbol{R}(\varphi, z_1)\boldsymbol{R}(90^\circ - \theta, y_1)$；$\boldsymbol{T}_1 = \begin{bmatrix} 0 & 0 & r \\ 0 & 0 & 0 \\ -r & 0 & 0 \end{bmatrix}$。

将上面的伴随变换矩阵作用在六个正则旋量组成的正则雅可比矩阵上，得到全局坐标系下的六个变形旋量，组合这些变形旋量得到第一条支链的雅可比矩阵为

$$J_1 = H_1 = \begin{bmatrix} \cos\varphi\sin\theta & \sin\varphi & -\cos\varphi\cos\theta & 0 & 0 & 0 \\ -\sin\varphi\sin\theta & \cos\varphi & \sin\varphi\cos\theta & 0 & 0 & 0 \\ \cos\theta & 0 & \sin\theta & 0 & 0 & 0 \\ -r\cos\theta & 0 & -r\sin\theta & \cos\varphi\sin\theta & \sin\varphi & -\cos\varphi\cos\theta \\ 0 & 0 & 0 & -\sin\varphi\sin\theta & \cos\varphi & \sin\varphi\cos\theta \\ r\cos\varphi\sin\theta & r\sin\varphi & -r\cos\varphi\cos\theta & \cos\theta & 0 & \sin\theta \end{bmatrix} \tag{9.30}$$

如图 9.6 所示，第二条支链的安装角 θ 和 φ 与第一条支链相同，绕 z 轴旋转角度 α=120°得到第二条支链的位姿，因此，第二条支链的雅可比矩阵可以写为

$$J_2 = \tilde{B} J_1 \tag{9.31}$$

式中，$\tilde{B} \in SE(3)$ 是旋转矩阵，$\tilde{B} = \begin{pmatrix} \tilde{R} & 0 \\ 0 & \tilde{R} \end{pmatrix}$，$\tilde{R} = \begin{bmatrix} \cos\alpha & \sin\alpha & 0 \\ -\sin\alpha & \cos\alpha & 0 \\ 0 & 0 & 1 \end{bmatrix}$。

由于三条支链在平台上对称分布，根据几何对称性可得下列恒等关系式：

$$\tilde{B}^3 = I\,,\quad \tilde{B}^2 = \tilde{B}^{-1} = \tilde{B}^{\mathrm{T}} \tag{9.32}$$

因此，可以给出第三条支链的雅可比矩阵为

$$J_3 = \tilde{B} J_2 = \tilde{B}^2 J_1 = \tilde{B}^{\mathrm{T}} J \tag{9.33}$$

基于这个结果，平台变形旋量 ξ 和每条支链的变形旋量间的关系可以表示为

$$\xi_i = J_i^{\mathrm{T}} \xi \tag{9.34}$$

建立平台的力旋量平衡方程为

$$W = J \begin{pmatrix} W_1 \\ W_2 \\ W_3 \end{pmatrix} = J_1 W_1 + J_2 W_2 + J_3 W_3 \tag{9.35}$$

式中，$J = (J_1 \quad J_2 \quad J_3)$ 是平台的雅可比矩阵，J_i (i=1,2,3) 表示第 i 条支链的旋量组成的雅可比矩阵；W 是平台的力旋量，W_i (i=1,2,3) 是第 i 条支链的力旋量。

将式(9.28)中描述的支链变形旋量与力旋量关系和式(9.34)中描述的支链变形旋量与平台变形旋量关系代入式(9.35)中，可以得到整个系统的柔度矩阵为

$$C^{-1} = J_1 C_1^{-1} J_1^{\mathrm{T}} + J_2 C_1^{-1} J_2^{\mathrm{T}} + J_3 C_1^{-1} J_3^{\mathrm{T}} \tag{9.36}$$

由于各支链的虚功和平台的虚功相等，则有

$$W_1^{\mathrm{T}} \xi_1 + W_2^{\mathrm{T}} \xi_2 + W_3^{\mathrm{T}} \xi_3 = W^{\mathrm{T}} \xi \tag{9.37}$$

将式(9.34)代入式(9.37)可以得到系统柔度与各支链柔度的关系如下：

$$W_1^{\mathrm{T}} C_1 W_1 + W_2^{\mathrm{T}} C_2 W_2 + W_3^{\mathrm{T}} C_3 W_3 = W^{\mathrm{T}} C W \tag{9.38}$$

考虑一个特殊情况，若平台的刚度是各向同性的，则有 $J_1 W_1 = J_2 W_2 = J_3 W_3$，这

里平台上的力沿三条支链均匀分布，这是工业设备期望的工作条件。由式(9.38)可以得到

$$W_i = \frac{1}{3} J_i^{-1} W, \quad i = 1,2,3 \tag{9.39}$$

将式(9.39)代入式(9.38)，平台柔度矩阵可以表示为

$$C = J_1^{-\mathrm{T}} \frac{1}{9}(C_1 + \tilde{B}^{-\mathrm{T}} C_1 \tilde{B}^{-1} + B^{-1} C_1 B^{-\mathrm{T}}) J_1^{-1} = J_1^{-\mathrm{T}} \hat{C} J_1^{-1} \tag{9.40}$$

$$C = \frac{1}{9}(J_1^{-\mathrm{T}} C_1 J_1^{-1} + \tilde{B}^{-\mathrm{T}} J_1^{-\mathrm{T}} C_1 J_1^{-1} \tilde{B}^{-1} + \tilde{B}^{\mathrm{T}} J_1^{-\mathrm{T}} C_1 J_1^{-1} \tilde{B}) = \frac{1}{9}(C_1' + \tilde{B}^{-\mathrm{T}} C_1' \tilde{B}^{-1} + \tilde{B}^{\mathrm{T}} C_1' \tilde{B})$$

式中，$\hat{C} = \frac{1}{9}(C_1 + \tilde{B}^{-\mathrm{T}} C_1 \tilde{B}^{-1} + B^{-1} C_1 B^{-\mathrm{T}})$；$C_1' = J_1^{-\mathrm{T}} C_1 J_1^{-1}$。式(9.40)给出了并联机构结构柔度矩阵和支链柔度矩阵间的关系。

9.4.2　基于并联平台特征柔度的弹性和设计参数影响分析

上面给出的并联机构的弹性分析方法被拓展应用于工业装置——碗状振动进料器，如图 9.7 所示，该装置通过传送给定数量的零件到目标位置实现自动化装配。

碗状振动进料器由三个均匀安装在基座圆周上的电磁激励器产生的简谐力驱动，三个支链的板簧通过螺栓和螺母固定在平台和基座上。板簧支链的作用是使动平台产生无穷小螺旋运动。如图 9.8 所示，碗状振动进料器实际上是一个两端刚性连接三个板簧支链的柔性平台设备。

图 9.7　碗状振动进料器

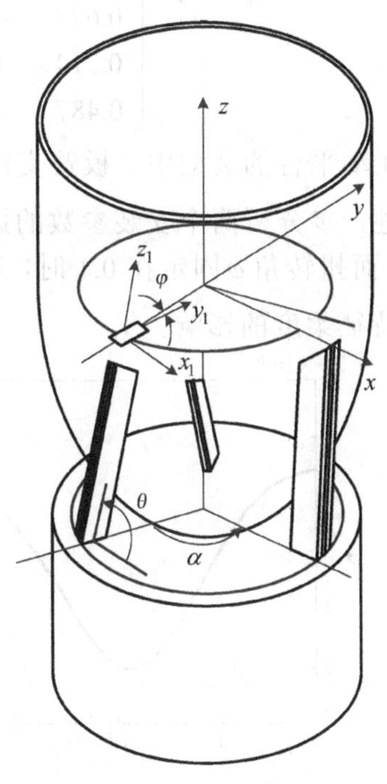

图 9.8　柔性并联机构的虚拟模型

板簧的长度为 l，横截面的厚度为 t，宽度为 b。考虑一个工业应用中的板簧尺寸为 b=34.5mm，l=86mm，等效厚度 t=3.5mm，材料的弹性模量为 E=190GPa，剪切模量为 G=75GPa，可以获得中心柔度矩阵的数值结果。

动平台的装配参数影响其柔度矩阵。将工业应用中的装配参数代入，动平台安装圆周半径 r=115.0mm，板簧支链的倾斜角为 θ=1.00，扭转角为 φ=0.10。

因此，用这些特定参数可以得到动平台柔度矩阵：

$$\boldsymbol{C} = 8.7465\times10^{-6}\begin{bmatrix} 42.4878 & 14.6134 & 29.1019 & -24.9723 & -4.52885 & -16.3131 \\ 14.6134 & 16.77 & 9.05013 & -4.40898 & -10.9726 & -2.03405 \\ 29.1019 & 9.05013 & 23.1736 & -19.2232 & -2.11064 & -10.8164 \\ -24.9723 & -4.40898 & -19.2232 & 17.4216 & 0.660041 & 10.2967 \\ -4.52885 & -10.9726 & -2.11064 & 0.660041 & 23.9338 & -1.03311 \\ -16.3131 & -2.03405 & -10.8164 & 5.590 & -1.03311 & 7.88337 \end{bmatrix}$$

将特征柔度代入式(9.13)给出的特征方程中，可以得到柔度矩阵的特征柔度和对应的特征旋量，得到特征柔度如下：

$$\boldsymbol{\gamma} = (\gamma_1 \quad \gamma_2 \quad \gamma_3 \quad \gamma_4 \quad \gamma_5 \quad \gamma_6) = (-68.467 \quad -23.262 \quad 7.755 \quad 2.482 \quad -0.315 \quad 0.007)\times10^{-5}$$

正如预期的，存在三个正特征柔度和三个负特征柔度。对应的特征旋量 $\boldsymbol{s}_1, \boldsymbol{s}_2, \cdots, \boldsymbol{s}_6$ 在轴线坐标下给出如下：

$$\boldsymbol{S} = \begin{bmatrix} -0.422 & 0.186 & -0.113 & -0.328 & -0.328 & -0.44 \\ -0.112 & -0.786 & -0.705 & 0.033 & 0.033 & 0.372 \\ -0.262 & 0.169 & -0.027 & 0.514 & 0.514 & -0.305 \\ 0.677 & -0.007 & -0.317 & -0.365 & 0.483 & -0.666 \\ 0.214 & 0.56 & -0.606 & 0.043 & -0.043 & 0.063 \\ 0.487 & -0.074 & -0.149 & 0.701 & -0.626 & -0.357 \end{bmatrix}$$

在动平台的装配中，板簧支链的倾斜角 θ 和扭转角 φ 是影响特征柔度的安装参数。

进一步分析两个安装参数的影响，如图 9.9 所示，当支链倾斜角 θ 从 π/6 变化到 5π/6，而扭转角 φ 固定在 0.1 时，可以生成一个可变的动平台柔度矩阵用来说明安装参数对特征柔度的影响。

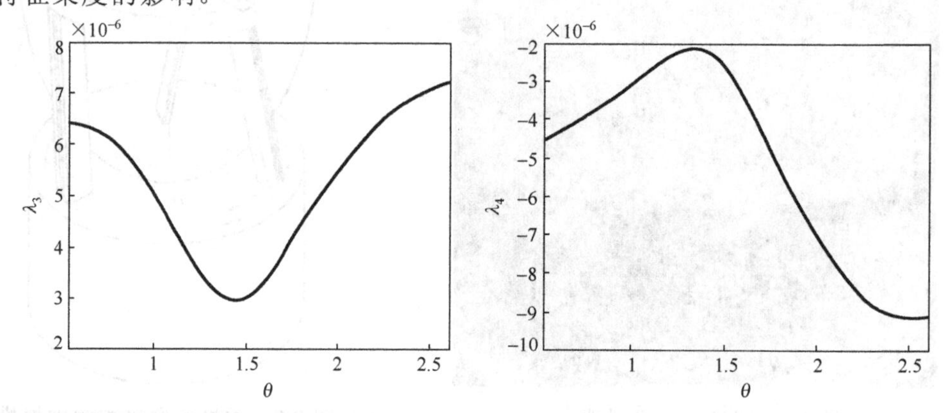

图 9.9　特征柔度相对于 θ 的变化

固定支链倾斜角θ为1.31，支链扭转角φ从0.26变化到−0.26，特征柔度的变化在图9.10中给出。

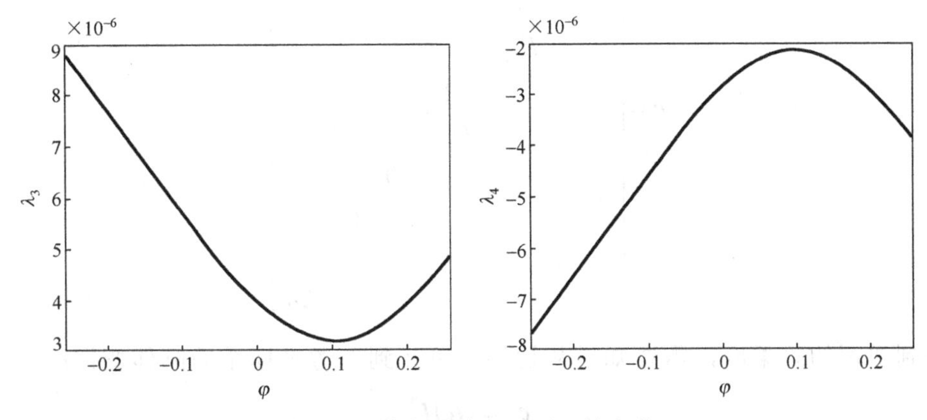

图9.10　特征柔度相对于φ的变化

整合两个安装参数的影响，特征柔度的变化在图9.11中给出。

因此，应用上面分析中的支链参数和安装参数进行优化，可以得到最优的动平台柔性特征。参数的变化导致了柔度的变化，进而导致了自然振动频率的变化，这对零件的进给速率有影响，9.7节将进行深入分析。

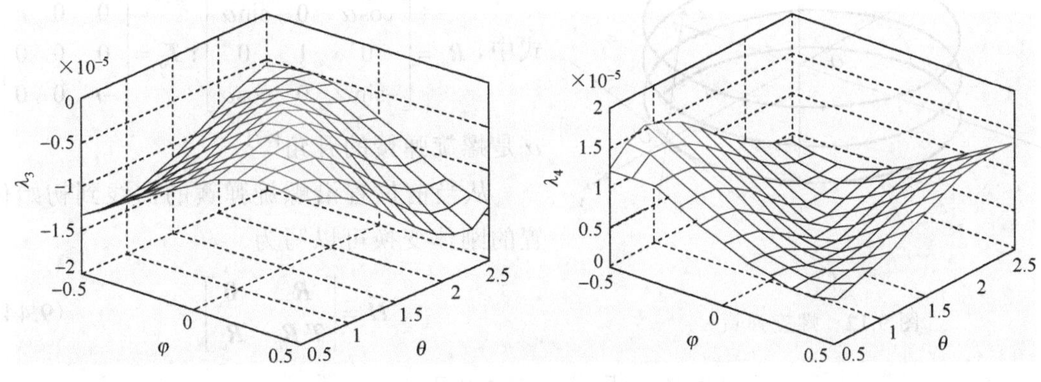

图9.11　特征柔度相对于θ和φ的变化

9.5　螺旋弹簧的刚度分析

9.5.1　螺旋弹簧的空间柔性

螺旋弹簧的形状由一个微小梁单元沿着一个螺旋线运动扫掠得到。因此，弹簧的柔度矩阵可以通过将梁单元的柔度密度沿弹簧曲线积分得到。

对于一个微小梁单元，由式(9.6)可以得到

$$\frac{\mathrm{d}\boldsymbol{\xi}}{\mathrm{d}\mu}=c\boldsymbol{W} \tag{9.41}$$

$$c=\begin{bmatrix}\dfrac{1}{EI_x} &&&&& \\ & \dfrac{1}{EI_y} &&&& \\ && \dfrac{1}{GJ_z} &&& \\ &&& 0 && \\ &&&& 0 & \\ &&&&& \dfrac{1}{EA}\end{bmatrix}$$

为了得到弹簧的总柔度，需要知道从初始梁单元到参考坐标系的刚体变换：

$$\boldsymbol{c}_d=\boldsymbol{H}\boldsymbol{c}\boldsymbol{H}^{\mathrm{T}} \tag{9.42}$$

建立螺旋弹簧的坐标系，如图 9.12 所示，参考坐标系的 z 轴在螺旋弹簧的中心轴，那么刚体变换可以表达为

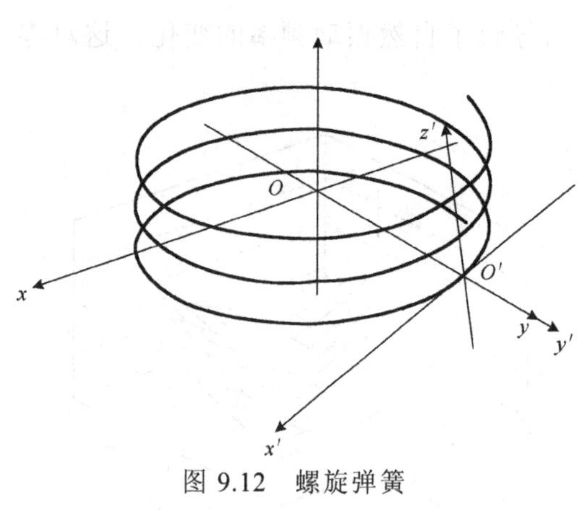

图 9.12　螺旋弹簧

$$\boldsymbol{H}=\boldsymbol{H}_o=\begin{bmatrix}\boldsymbol{R}_o & \boldsymbol{0}\\ \boldsymbol{T}_o\boldsymbol{R}_o & \boldsymbol{R}_o\end{bmatrix} \tag{9.43}$$

式中，$\boldsymbol{R}_o=\begin{bmatrix}\cos\alpha & 0 & \sin\alpha\\ 0 & 1 & 0\\ -\sin\alpha & 0 & \cos\alpha\end{bmatrix}$；$\boldsymbol{T}_o=\begin{bmatrix}0 & 0 & r\\ 0 & 0 & 0\\ -r & 0 & 0\end{bmatrix}$；$\alpha$ 是螺旋弹簧的升角[57]。

从当前位置沿螺旋弹簧的曲线到初始位置的刚体变换可以写为

$$\bar{\boldsymbol{H}}=\begin{bmatrix}\boldsymbol{R}_c & \boldsymbol{0}\\ \boldsymbol{T}_c\boldsymbol{R}_c & \boldsymbol{R}_c\end{bmatrix} \tag{9.44}$$

式中，$\boldsymbol{R}_c=\begin{bmatrix}\cos\theta & -\sin\theta & 0\\ \sin\theta & \cos\theta & 0\\ 0 & 0 & 1\end{bmatrix}$；$\boldsymbol{T}_c=\begin{bmatrix}0 & -\dfrac{p\theta}{2\pi} & 0\\ \dfrac{p\theta}{2\pi} & 0 & 0\\ 0 & 0 & 0\end{bmatrix}$，$p$ 是螺旋弹簧的截距，θ 是从初始位置到当前位置的转角。

螺旋弹簧曲线的弧长微分可以表示为

$$\mathrm{d}\mu=\sqrt{r^2+\left(\frac{p}{2\pi}\right)^2}\,\mathrm{d}\theta=\lambda\cdot\mathrm{d}\theta \tag{9.45}$$

因此螺旋弹簧的总柔度可以通过下面的积分得到：

$$C = \int_0^{\Phi} \bar{H} c_d \bar{H}^{\mathrm{T}} \lambda \cdot \mathrm{d}\theta \tag{9.46}$$

式中，Φ 是对应于角度变化的螺旋弹簧长度。

9.5.2 螺旋弹簧的柔性行为分析

对于一个均匀的圆柱形螺旋弹簧，给定曲线横截面半径为 $r_s = 0.005\mathrm{m}$，旋量的转动半径为 $r = 0.05\mathrm{m}$，螺旋弹簧的长度为 $\Phi = 50 \times 2\pi$。材料是钢，弹性模量为 $E = 2.1 \times 10^{11}\,\mathrm{Pa}$，泊松比为 $\upsilon_s = 0.3$，密度为 $\rho = 7.8 \times 10^3\ \mathrm{kg/m^3}$。

图 9.13 给出了用式(9.46)得到的螺旋弹簧刚度对比。

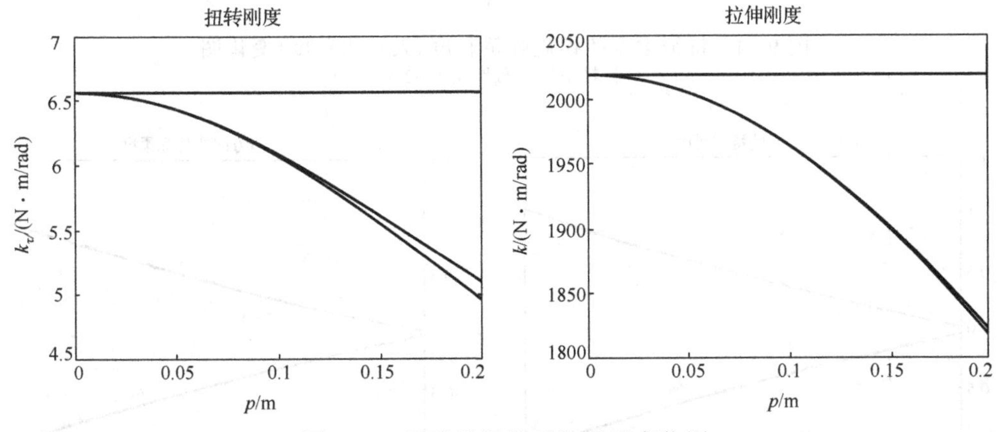

图 9.13　刚度随螺旋弹簧截距变化图

在两种情况下，水平线给出了经典结果，下面的曲线是本书提出的理论给出的结果，上面的曲线是参考文献[57]给出的二次近似结果。

图 9.14 和图 9.15 分别给出了特征柔度随螺旋弹簧长度和螺旋弹簧截距的变化图。

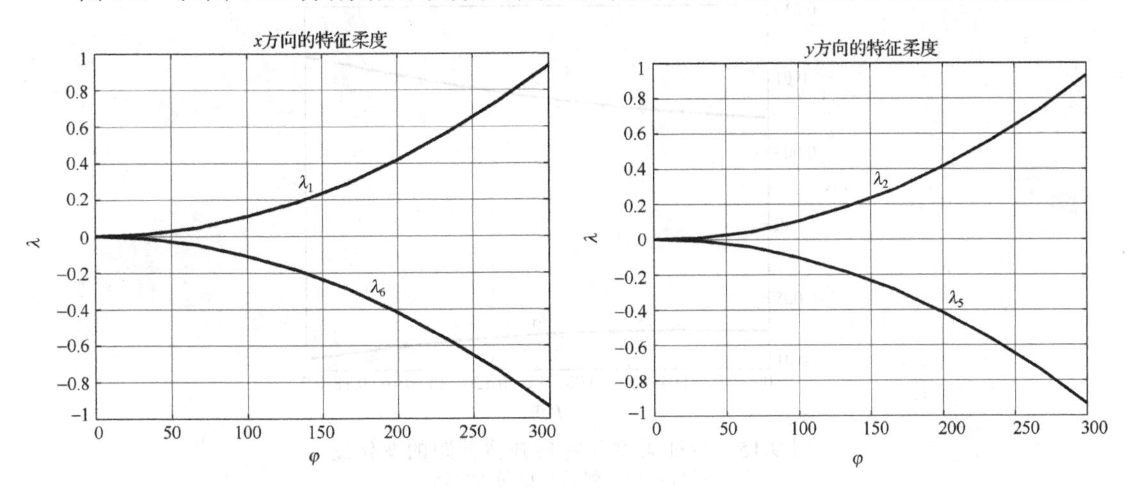

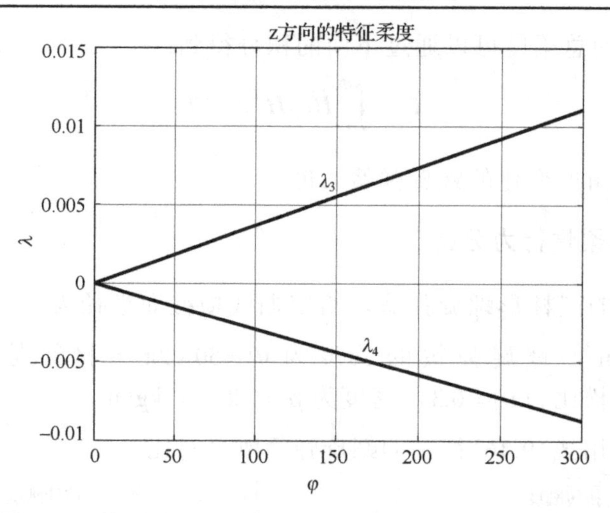

图 9.14　特征柔度随螺旋弹簧长度(表示为角度)变化图

材料是钢，截距是 0.02m

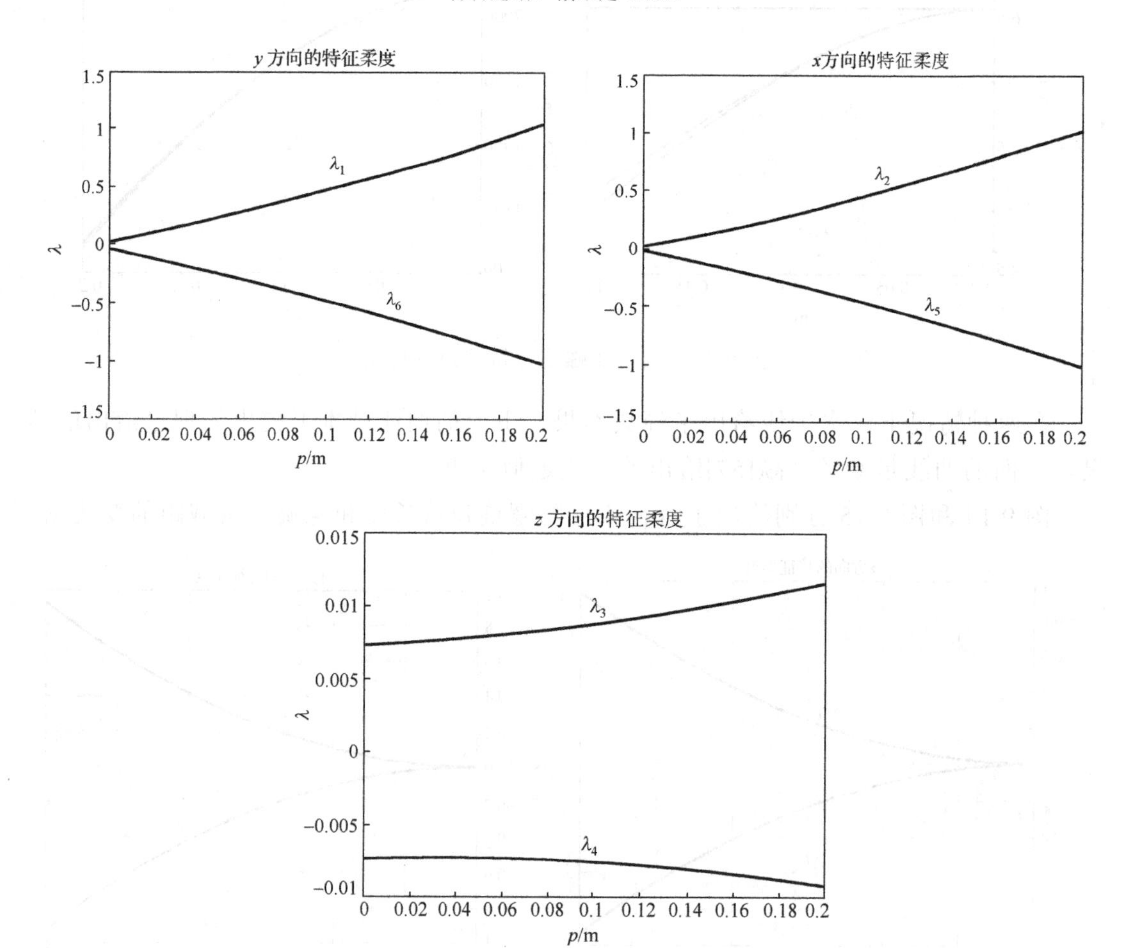

图 9.15　特征柔度随螺旋弹簧截距的变化图

材料是钢，弹簧长度是 50×2π

螺旋弹簧的柔度矩阵用李群和李代数进行了拓展研究，可以无须进行通常的紧凑螺旋弹簧假设而完成计算。该方法可以拓展到其他不同弯曲形状的曲梁，甚至变截面的梁。

9.6　串联弹性机器人机构的动力学分析

9.6.1　基于能量法的动力学建模

通常弹性系统的势能由系统应力做功给出，可以表示为

$$E_p = \frac{1}{2}\int_0^l \boldsymbol{W}^{\mathrm{T}}\boldsymbol{\xi}'\mathrm{d}\mu \tag{9.47}$$

利用广义胡克定律，式(9.47)可以写为

$$E_p = \frac{1}{2}\int_0^l \boldsymbol{\xi}'^{\mathrm{T}}\boldsymbol{k}\boldsymbol{\xi}'\mathrm{d}\mu \tag{9.48}$$

式中，$\boldsymbol{k}$ 可以认为是刚度密度：

$$\boldsymbol{k} = \begin{pmatrix} EI_x & & & & & \\ & EI_y & & & & \\ & & GJ_z & & & \\ & & & 0 & & \\ & & & & 0 & \\ & & & & & EA \end{pmatrix}$$

将 $\boldsymbol{\xi}' = \dfrac{\partial \boldsymbol{\xi}}{\partial \mu}$ 代入式(9.48)中，上面通过旋量理论表达的势能可以分解为 4 项，写成如下的经典形式[58]：

$$E_p = \frac{1}{2}\int_0^l EI_y\left(\frac{\partial^2 \upsilon_x(\mu)}{\partial \mu^2}\right)^2 \mathrm{d}\mu + \frac{1}{2}\int_0^l EI_x\left(\frac{\partial^2 \upsilon_y(\mu)}{\partial \mu^2}\right)^2 \mathrm{d}\mu + \frac{1}{2}\int_0^l EA\left(\frac{\partial \upsilon_z(\mu)}{\partial \mu}\right)^2 \mathrm{d}\mu + \frac{1}{2}\int_0^l GJ_z\left(\frac{\partial \varphi_z(\mu)}{\partial \mu}\right)^2 \mathrm{d}\mu \tag{9.49}$$

因此可以看出，势能公式(9.49)中的前两项是由弯曲引起的，第三项和第四项分别是由拉伸和扭转产生的。

梁的动能可以通过将动能密度沿梁积分得到：

$$E_k = \frac{1}{2}\int_0^l \dot{\boldsymbol{\xi}}^{\mathrm{T}}\boldsymbol{N}\dot{\boldsymbol{\xi}}\mathrm{d}\mu \tag{9.50}$$

式中，$\dot{\boldsymbol{\xi}} = \dfrac{\mathrm{d}\boldsymbol{\xi}}{\mathrm{d}t}$；$\boldsymbol{N}$ 表示惯性密度。一般情况下，一个刚体的 6×6 惯性矩阵可以表示为

分块形式如下：

$$\begin{pmatrix} \boldsymbol{I}_n & m\boldsymbol{C}_{ob} \\ m\boldsymbol{C}_{ob}^{\mathrm{T}} & m\boldsymbol{I}_{3\times 3} \end{pmatrix}$$

式中，$\boldsymbol{I}_n$是 3×3 惯性矩阵；$\boldsymbol{C}_{ob}$表示物体质心位置的 3×3 反对称矩阵；m 是物体的质量。

这里的研究对象是一个“薄”的单元——厚度为 $\mathrm{d}\mu$ 的薄板。假设梁是均质的，密度为 ρ，可以根据刚度和柔度矩阵中的面积分写出组成惯性矩阵的积分[59]。

拉格朗日函数是动能和势能的插值，$L_a = E_k - E_p$，因此可以由沿梁的积分得到

$$L_a = \frac{1}{2}\int_0^l (\dot{\boldsymbol{\xi}}^{\mathrm{T}}\boldsymbol{N}\dot{\boldsymbol{\xi}} - \boldsymbol{\xi}'^{\mathrm{T}}\boldsymbol{k}\boldsymbol{\xi}')\mathrm{d}\mu \tag{9.51}$$

因此，取极小值的作用量积分是一个关于长度变量 μ 和时间 τ 的二重积分：

$$l = \frac{1}{2}\int_0^t\int_0^l (\dot{\boldsymbol{\xi}}^{\mathrm{T}}\boldsymbol{N}\dot{\boldsymbol{\xi}} - \boldsymbol{\xi}'^{\mathrm{T}}\boldsymbol{k}\boldsymbol{\xi}')\mathrm{d}\mu\mathrm{d}\tau \tag{9.52}$$

式(9.52)中的被积分项可以写为拉格朗日密度：

$$L_l = \frac{1}{2}(\dot{\boldsymbol{\xi}}^{\mathrm{T}}\boldsymbol{N}\dot{\boldsymbol{\xi}} - \boldsymbol{\xi}'^{\mathrm{T}}\boldsymbol{k}\boldsymbol{\xi}') \tag{9.53}$$

通过对拉格朗日密度应用变分方法可以推导运动方程。

将式(9.53)代入拉格朗日公式$\dfrac{\mathrm{d}}{\mathrm{d}t}\left(\dfrac{\partial L_l}{\partial \dot{\lambda}_j}\right) - \dfrac{\partial L_l}{\partial \dot{\lambda}_j} = Q_j$中，将变形旋量表示为模态坐标得$\boldsymbol{\xi} = \boldsymbol{f}(x_i)\boldsymbol{q}_i(t)$，可以得到如下形式的动力学方程：

$$\boldsymbol{M}\ddot{\boldsymbol{\lambda}} + \boldsymbol{B}\left[\dot{\lambda}_i, \dot{\lambda}_j\right] + \boldsymbol{K}\boldsymbol{\lambda} = \boldsymbol{Q} \tag{9.54}$$

式中，$\boldsymbol{M}$ 是系统的惯性矩阵；$\boldsymbol{B}$ 是系统的广义速度耦合项；$\boldsymbol{K}$ 是系统的广义刚度矩阵；λ_j 是系统的广义坐标，$j = 1, 2, \cdots, 2n+2$，n是模态 $\boldsymbol{q}$ 的阶数，广义坐标选为

$$\boldsymbol{\lambda} = [\theta_1 \quad q_{11} \quad \cdots \quad q_{1n} \quad \theta_2 \quad q_{21} \quad \cdots \quad q_{2n}]^{\mathrm{T}}$$

广义力矩阵为

$$\boldsymbol{Q} = [\tau_1 \quad W_{11} \quad \ldots \quad W_{1n} \quad \tau_2 \quad W_{21} \quad \ldots \quad W_{2n}]^{\mathrm{T}}$$

式中，τ_i是关节力矩；$\boldsymbol{W}_i = \boldsymbol{f}(x_i)^{\mathrm{T}}\boldsymbol{F}$ 是广义外力。

9.6.2　算例

下面应用空间柔性梁理论研究一个由空间柔性杆件和垂直关节构成的机械臂，如图 9.16 所示。

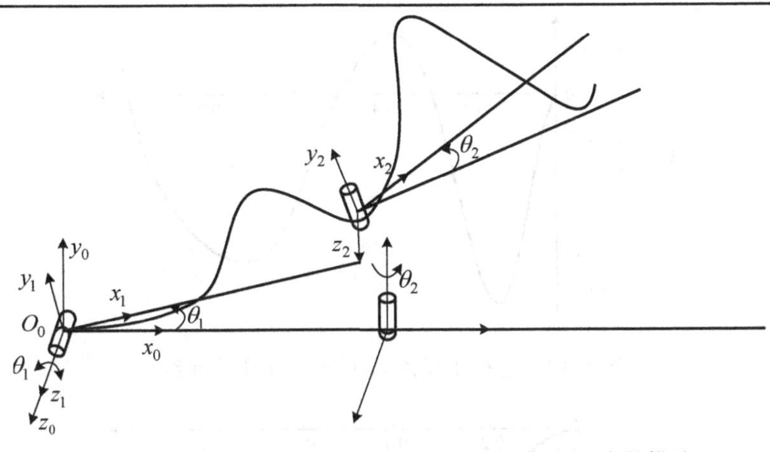

图 9.16　由两空间柔性杆件组成的机械臂的运动学描述

给定杆件材料为钢，密度为 $\rho = 7801\text{kg}/\text{m}^3$，弹性模量为 $E = 207\text{MPa}$，泊松比为 $\upsilon_s = 0.29$，杆件长度为 $l_1 = l_2 = 2\text{m}$，横截面半径为 $r_1 = r_2 = 0.001\text{m}$，关节驱动力矩为 $\tau_1 = \tau_2 = 0.02\text{N}\cdot\text{m}$。认为杆件是等截面悬臂梁，形函数可以选为从一组单项式中提取的容许函数：

$$\boldsymbol{f}(\mu) = \begin{bmatrix} -\dfrac{\partial \boldsymbol{\Phi}_y^{\mathrm{T}}}{\partial z} & \dfrac{\partial \boldsymbol{\Phi}_x^{\mathrm{T}}}{\partial z} & \boldsymbol{\Phi}_z^{\mathrm{T}} & \boldsymbol{\Phi}_x^{\mathrm{T}} & \boldsymbol{\Phi}_y^{\mathrm{T}} & \boldsymbol{\Phi}_z^{\mathrm{T}} \end{bmatrix}_{6\times n}^{\mathrm{T}} \tag{9.55}$$

$$\boldsymbol{\Phi}_x(\mu) = \begin{bmatrix} \dfrac{\mu^2}{l^2} & \dfrac{\mu^3}{l^3} & \cdots & \dfrac{\mu^{n+1}}{l^{n+1}} \end{bmatrix}_{1\times n}$$

$$\boldsymbol{\Phi}_y(\mu) = \begin{bmatrix} \dfrac{\mu^2}{l^2} & \dfrac{\mu^3}{l^3} & \cdots & \dfrac{\mu^{n+1}}{l^{n+1}} \end{bmatrix}_{1\times n}$$

$$\boldsymbol{\Phi}_z(\mu) = \begin{bmatrix} \dfrac{\mu}{l} & \dfrac{\mu^2}{l^2} & \cdots & \dfrac{\mu^n}{l^n} \end{bmatrix}_{1\times n}$$

动力学计算结果取前三阶模态，系统的广义坐标 $\boldsymbol{\lambda} = [\theta_1 \ q_{11} \ q_{12} \ q_{13} \ \theta_2 \ q_{21} \ q_{22} \ q_{23}]^{\mathrm{T}}$ 的仿真结果如图 9.17～图 9.24 所示，机械臂末端在全局参考系中的轨迹在图 9.25 中给出。

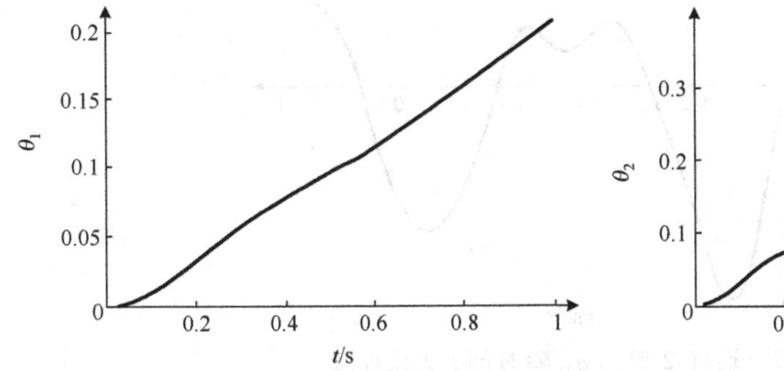

图 9.17　第一个关节角 θ_1 随时间 t 变化曲线

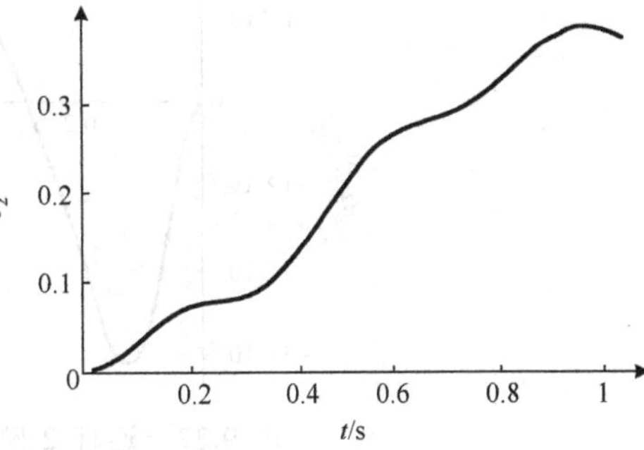

图 9.18　第二个关节角 θ_2 随时间 t 变化曲线

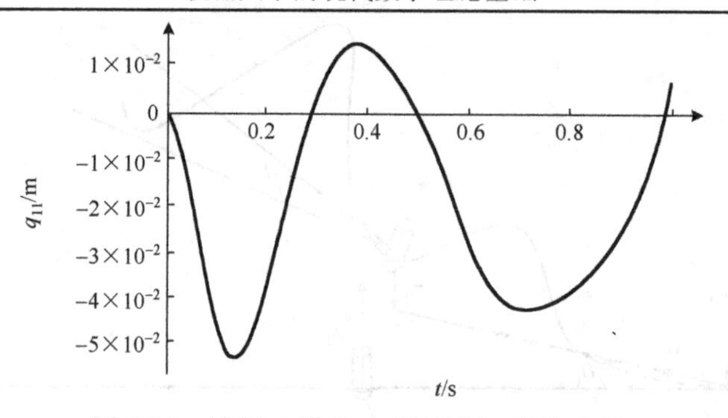

图 9.19　连杆 1 模态 q_{11} 随时间 t 变化曲线

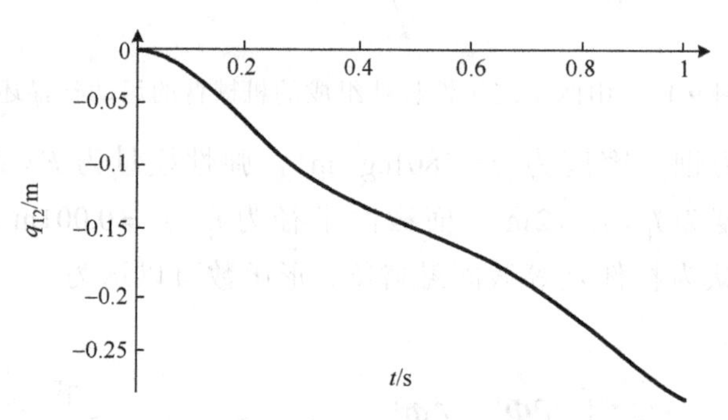

图 9.20　连杆 1 模态 q_{12} 随时间 t 变化曲线

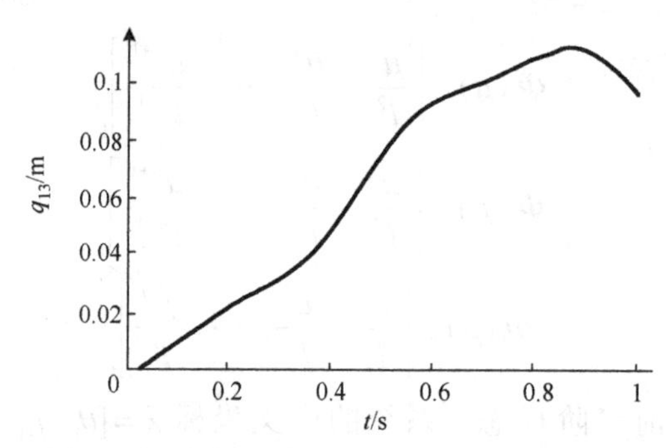

图 9.21　连杆 1 模态 q_{13} 随时间 t 变化曲线

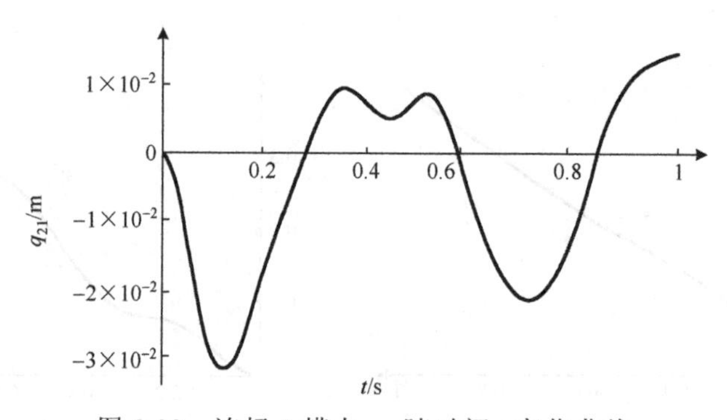

图 9.22　连杆 2 模态 q_{21} 随时间 t 变化曲线

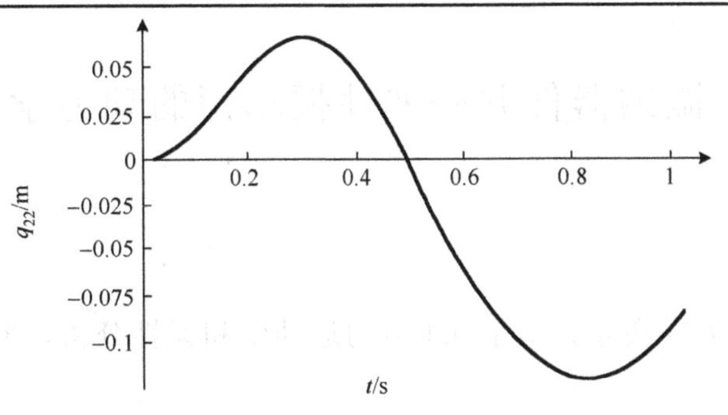

图 9.23 连杆 2 模态 q_{22} 随时间 t 变化曲线

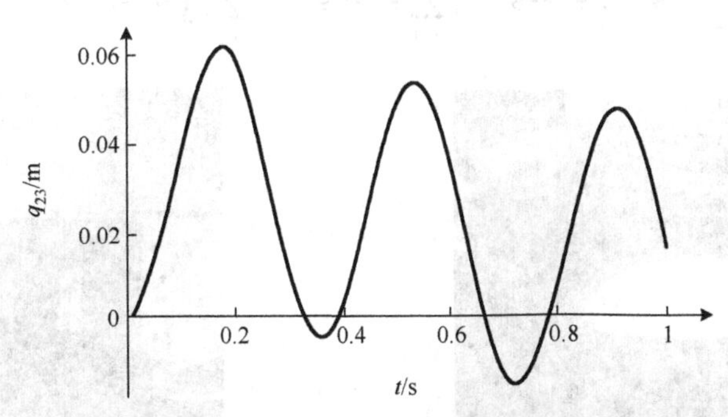

图 9.24 连杆 2 模态 q_{23} 随时间 t 变化曲线

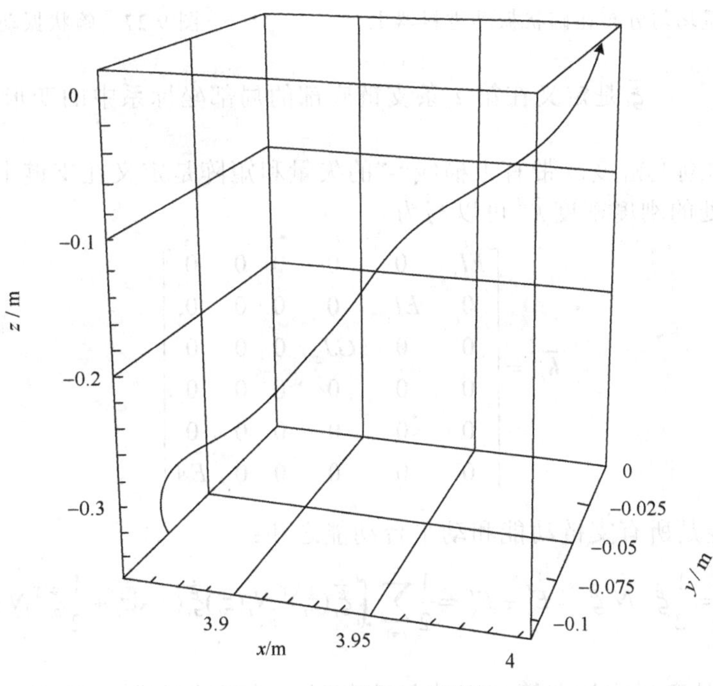

图 9.25 机械臂末端轨迹

从上面的仿真可以发现，机械臂末端运动是关节运动和杆件变形的耦合作用。空间柔性梁理论便于处理刚柔耦合的机器人系统的动力学建模与分析问题。

9.7 微纳器件并联弹性振动筛的动力学分析

9.7.1 系统能量

如图 9.26 和图 9.27 所示，基于 9.4 节的运动学和柔性分析，系统的势能可以写成下面的形式[60]：

$$E_p = \frac{1}{2}\boldsymbol{w}^{\mathrm{T}}\boldsymbol{\xi} = \frac{1}{2}\boldsymbol{\xi}^{\mathrm{T}}\boldsymbol{K}\boldsymbol{\xi} = \frac{1}{2}\sum_{i=1}^{3}\boldsymbol{\xi}_i^{\mathrm{T}}\boldsymbol{K}_i\boldsymbol{\xi}_i = \frac{1}{2}\sum_{i=1}^{3}\int_0^l \bar{\boldsymbol{\xi}}_i'(z_i)^{\mathrm{T}}\bar{\boldsymbol{k}}_i^d\bar{\boldsymbol{\xi}}_i'(z_i)\mathrm{d}z_i \tag{9.56}$$

图 9.26 零件质量均匀分布在碗状振动进料器上

图 9.27 碗状振动进料器

式中，$\bar{\boldsymbol{\xi}}_i'(z_i) = \dfrac{\partial \bar{\boldsymbol{\xi}}_i}{\partial z_i}$，$\bar{\boldsymbol{\xi}}_i$ 是定义在第 i 条支链底部的局部坐标系中的变形旋量；$\bar{\boldsymbol{k}}_i^d$ 是第 i 条支链对应的刚度密度。带有上横线“-”的矢量和矩阵是定义在支链上的单元。一个支链在位置 z_i 处的刚度密度 $\bar{\boldsymbol{k}}_i^d$ 可以写为

$$\bar{\boldsymbol{k}}_i^d = \begin{bmatrix} EI_x & 0 & 0 & 0 & 0 & 0 \\ 0 & EI_y & 0 & 0 & 0 & 0 \\ 0 & 0 & GJ_z & 0 & 0 & 0 \\ 0 & 0 & 0 & 0 & 0 & 0 \\ 0 & 0 & 0 & 0 & 0 & 0 \\ 0 & 0 & 0 & 0 & 0 & EA \end{bmatrix} \tag{9.57}$$

系统总动能是所有支链动能和动平台动能之和：

$$E_k = \frac{1}{2}\dot{\boldsymbol{\xi}}^{\mathrm{T}}\boldsymbol{N}\dot{\boldsymbol{\xi}} = E_k^l + E_k^p = \frac{1}{2}\sum_{i=1}^{3}\int_0^l \dot{\bar{\boldsymbol{\xi}}}_i(z_i)^{\mathrm{T}}\bar{\boldsymbol{N}}_i(z_i)\dot{\bar{\boldsymbol{\xi}}}_i(z_i)\mathrm{d}z_i + \frac{1}{2}\dot{\boldsymbol{\xi}}^{\mathrm{T}}\boldsymbol{N}_p\dot{\boldsymbol{\xi}} \tag{9.58}$$

式中，$\dot{\bar{\boldsymbol{\xi}}}_i = \dfrac{\mathrm{d}\bar{\boldsymbol{\xi}}_i}{\mathrm{d}t}$ 是变形旋量在第 i 条支链底部坐标系中的导数；$\boldsymbol{N}_p$ 是动平台在其中心坐标系中的惯性矩阵；$\bar{\boldsymbol{N}}_i(z_i)$ 是第 i 条支链在各自底部坐标系中的惯性密度矩阵，可以写为

$$\bar{N}_i(z_i)=\begin{bmatrix} I_n(z_i) & \Gamma(z_i) \\ \Gamma^{\mathrm{T}}(z_i) & M_e(z_i) \end{bmatrix} \tag{9.59}$$

式中，支链无穷小段的质量矩阵为

$$M_e(z_i)=\begin{bmatrix} m_e & 0 & 0 \\ 0 & m_e & 0 \\ 0 & 0 & m_e \end{bmatrix},\quad \Gamma(z_i)=\begin{bmatrix} 0 & -S_z & S_y \\ S_z & 0 & -S_x \\ -S_y & S_x & 0 \end{bmatrix},\quad I_n(z_i)=\begin{bmatrix} I_{xx} & -I_{xy} & -I_{zx} \\ -I_{xy} & I_{yy} & -I_{yz} \\ -I_{zx} & -I_{yz} & I_{zz} \end{bmatrix}$$

在第 i 条支链 z_i 处的坐标系中，惯性密度矩阵为 $N_i(z_i)$。因此，在第 i 条支链 z_i 处的局部坐标系中的惯性密度矩阵可以写为

$$N_i(z_i)=\begin{bmatrix} \frac{\rho ab^3}{12} & & & & & \\ & \frac{\rho ba^3}{12} & & & & \\ & & \frac{\rho ab(a^2+b^2)}{12} & & & \\ & & & \rho ba & & \\ & & & & \rho ba & \\ & & & & & \rho ba \end{bmatrix} \tag{9.60}$$

根据式(9.60)用如下的刚体变换可以得到 $\bar{N}_i(z_i)$：

$$\bar{N}(z_i)=H_e^{-\mathrm{T}}N_i(z)H_e^{-1} \tag{9.61}$$

式中，$H_e \in \mathrm{SE}(3)$ 是一个 6×6 刚体变换矩阵，$H_e=\begin{bmatrix} I & 0 \\ T_e & I \end{bmatrix}$，$T_e=\begin{bmatrix} 0 & -z_i & 0 \\ z_i & 0 & 0 \\ 0 & 0 & 0 \end{bmatrix}$。

将支链底部坐标系变换到支链顶端(动平台的焊接点)，那么第 i 条支链的变形旋量有如下关系：

$$\xi_i=\bar{H}\bar{\xi}_i \tag{9.62}$$

式中，刚体变换为平移，$\bar{H}=\begin{bmatrix} I & 0 \\ \bar{T} & I \end{bmatrix}$，$\bar{T}=\begin{bmatrix} 0 & l & 0 \\ -l & 0 & 0 \\ 0 & 0 & 0 \end{bmatrix}$。

由于 J_i 是可逆的，将式(9.62)对时间求导得到动平台的变形速度为

$$\dot{\xi}=J_i^{-\mathrm{T}}\dot{\xi}_i+\dot{J}_i^{-\mathrm{T}}\xi_i \tag{9.63}$$

从式(9.30)中的一般形式 $J=f(\theta,\varphi)$ 可知 $\dot{J}=\dfrac{\mathrm{d}f(\theta,\varphi)}{\mathrm{d}t}=0$，$\theta$ 和 φ 是设计参数。因此，从上面的公式可以得到

$$\dot{\xi}=J_i^{-\mathrm{T}}\dot{\xi}_i \tag{9.64}$$

因此，式(9.58)中表示的动平台动能可以写为

$$E_k^p = \frac{1}{2}\dot{\boldsymbol{\xi}}^{\mathrm{T}}\boldsymbol{N}_p\dot{\boldsymbol{\xi}} = \frac{1}{2}(\boldsymbol{J}_i^{-\mathrm{T}}\dot{\boldsymbol{\xi}}_i)^{\mathrm{T}}\boldsymbol{N}_p(\boldsymbol{J}_i^{-\mathrm{T}}\dot{\boldsymbol{\xi}}_i) = \frac{1}{2}\dot{\boldsymbol{\xi}}_i^{\mathrm{T}}\boldsymbol{J}_i^{-1}\boldsymbol{N}_p\boldsymbol{J}_i^{-\mathrm{T}}\dot{\boldsymbol{\xi}}_i = \frac{1}{2}\dot{\bar{\boldsymbol{\xi}}}_i^{\mathrm{T}}\bar{\boldsymbol{N}}_p\dot{\bar{\boldsymbol{\xi}}}_i \tag{9.65}$$

式中，$\bar{\boldsymbol{N}}_p = \bar{\boldsymbol{H}}^{\mathrm{T}}\boldsymbol{J}_i^{-1}\boldsymbol{N}_p\boldsymbol{J}_i^{-\mathrm{T}}\bar{\boldsymbol{H}}$ 是动平台在支链底部坐标系中表示的惯性矩阵。

9.7.2 形函数和特征方程分析

用形函数近似支链的变形，第 i 条支链的变形旋量可以写为

$$\bar{\boldsymbol{\xi}}_i(z) = \boldsymbol{\psi}_i(z)\boldsymbol{q}(t) \tag{9.66}$$

根据式(9.55)，第 i 个形函数矩阵 $\boldsymbol{\psi}_i(z)$ 可以写为

$$\boldsymbol{\psi}_i(z) = \begin{bmatrix} -\dfrac{\partial \boldsymbol{\Phi}_y^{\mathrm{T}}}{\partial z} & \dfrac{\partial \boldsymbol{\Phi}_x^{\mathrm{T}}}{\partial z} & \boldsymbol{\Phi}_z^{\mathrm{T}} & \boldsymbol{\Phi}_x^{\mathrm{T}} & \boldsymbol{\Phi}_y^{\mathrm{T}} & \boldsymbol{\Phi}_z^{\mathrm{T}} \end{bmatrix}^{\mathrm{T}} \tag{9.67}$$

将变形旋量对位置参数求导有 $\dfrac{\partial \bar{\boldsymbol{\xi}}_i}{\partial z_i} = \boldsymbol{\psi}_i'(z_i)\,\boldsymbol{q}(t)$，因此系统势能可以通过形函数的积分得到

$$\begin{aligned} E_p &= \frac{1}{2}\sum_{i=1}^{3}\int_0^l \boldsymbol{q}^{\mathrm{T}}(t)\boldsymbol{\psi}_i'(z_i)^{\mathrm{T}}\boldsymbol{k}_i^d\boldsymbol{\psi}_i'(z_i)\boldsymbol{q}(t)\mathrm{d}z_i \\ &= \frac{1}{2}\sum_{i=1}^{3}\boldsymbol{q}^{\mathrm{T}}(t)\int_0^l \boldsymbol{\psi}_i'(z_i)^{\mathrm{T}}\boldsymbol{k}_i^d\boldsymbol{\psi}_i'(z_i)\mathrm{d}z_i\boldsymbol{q}(t) = \frac{1}{2}\sum_{i=1}^{3}\boldsymbol{q}^{\mathrm{T}}(t)\hat{\boldsymbol{K}}_i\boldsymbol{q}(t) \end{aligned} \tag{9.68}$$

式中，$\hat{\boldsymbol{K}}_i = \int_0^l \boldsymbol{\psi}_i'(z_i)^{\mathrm{T}}\boldsymbol{k}_i^d\boldsymbol{\psi}_i'(z_i)\mathrm{d}z_i$ 是在第 i 条支链底部坐标系中用形函数积分表示的广义刚度。

将变形旋量对时间求导有 $\dot{\bar{\boldsymbol{\xi}}}_i = \dfrac{\mathrm{d}\bar{\boldsymbol{\xi}}_i}{\mathrm{d}t} = \boldsymbol{\psi}(z_i)\dot{\boldsymbol{q}}(t)$。因此考虑支链质量的系统总动能可以写为

$$\begin{aligned} E_k &= \frac{1}{2}\sum_{i=1}^{3}\int_0^l \dot{\bar{\boldsymbol{\xi}}}_i(z_i)^{\mathrm{T}}\bar{\boldsymbol{N}}_i(z_i)\dot{\bar{\boldsymbol{\xi}}}_i(z_i)\mathrm{d}z_i + \frac{1}{2}\dot{\bar{\boldsymbol{\xi}}}_i^{\mathrm{T}}\bar{\boldsymbol{N}}_p\dot{\bar{\boldsymbol{\xi}}}_i \\ &= \frac{1}{2}\sum_{i=1}^{3}\dot{\boldsymbol{q}}^{\mathrm{T}}\int_0^l \boldsymbol{\psi}_i^{\mathrm{T}}(z_i)\bar{\boldsymbol{N}}_i(z_i)\boldsymbol{\psi}_i(z_i)\mathrm{d}z_i\dot{\boldsymbol{q}} + \frac{1}{2}\dot{\boldsymbol{q}}^{\mathrm{T}}\boldsymbol{\psi}_i^{\mathrm{T}}(l)\bar{\boldsymbol{N}}_p\boldsymbol{\psi}_i(l)\dot{\boldsymbol{q}} \\ &= \frac{1}{2}\sum_{i=1}^{3}\dot{\boldsymbol{q}}^{\mathrm{T}}\hat{\boldsymbol{N}}_i\dot{\boldsymbol{q}} + \frac{1}{2}\dot{\boldsymbol{q}}^{\mathrm{T}}\hat{\boldsymbol{N}}_p\dot{\boldsymbol{q}} \end{aligned} \tag{9.69}$$

式中，$\hat{\boldsymbol{N}}_i = \int_0^l \boldsymbol{\psi}_i^{\mathrm{T}}(z_i)\bar{\boldsymbol{N}}_i(z_i)\boldsymbol{\psi}_i(z_i)\mathrm{d}z_i$ 是用形函数积分表示的支链的广义惯性矩阵；$\hat{\boldsymbol{N}}_p = \boldsymbol{\psi}_i^{\mathrm{T}}(l)\bar{\boldsymbol{N}}_p\boldsymbol{\psi}_i(l)$ 是用形函数积分表示的动平台的广义惯性矩阵，其中 $\boldsymbol{\psi}_i(l) = \boldsymbol{\psi}_i(z_i)\big|_{z_i=l}$。

自由振动和简谐运动假设给出如下的运动方程：

$$\boldsymbol{K}_r\boldsymbol{q} - \omega^2\boldsymbol{N}_r\ddot{\boldsymbol{q}} = \boldsymbol{0} \tag{9.70}$$

式中，支链刚度为 $\boldsymbol{K}_r = \sum_{i=1}^{3} \hat{\boldsymbol{K}}_i$，包含动平台和各支链惯性的系统惯性矩阵为 $\boldsymbol{N}_r = \sum_{i=1}^{3} \hat{\boldsymbol{N}}_i + \hat{\boldsymbol{N}}_p$。

根据式(9.70)，考虑支链连续质量的系统特征方程可以给出如下：

$$\det(\boldsymbol{K}_r - \omega^2 \boldsymbol{N}_r) = 0 \tag{9.71}$$

9.7.3 系统阻尼和完整系统特征方程

碗状振动进料器的阻尼由材料和橡胶足产生。对比黏滞阻尼，板簧支链和橡胶足的阻尼可以认为是

$$d_{jk} = \frac{h_{jk}}{\omega_j} \tag{9.72}$$

式中，h_{jk} 是由试验得到的弹簧支链和橡胶足的黏滞阻尼常数，$j,k = 1,2,\cdots,6$。

因此，一个等效黏滞阻尼因数矩阵可以写成如下形式：

$$\boldsymbol{D} = [d_{jk}]_{6\times6} = [h_{jk} / \omega_k]_{6\times6}$$

基于等价阻尼模型，可以给出耗散能量为

$$R = R_{\text{leafspring}} + R_{\text{rubber}} = \frac{1}{2}\sum_{i=1}^{3}\int_0^l \dot{\boldsymbol{\zeta}}_i^{\mathrm{T}} \boldsymbol{D} \dot{\boldsymbol{\zeta}}_i \mathrm{d}z \tag{9.73}$$

式中，$\boldsymbol{D}$ 是阻尼因数矩阵。

基于各向同性柔性假设，并引入变形旋量的形函数，上面的耗散能量可以写为

$$\begin{aligned} R &= \frac{1}{2}\times 3\int_0^l \dot{\boldsymbol{\zeta}}_i^{\mathrm{T}} \boldsymbol{D} \dot{\boldsymbol{\zeta}}_i \mathrm{d}z = \frac{3}{2}\boldsymbol{B}\boldsymbol{\Omega}^{-1}\int_0^l \dot{\bar{\boldsymbol{\zeta}}}_i^{\mathrm{T}} \bar{\boldsymbol{k}}_i^d \dot{\bar{\boldsymbol{\zeta}}}_i \mathrm{d}z \\ &= \frac{1}{2}\dot{\boldsymbol{q}}^{\mathrm{T}} \boldsymbol{D}_r \dot{\boldsymbol{q}} \end{aligned} \tag{9.74}$$

式中，$\boldsymbol{D}_r = 3\boldsymbol{B}\boldsymbol{\Omega}^{-1}\int_0^l \psi_i^{\mathrm{T}}(z_i)\boldsymbol{k}_i^d \psi_i(z_i)\mathrm{d}z$，是广义阻尼矩阵，阻尼因数矩阵为 $\boldsymbol{B} = [\beta_{ij}]$，频率矩阵为 $\boldsymbol{\Omega}=\mathrm{diag}(\omega_1, \omega_2,\cdots, \omega_n)$。

三个均匀分布的电磁激励器关于振动轴产生一个力偶，写成轴线坐标表示下的力旋量为[61]

$$\boldsymbol{w} = \begin{bmatrix} m_x \\ m_y \\ m_z \\ f_x \\ f_y \\ f_z \end{bmatrix} = \begin{bmatrix} 0 \\ 0 \\ m_z \\ 0 \\ 0 \\ 0 \end{bmatrix} \sin(\bar{\omega}t) \tag{9.75}$$

用拉格朗日方程得到碗状振动进料器的完整动力学模型为广义坐标下的二阶常微分方程：

$$\boldsymbol{N}_r\ddot{\boldsymbol{q}}+\boldsymbol{D}_r\dot{\boldsymbol{q}}+\boldsymbol{K}_r\boldsymbol{q}=\boldsymbol{w}_r \tag{9.76}$$

式中，$\boldsymbol{w}_r=\boldsymbol{\psi}_i^{\mathrm{T}}\boldsymbol{w}$。

上面运动方程的解是在指数下降上衰减的正弦波，具有如下形式：

$$\boldsymbol{q}=\boldsymbol{C}_{oe}\mathrm{e}^{st} \tag{9.77}$$

该解给出了一个模态函数，式中，$\boldsymbol{C}_{oe}$是变形旋量$\boldsymbol{\zeta}_i$的变形幅值矩阵：

$$\boldsymbol{C}_{oe}=\begin{bmatrix}\boldsymbol{C}_{oe}^1\\ \boldsymbol{C}_{oe}^2\\ \vdots\\ \boldsymbol{C}_{oe}^n\end{bmatrix}$$

s是一个复数，可以由如下的表达式确定：

$$s=\eta+\mathrm{i}\omega \tag{9.78}$$

式中，s的实部η给出了系统的阻尼因数；虚部ω给出了系统的自然频率。

将式(9.77)代入从式(9.76)得到的自由振动方程中，令激振力为0得到

$$(\boldsymbol{N}_r s^2+\boldsymbol{D}_r s+\boldsymbol{K}_r)\boldsymbol{C}_{oe}\mathrm{e}^{st}=\boldsymbol{0} \tag{9.79}$$

对于一个非平凡解，令系数的行列式为0，得到整个系统的特征方程为

$$\det(\boldsymbol{N}_r s^2+\boldsymbol{D}_r s+\boldsymbol{K}_r)=0 \tag{9.80}$$

9.7.4 设计参数对振动频率的影响和模态分析

安装参数对系统动力学影响的仿真如图9.28和图9.29所示。

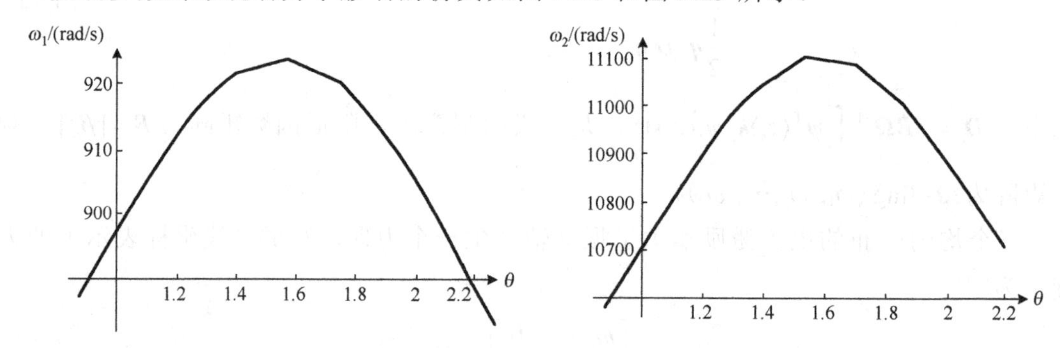

图9.28　前两阶自然频率随支链倾斜角θ的变化曲线

给定激振力为式(9.75)给出的一类正弦波，激振力的振幅为$m_z=1.0\mathrm{N}\cdot\mathrm{m}$，改变激振力频率产生的模态响应可以由式(9.76)计算得到。前两阶模态随激振力频率变化的响应如图9.30所示。

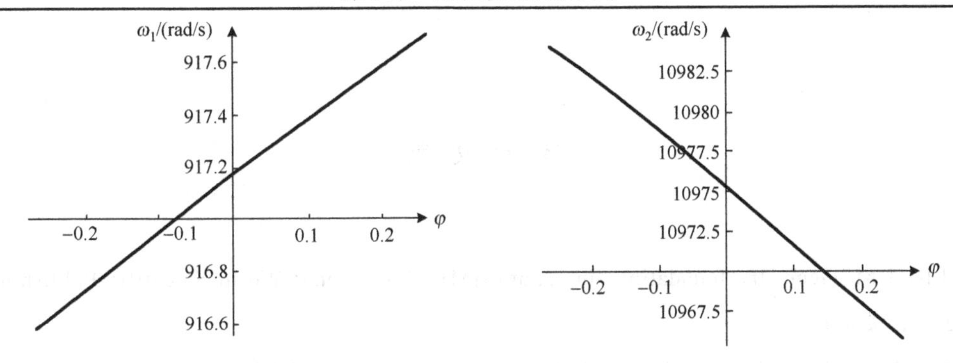

图 9.29 前两阶自然频率随扭转角 φ 的变化曲线

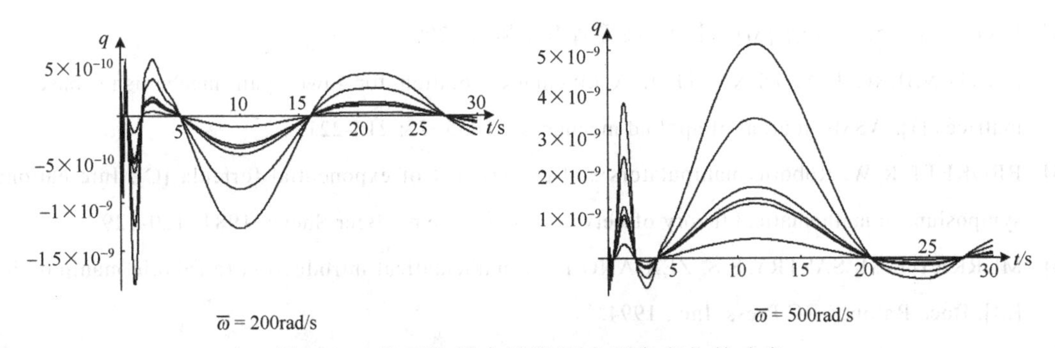

图 9.30 前两阶模态随激振力频率变化的响应
q 表示模态函数

固定激振力频率为 $\overline{\omega}=300\text{rad/s}$，改变激振力的幅值，得到的模态响应如图 9.31 所示。

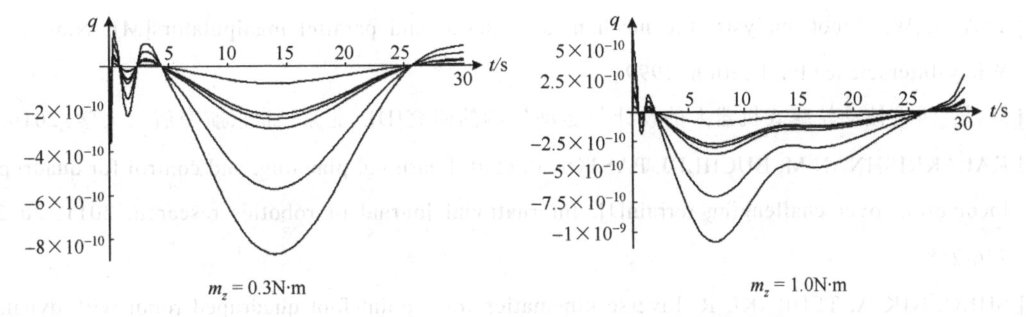

图 9.31 前两阶模态随激振力振幅 m_z 的变化曲线

碗状振动进料器的动力学研究给出了一种新的分析柔性并联机构的方法且给出了此类柔性设备设计的指导。为设计者提供了碗状振动进料器的合适共振频率，保证以正确的速率进给正确数量的零件。同时也为操作者提供了合适的安装参数来调试设备，给出了合适的共振频率和激振力振幅以得到需要的模态。

从上面的研究可以发现，李群理论不仅可以表达刚体运动，也是一种分析连续弹性系统的有效数学工具。本书中的内容只是李群理论在柔性多体机构或机器人方面进一步研究和应用的第一步。

参 考 文 献

[1] SELIG J M. Geometry foundations in robotics[M]. Hong Kong: World Scientific Publishing Co. Pte. Ltd., 2000.

[2] BOOTHBY W. An introduction to differentiable manifolds and Riemannian geometry[M]. New York: Academic Press, 1986.

[3] 陈维恒. 微分流形初步[M]. 北京: 高等教育出版社, 2001.

[4] HARTENBERG R S, DENAVIT J. A kinematic notation for lower pair mechanisms based on matrices [J]. ASME journal of applied mechanics, 1955, 77: 215-221.

[5] BROKETT R W. Robotic manipulators and the product of exponential formula [C]. International symposium in mathematical theory of networks and systems, Beer Sheva, 1984: 120-129.

[6] MURRAY R M, SASTRY S S, ZEXIANG L. A mathematical introduction to robotic manipulation [M]. Boca Raton: CRC Press, Inc., 1994.

[7] DAI J S, HUANG Z, LIPKIN H. Mobility of overconstrained parallel mechanisms [J]. Journal of mechanical design, 2006, 128(1): 220-229.

[8] 黄真, 孔令富, 方跃法. 并联机器人机构学理论及控制[M]. 北京: 机械工业出版社, 1997.

[9] 于靖军, 刘辛军, 丁希仑. 机器人机构学的数学基础[M]. 2 版. 北京: 机械工业出版社, 2016.

[10] TSAI L W. Robot analysis: the mechanics of serial and parallel manipulators[M]. New York: Wiley-Interscience Publication, 1999.

[11] 陈浩. 四足被动轮腿式机器人的设计与运动控制的研究[D]. 北京: 北京航空航天大学, 2016.

[12] KALAKRISHNAN M, BUCHLI J, PASTOR P, et al. Learning, planning, and control for quadruped locomotion over challenging terrain[J]. International journal of robotics research, 2011, 30(2): 236-258.

[13] SHKOLNIK A, TEDRAKE R. Inverse kinematics for a point-foot quadruped robot with dynamic redundancy resolution[C].IEEE International Conference on Robotics and Automation, Rome, 2007: 4331-4336.

[14] SALISBURY J K. Articulated hands[J]. International journal of robotics research, 1982, 1: 4-17.

[15] YOSHIKAWA T. Manipulability of robotic mechanisms[J]. International journal of robotics research, 1985, 4(2): 3-9.

[16] GOSSELIN C, ANGELES J. A global performance index for the kinematic optimization of robotic manipulators[J]. Journal of mechanical design, 1991, 113(3): 220-226.

[17] VINOGRADOV I B, KOBRINSKI A E, STEPANENKO Y E, et al. Details of kinematics of

manipulators with the method of volumes[J]. Mekhanika mashin, 1971, 1(5): 5-16.

[18] KUMAR A, WALDRON K J. The workspaces of a mechanical manipulator[J]. Journal of mechanical design, 1981, 103(3): 665-672.

[19] YANG D, LAI Z. On the dexterity of robotic manipulators——service angle[J]. Journal of mechanical design, 1985, 107(2): 262-270.

[20] ZHANG C, SONG S. Gaits and geometry of a walking chair for the disabled[J]. Journal of terramechanics, 1989, 26: 211-233.

[21] ZHANG C, SONG S. Stability analysis of wave - crab gaits of a quadruped[J]. Journal of robotic systems, 1990, 7(2): 243-276.

[22] SREENIVASAN S V, WILCOX B H. Stability and traction control of an actively actuated micro-rover[J]. Journal of robotic systems, 1993, 11(6): 487-502.

[23] PAPADOPOULOS E G, REY D A. A new measure of tipover stability margin for mobile manipulators[J]. Proceedings IEEE International Conference on Robotics and Automation, 1996, 4(1): 3111-3116.

[24] MESSURI D, KLEIN C A. Automatic body regulation for maintaining stability of a legged vehicle during rough-terrain locomotion[J]. IEEE journal on robotics and automation, 1985, 1(3): 132-141.

[25] GHASEMPOOR A, SEPEHRI N. A measure of machine stability for moving base manipulators[C]. Proceedings IEEE International Conference on Robotics and Automation, Nagoya, 1995: 2249-2254.

[26] VUKOBRATOVIC M, JURICIC D. Contribution to the synthesis of biped gait[J]. IEEE transactions on biomedical engineering, 1969, 16(1): 1-6.

[27] VUKOBRATOVIC M, BOROVAC B. Zero-moment point - thirty five years of its life[J]. International journal of humanoid robotics, 2004, 1: 157-173.

[28] TOMOVIC R, MCGHEE R B. A finite state approach to the synthesis of bioengineering control systems[J]. IEEE transactions on human factors in electronics, 1966, 7(2): 65-69.

[29] MCGHEE R B, FRANK A A. On the stability properties of quadruped creeping gaits[J]. Mathematical biosciences, 1968, (68): 331-351.

[30] ALEXANDER R M. The gaits of bipedal and quadrupedal animals[J]. International journal of robotics research, 1984, 3(2): 49-59.

[31] ZHANG C D, SONG S M. Turning gait of a quadrupedal walking machine[C]. IEEE International Conference on Robotics and Automation, Sacramento, 1991, 3: 2106-2112.

[32] LEE W J , ORIN D E . Omnidirectional supervisory control of a multilegged vehicle using periodic gaits[J]. IEEE journal of robotics and automation, 1988, 4(6): 635-642.

[33] YANG J M , KIM J H . Fault-tolerant locomotion of the hexapod robot[J]. IEEE transactions on

systems, man and cybernetics, Part B, (cybernetics), 1998, 28(1): 0-116.

[34] PREUMONT A , ALEXANDRE P , GHUYS D . Gait analysis and implementation of a six leg walking machine[C].International Conference on Advanced Robotics, Pisa, 1991.

[35] XU K , DING X . Typical gait analysis of a six-legged robot in the context of metamorphic mechanism theory[J]. Chinese journal of mechanical engineering, 2013, (4): 771-783.

[36] SONG S M, CHOI B S. The optimally stable ranges of 2n-legged wave gaits[J]. IEEE transactions on systems, man and cybernetics, 1990, 20(4): 888-902.

[37] GARCIA E, ESTREMERA J, SANTOS P G. A comparatice study of the stability margins for walking machines[J]. Robotcis, 2002, 20: 595-606.

[38] SNYMAN J A, PLESSIS L J D, DUFFY J. An optimization approach to the determination of the boundaries of manipulator workspaces[J]. Journal of mechanical design, 2000, 122(4): 447-456.

[39] PAPADOPOULOS E G. On the dynamics and control of space manipulators [D]. Cambridge: Massachusetts Institute of Technology, 2005.

[40] PARK J. Interpolation and tracking of rigid body orientations[C]. IEEE international conference on control automation and systems , Gyeonggi-do, 2010: 668-673.

[41] PARK J, CHUNG W. Geometric integration on Euclidean group with application to articulated multibody systems[J]. IEEE transactions on robotics, 2005, 21(5): 850-863.

[42] WEN J T, KREUTZ-DELGADO K. The attitude control problem[J]. IEEE transactions on automatic control, 1991, 36(10): 1148-1162.

[43] EGELAND O, GODHAVN J M. Passivity-based adaptive attitude control of a rigid spacecraft[J].IEEE transactions on automatic control, 1994, 39(4): 842-846.

[44] BULLO F, MURRAY R M. Proportional derivative (PD) control on the Euclidean group[R]. Pasadena: California Institute of Technology Technical Report CIT-CDS-95-010, 1995.

[45] BHARADWAJ S, OSIPCHUK M, PARK F C, et al. Geometry and inverse optimality in global attitude stabilization[J]. Journal of guidance, control, and dynamics, 2012, 21(6): 930-939.

[46] HAN Y, PARK F C. Least squares tracking on the Euclidean group[J]. IEEE transactions on automatic control, 2001, 46(7): 1127-1132.

[47] PRATT J E, CHEW C M, TORRES A, et al. Virtual model control: an intuitive approach for bipedal locomotion[J]. International journal of robotics research, 2001, 20(2): 129-143.

[48] 龚纯, 王正林. 精通 MATLAB 最优化计算[M]. 2 版.北京: 电子工业出版社, 2012.

[49] 徐坤, 丁希仑, 李可佳. 圆周对称分布六腿机器人三种典型行走步态步长及稳定性分析[J]. 机器人, 2012, 34(2): 231-241.

[50] DING X L, CHEN H. Dynamic modeling and locomotion control for quadruped robots based on center of inertia on SE(3)[J]. ASME journal of dynamic systems, measurement and control, 2016, 138(1): 011004-1-011004-9.

[51] CHEN W J, YEO S H, LOW K H. Modular formulation for dynamics of multi-legged robots[C]. Proceedings of the 8th International Conference on Advanced Robotics, Monterey, 1997: 279-284.

[52] BALL R S. The theory of screws[M]. Cambridge: Cambridge University Press, 1900.

[53] VON MISES R. Motorrechnung, ein neues hilfsmittel in der mechanik[J]. Zeitschrift f¨ur angewandte mathematik und mechanik, 1924, 4(2): 155-181.

[54] SELIG J M , DING X. A screw theory of beams[C]. In Proceedings of IEEE/IROS, Maui, 2001: 312-317 .

[55] DING X L, DAI J S. Compliance analysis of mechanisms with spatial continuous compliance in the context of screw theory and lie group[J]. Proceedings of the institution of mechanical engineers, part C: journal of mechanical engineering science, 2010, 224(11): 2493-2504.

[56] DAI J S, DING X. Compliance analysis of a three-legged rigidly-connected compliant platform device[J]. Journal of mechanical design, 2006, 128(4): 755-764.

[57] DING X, SELIG J M. On the compliance of coiled springs[J]. International journal of mechanical science, 2004, 46(5): 703-727.

[58] FASSE E D, BREEDVELD P C. Modeling of elastically coupled bodies: part 1—general theory and geometric potential function method[J]. ASME journal of dynamic systems, measurement and control, 1998, 120(4): 2544-2550.

[59] DING X L, SELIG J M. Screw theoretic view on dynamics of spatially compliant beam[J]. Applied mathematics and mechanics, 2010, 31(9): 1173-1188.

[60] DING X, DAI J S. Characteristic equation-based dynamic analysis of vibratory bowl feeders with three spatial compliant legs[J]. IEEE transactions on automation science and engineering, 2008, 5(1): 164-175.

[61] DUFFY J. Static and kinematics with applications to robotics[M]. Cambridge: Cambridge University Press, 1996.

附录　弹性关节和连杆的串联机器人的李群理论

A1　含弹性关节的串联机器人

对于多连杆机器人中的弹性连杆 i，如果仅考虑绕关节轴的转动变形，则有

$$\delta\tau_i^J = k_i^J \delta\theta_i \tag{A1}$$

式中，$\delta\theta_i$ 是关节 i $(i=1,2,\cdots,6)$ 的转动变形；k_i^J 是标量刚度，$\delta\tau_i^J$ 是由关节柔性产生的力偶。这样可以得到含柔性关节机器人的整体刚度表达：

$$\begin{bmatrix} \delta\tau_1^J \\ \delta\tau_2^J \\ \vdots \\ \delta\tau_6^J \end{bmatrix} = \operatorname{diag}[k_1^J,\quad k_2^J,\quad \cdots,\quad k_6^J] \begin{bmatrix} \delta\theta_1 \\ \delta\theta_2 \\ \vdots \\ \delta\theta_6 \end{bmatrix} \tag{A2}$$

式(A2)可以简写为

$$\delta\boldsymbol{\tau}^J = \boldsymbol{K}^J \delta\boldsymbol{\theta} \tag{A3}$$

由关节柔性产生的末端操作器的微小位移或运动可以看作一个运动旋量，$\boldsymbol{s}=[\boldsymbol{\omega}^{\mathrm{T}}\quad \boldsymbol{v}^{\mathrm{T}}]^{\mathrm{T}}$，运动旋量属于李代数的一个元素，作用在末端的对应于关节柔性的力旋量是李代数对偶空间的一个元素，$\boldsymbol{w}=[\boldsymbol{\tau}^{\mathrm{T}}\quad \boldsymbol{f}^{\mathrm{T}}]^{\mathrm{T}}$。

考虑关节角变形 $\delta\boldsymbol{\theta}$ 足够小，根据系统运动学可以得到

$$\boldsymbol{J}\delta\boldsymbol{\theta} = \boldsymbol{s} \tag{A4}$$

式中，$\boldsymbol{J}$ 是系统的雅可比矩阵，通常可以写为 $\boldsymbol{J}=[\boldsymbol{s}_1^J\quad \boldsymbol{s}_2^J\quad \boldsymbol{s}_3^J\quad \boldsymbol{s}_4^J\quad \boldsymbol{s}_5^J\quad \boldsymbol{s}_6^J]$，$\boldsymbol{s}_i^J$ 是第 i 个关节旋量 $(i=1,2,\cdots,6)$。同时可以得到

$$\boldsymbol{J}^{-\mathrm{T}}\delta\boldsymbol{\tau}^J = \boldsymbol{w} \tag{A5}$$

将式(A4)和式(A5)代入式(A3)，可以得到下面的表达：

$$\boldsymbol{w} = \boldsymbol{J}^{-\mathrm{T}}\boldsymbol{K}^J\boldsymbol{J}^{-1}\boldsymbol{s} \tag{A6}$$

式中，末端刚度矩阵 $\boldsymbol{J}^{-\mathrm{T}}\boldsymbol{K}^J\boldsymbol{J}^{-1}=\boldsymbol{K}_{\mathrm{tip}}$ 是一个 6×6 的对称矩阵。

因此，我们得到用每个独立关节柔度表示的整个系统柔度矩阵 $\boldsymbol{C}_{\mathrm{tip}}=\boldsymbol{K}_{\mathrm{tip}}^{-1}$。

A2　冯·米塞斯(von Mises)梁理论

如图 A1 所示，对于一个在末端加载 6 维静载荷的空间弹性梁，基于冯·米塞斯提出的梁理论，可以得到 $\widehat{\boldsymbol{S}}=\widehat{\boldsymbol{C}}\circ\widehat{\boldsymbol{N}}$，其中，坐标系建立在梁的中点，$\widehat{\boldsymbol{S}}$ (旋量)和 $\widehat{\boldsymbol{N}}$ (旋

量对偶矢量空间的一个元素)是冯·米塞斯提出的马达算子，分别对应于梁的相对柔性位移和作用在梁上的力。$\hat{\boldsymbol{C}}=\mathrm{diag}\left[l/EI_x,\ l/EI_y,\ l/GJ_z,\ l^3/12EI_y,\ l^3/12EI_x,\ l/EA\right]$是梁弹性的并矢。注意，将坐标系建立在梁的中点，则并矢可以写成对角矩阵。

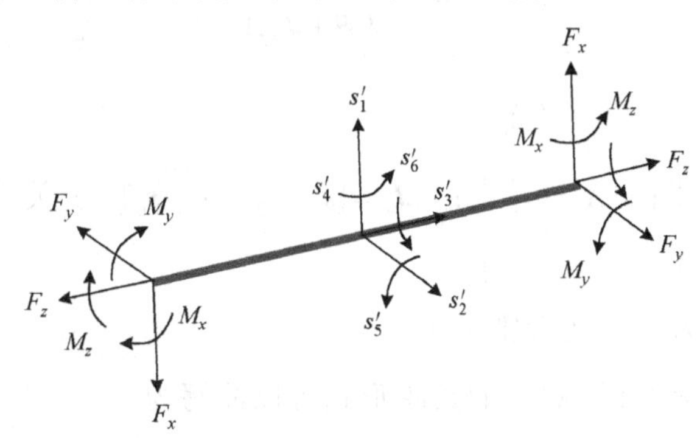

图 A1　冯·米塞斯提出的空间弹性静态梁的系统描述

如果$\hat{\boldsymbol{K}}$表示刚度的并矢，则有$\hat{\boldsymbol{K}}=\hat{\boldsymbol{C}}^{-1}$。因此可以得到下面的方程：

$$\hat{\boldsymbol{N}}=\hat{\boldsymbol{K}}\circ\hat{\boldsymbol{S}} \tag{A7}$$

因此可以得到柔性位移和载荷间的映射关系。

A3　运　动　学

若同时考虑杆和关节的弹性，可以给出系统的运动学如下：

$$\boldsymbol{A}^c(\boldsymbol{\theta},\boldsymbol{\Lambda})=\mathrm{e}^{(\theta_1+\delta\theta_1)\hat{s}_1}\mathrm{e}^{\Lambda_1\hat{\zeta}_1}\mathrm{e}^{(\theta_2+\delta\theta_2)\hat{s}_2}\mathrm{e}^{\Lambda_2\hat{\zeta}_2}\cdots\mathrm{e}^{(\theta_6+\delta\theta_6)\hat{s}_6}\mathrm{e}^{\Lambda_6\hat{\zeta}_6} \tag{A8}$$

式中，$\boldsymbol{\zeta}_i$在 9.2 节中定义，是杆柔性产生的变形旋量，属于李代数的元素；Λ_i是对应于变形旋量$\boldsymbol{\zeta}_i$的杆的变形变量。

考虑在初始位置时末端执行器上一点$\boldsymbol{P}=\{x,y,z\}^{\mathrm{T}}$，经历一系列刚体运动和弹性变形后，点$P$的新位置可以由下面的公式给出：

$$\begin{pmatrix}\boldsymbol{P}'\\1\end{pmatrix}=\boldsymbol{A}^c\begin{pmatrix}\boldsymbol{P}\\1\end{pmatrix} \tag{A9}$$

那么，点P的速度可以表达为

$$\begin{pmatrix}\dot{\boldsymbol{P}}\\0\end{pmatrix}=\sum_{i=1}^{6}\left(\frac{\partial\boldsymbol{A}^c}{\partial\theta_i}(\dot{\theta}_i+\delta\dot{\theta}_i)+\frac{\partial\boldsymbol{A}^c}{\partial\Lambda_i}\dot{\Lambda}_i\right)\begin{pmatrix}\boldsymbol{P}\\1\end{pmatrix} \tag{A10}$$

末端执行器的运动可以表达为一个运动旋量$\boldsymbol{S}$，如果用$\boldsymbol{s}_i$、$\boldsymbol{\zeta}_i$分别表示当前位置下的第i个关节旋量和第i个杆的变形旋量，从上面的公式可以得到下面的系统运动学方程：

$$\begin{pmatrix}\boldsymbol{\omega}\\ \boldsymbol{\upsilon}\end{pmatrix}=\boldsymbol{s}_1(\dot{\theta}_1+\delta\dot{\theta}_1)+\boldsymbol{\zeta}_1\dot{\Lambda}_1+\boldsymbol{s}_2(\dot{\theta}_2+\delta\dot{\theta}_2)+\boldsymbol{\zeta}_2\dot{\Lambda}_2+\cdots+\boldsymbol{s}_6(\dot{\theta}_6+\delta\dot{\theta}_6)+\boldsymbol{\zeta}_6\dot{\Lambda}_6 \tag{A11}$$

式(A11)可以简写为

$$\begin{pmatrix}\boldsymbol{\omega}\\ \boldsymbol{\upsilon}\end{pmatrix}=\boldsymbol{J}_r\dot{\boldsymbol{\vartheta}}+\boldsymbol{J}_f\dot{\boldsymbol{\Lambda}} \tag{A12}$$

式中，$\dot{\boldsymbol{\vartheta}}=\begin{pmatrix}\dot{\theta}_1+\delta\dot{\theta}_1\\ \dot{\theta}_2+\delta\dot{\theta}_2\\ \vdots\\ \dot{\theta}_6+\delta\dot{\theta}_6\end{pmatrix}$；$\dot{\boldsymbol{\Lambda}}=\begin{pmatrix}\dot{\Lambda}_1\\ \dot{\Lambda}_2\\ \vdots\\ \dot{\Lambda}_6\end{pmatrix}$；$\boldsymbol{J}_r=[\boldsymbol{s}_1\quad \boldsymbol{s}_2\quad \cdots\quad \boldsymbol{s}_6]$为关节雅可比矩阵；$\boldsymbol{J}_f=[\boldsymbol{\zeta}_1\quad \boldsymbol{\zeta}_2\quad \cdots\quad \boldsymbol{\zeta}_6]$为连杆变形雅可比矩阵。

那么，系统运动学方程(A11)的紧凑形式可以简写为

$$\boldsymbol{S}=\boldsymbol{J}\dot{\boldsymbol{\eta}} \tag{A13}$$

式中，$\boldsymbol{J}=[\boldsymbol{J}_r\quad \boldsymbol{J}_f]$是系统的广义雅可比矩阵；$\dot{\boldsymbol{\eta}}=\begin{pmatrix}\boldsymbol{\vartheta}\\ \boldsymbol{\Lambda}\end{pmatrix}$是系统的广义变量矢量。注意，这里$\boldsymbol{J}_r$是机器人当前位形下的关节旋量，$\boldsymbol{J}_f$是机器人当前位形下的连杆变形旋量。如果用$\boldsymbol{s}_i^0$表示关节旋量的初始位置，用$\boldsymbol{\zeta}_i^0$表示连杆变形旋量的初始位置，那么，当前位置的旋量可以由下面的伴随变换给出：

$$\boldsymbol{s}_i=\mathrm{Ad}(\boldsymbol{A}_{i-1}^{s^0}(\boldsymbol{\theta},\boldsymbol{\Lambda}))\boldsymbol{s}_i^0 \tag{A14}$$

$$\boldsymbol{\zeta}_i=\mathrm{Ad}(\boldsymbol{A}_i^{\zeta^0}(\boldsymbol{\theta},\boldsymbol{\Lambda})\mathrm{e}^{-\Lambda_i\boldsymbol{\zeta}_i^0})\boldsymbol{\zeta}_i^0 \tag{A15}$$

式中，$\boldsymbol{A}_i^{s^0}(\boldsymbol{\theta},\boldsymbol{\Lambda})=\prod_{j=1}^{i}\mathrm{e}^{(\theta_j+\delta\theta_j)\hat{\boldsymbol{s}}_j^0}\mathrm{e}^{\Lambda_j\hat{\boldsymbol{\zeta}}_j}$；$\boldsymbol{A}_i^{\zeta^0}(\boldsymbol{\theta},\boldsymbol{\Lambda})=\prod_{j=1}^{i}\mathrm{e}^{(\theta_j+\delta\theta_j)\hat{\boldsymbol{s}}_j}\mathrm{e}^{\Lambda_j\hat{\boldsymbol{\zeta}}_j^0}$。

A4　刚度分析

由关节和连杆柔性产生的末端执行器的静态变形用旋量$\boldsymbol{s}^h$表示，对应的力旋量用$\boldsymbol{w}^h$表示，则有下面的关系：

$$\boldsymbol{w}^h=\boldsymbol{A}_{i-1}^c(\boldsymbol{\theta},\boldsymbol{\Lambda})\mathrm{e}^{\theta_i s_i}\boldsymbol{w}_i^h \tag{A16}$$

式中，$\boldsymbol{A}_i^c(\boldsymbol{\theta},\boldsymbol{\Lambda})=\prod_{j=1}^{i}\mathrm{e}^{(\theta_j+\delta\theta_j)\hat{\boldsymbol{s}}_j}\mathrm{e}^{\Lambda_j\hat{\boldsymbol{\zeta}}_j}$，对于$\boldsymbol{A}_{i-1}^c$，当$i=1$时$\boldsymbol{A}_0^c=\boldsymbol{I}_{6\times6}$；$\boldsymbol{w}_i^h$是作用在每个关节上的力旋量。

从9.3节的研究中可知连杆和关节柔度的关系如下：

$$\delta\tau_i^J=k_i^J\delta\theta_i$$

$$\boldsymbol{w}_i=\boldsymbol{k}_i\boldsymbol{\xi}_i$$

可以容易得到

$$\boldsymbol{w}_i^h = \mathrm{e}^{\delta\theta_i \hat{\boldsymbol{s}}_i} \boldsymbol{w}_i \tag{A17}$$

$$\delta\tau_i^J = \boldsymbol{s}_i^{\mathrm{T}} \cdot \boldsymbol{w}_i^h \tag{A18}$$

式中，$\boldsymbol{s}_i^{\mathrm{T}}$ 是第 i 个关节旋量的转置；事实上，$\delta\tau_i^J$ 是 $\boldsymbol{w}_i^h$ 在关节轴上的投影。

对于连杆 i，可以得到如下关系：

$$\boldsymbol{C}_i^h \boldsymbol{w}_i^h = \boldsymbol{C}_i^J \delta\tau_i^J \boldsymbol{s}_i + \mathrm{e}^{\delta\theta_i \hat{\boldsymbol{s}}_i} \boldsymbol{C}_i \boldsymbol{w}_i \tag{A19}$$

式中，$\boldsymbol{C}_i^J$、$\boldsymbol{C}_i$ 和 $\boldsymbol{C}_i^h$ 是第 i 个关节的柔度矩阵、第 i 个连杆的柔度矩阵和混合柔度矩阵：

$$\boldsymbol{C}_i^J = (\boldsymbol{K}_i^J)^{-1} \mathrm{diag}(0 \quad 0 \quad 1 \quad 0 \quad 0 \quad 0)$$

$$\boldsymbol{C}_i = \boldsymbol{K}_i^{-1}$$

将式(A17)和式(A18)代入式(A19)，可以得到

$$\boldsymbol{C}_i^h = \boldsymbol{C}_i^J + \mathrm{e}^{\delta\theta_i \hat{\boldsymbol{s}}_i} \boldsymbol{C}_i \, \mathrm{e}^{-\delta\theta_i \hat{\boldsymbol{s}}_i} \tag{A20}$$

可以得到整个机器人系统与所有关节和连杆间的变形关系如下：

$$\sum_{i=1}^{6} \boldsymbol{A}_{i-1}^c \mathrm{e}^{\theta_i \hat{\boldsymbol{s}}_i} \boldsymbol{C}_i^h \boldsymbol{w}_i^h = \boldsymbol{C}^h \boldsymbol{w}^h \tag{A21}$$

式中，$\boldsymbol{C}^h$ 是系统末端的柔度矩阵。将式(A16)和式(A20)代入式(A21)中可以得到

$$\sum_{i=1}^{6} \boldsymbol{A}_{i-1}^c \mathrm{e}^{\theta_i \hat{\boldsymbol{s}}_i} (\boldsymbol{C}_i^J + \mathrm{e}^{\delta\theta_i \hat{\boldsymbol{s}}_i} \boldsymbol{C}_i \, \mathrm{e}^{-\delta\theta_i \hat{\boldsymbol{s}}_i}) \mathrm{e}^{-\theta_i \hat{\boldsymbol{s}}_i} (\boldsymbol{A}_{i-1}^c)^{-1} \boldsymbol{w}^h = \boldsymbol{C}^h \boldsymbol{w}^h \tag{A22}$$

因此可以得到整个系统的柔度矩阵：

$$\boldsymbol{C}^h = \sum_{i=1}^{6} \mathrm{Ad}(\boldsymbol{B}_i^c)(\boldsymbol{C}_i^J + \mathrm{e}^{\delta\theta_i \hat{\boldsymbol{s}}_i} \boldsymbol{C}_i \, \mathrm{e}^{-\delta\theta_i \hat{\boldsymbol{s}}_i}) \tag{A23}$$

式中，$\boldsymbol{B}_i^c = \boldsymbol{A}_{i-1}^c(\boldsymbol{\theta}, \boldsymbol{\Lambda}) \mathrm{e}^{\theta_i \hat{\boldsymbol{s}}_i}$。

变形旋量 $\boldsymbol{s}^h$ 和力旋量 $\boldsymbol{w}^h$ 间的映射关系可以简写为

$$\boldsymbol{w}^h = \boldsymbol{K}^h \boldsymbol{s}^h \tag{A24}$$

式中，系统在不同构型下的刚度可以表达为

$$\boldsymbol{K}^h = (\boldsymbol{C}^h)^{-1} = \left(\sum_{i=1}^{6} \mathrm{Ad}(\boldsymbol{B}_i^c) \boldsymbol{C}_i^h \right)^{-1} \tag{A25}$$

式(A25)给出了描述整个机器人系统空间刚度的 6×6 对称矩阵。